高等学校城乡规划专业
"十四五"系列教材

低碳生态

DITAN SHENGTAI CHENGXIANG GUIHUA SHEJI

城乡规划设计

中国城市规划学会　主编
段德罡　黄梅　著

U0249797

中国建筑工业出版社

前言

　　20 世纪中后期，随着生态恶化和环境污染的加剧，可持续发展的理念成为人类社会发展的理想追求，但到了 20 世纪末、21 世纪初，随着气候变化及其带来的灾难等全球性问题的不断发生，人们意识到可持续发展已经直面全球性的严峻挑战，而"碳"是其中的核心问题，于是，低碳生态发展的理念应运而生。

　　低碳生态理念关系到人类的价值观念、发展模式、生活方式，低碳生态发展涉及社会的方方面面，需要各行各业的参与和落实。城乡规划对经济社会发展、土地利用、空间布局和各项建设进行统筹部署、具体安排和实施管理，必然担负着引领、促进和落实低碳生态发展的重要责任。

　　我国幅员辽阔，不同地区气候条件、生态环境、经济发展、人力资源素质水平各不相同，同时面临着快速城镇化与发展转型的压力，我国低碳生态发展具有极大的必要性与紧迫性。目前，我国虽已经开展全国范围各个区域的低碳生态城乡建设，但由于社会经济发展阶段的区别，各个地区的发展水平、生态环境条件与所面临的问题各不相同，其相适应的低碳生态发展路径也应不同，西北地区低碳城乡建设面临着比其他地区更大的经济、技术、环境挑战。当前我国中东部地区侧重于高投入、高技术的低碳生态路径，西北地区地域特征决定着其必须选择低投入、低技术模式的路径。

　　本教材注重低碳生态与城乡规划的关系，系统阐述了低碳生态要素融入不同地区城乡规划设计工作中的路径和方法。本教材主要是为了适应当前高等院校城乡规划课程教学的急迫需要而编写的。

　　本教材适用于城乡规划专业师生，从事城乡规划设计、城乡建设与管理相关研究人员及实践工作者。

　　由于编写人员水平有限，书中缺点、错误在所难免，望读者批评指正，以便今后进一步修改补充。

目 录

第 1 章

低碳
生态

绪 论

第 1 节　低碳生态理念

人类社会从农耕社会进入工业化社会之后，城市发展经历了天翻地覆的变化。在生产力大发展的同时，生态环境也不断遭受着巨大的破坏。随着全球生态环境日益恶化，如何解决这些生态环境问题，如何探索更为生态、可持续的发展方式，已经成为人类共识。

1.1　低碳生态理念的缘起

低碳生态理念的提出是为了应对全球生态危机，表现为全球气候变暖、生态环境污染、自然资源枯竭、生物多样性减少等，其形成、表现、演变、成因和根源具有综合性和复杂性。当前对于全球气候变化及生态破坏的关联性仍有争议，一些观测研究认为气候变化主要是天文、地质等自然因素造成的。但目前国际上较为公认的观点是，由于人为的温室气体排放、毁林和土地利用变化等，显著加快了全球气候变暖。无论气候变化等全球性生态环境问题产生的原因如何，人为因素的影响却是客观存在的，当前社会经济发展中所面临的资源利用与生态环境问题是全球迫切需要解决的重大问题。

在这样的背景之下，低碳生态的发展理念也孕育而生，成为应对全球生态环境问题的重要举措之一。

1.1.1　低碳

"低碳"一词首次出现于英国《我们未来的能源——创建低碳经济》（State for Trade and Industry, UK, 2003）白皮书中的"低碳经济"概念中，概念中指出低碳经济的核心思想是以更少的能源消耗获取更多的经济产出，此概念是在应对全球气候变化、提倡减少人类生产生活中温室气体排放的背景下提出的。所谓低碳，就是指降低温室气体的排放。目前，对于低碳有三种理解：其一是排放的增长速度小于吸收的增长速度；其二是零排放；其三是绝对排放量的减少。

所谓低碳理念，就是人们对于生产、生活减少碳排放的思想观念和认识，并指导人的行为。目前，低碳理念已经家喻户晓，覆盖人类社会的各个方面，例如低碳经济、低碳生产、低碳生活、低碳城市、低碳社区、低碳园林、低碳消费等。其中，低碳经济、低碳社会、低碳城市、低碳生活是现如今低碳理念研究的核心内容，其最终目的都是减少碳的排放，促进森林恢复和增长，增加碳汇，减缓气候变化。

1.1.2　生态

"生态"（Ecology），在英语中与"生态学"是同一个词，早期学者对于"生态"的研究多从生态学角度出发。德国动物学家赫克尔（Haeckel, 1866）在其著作《普通生物形态学》中提出，生态学是研究生物与其周围环境相互关系的科学。英国生态学家埃尔顿（Elton, 1927）提出，生态学是研究生物怎样生活和它们为什么按照自己的生活方式生活的科学。澳大利亚生态学家（Andrewartha, 1954）提出，生态学是研究有机体的分布与多度的科学。强调了对种群动态的研究。美国生态学家奥德姆

（Odum，1971）认为，生态学是研究生态系统的结构与功能的科学。中国生态学家马世骏（1980）认为，生态学是研究生命系统与环境系统之间相互作用规律及其机理的科学，同时提出了社会一经济一自然复合生态系统的概念。

如今，生态理念已经从生态学的学科领域向外发展，被应用到人类生产、生活的方方面面，其理念延伸至"生态经济""生态社会"等。生态经济是指在生态系统承载能力范围内，运用生态经济学原理和系统工程方法改变生产和消费方式，挖掘一切可以利用的资源潜力，发展一些经济发达、生态高效的产业，建设体制合理、社会和谐的文化以及生态健康、景观适宜的环境。生态社会主要指的是人与环境、人与自然的协调发展。总结来说，生态理念以尊重和维护自然为前提，以人与人、人与自然、人与社会和谐共生为宗旨，以建立可持续的生产方式和消费方式为内涵，以引导人们走上持续、和谐的发展道路为着眼点。

1.2　低碳生态理念的发展

伴随着人们生态意识的觉醒，探索可持续发展的路径成为当下大多数国家与地区的主要议题之一，低碳生态理念也被运用到各种领域。

1.2.1　低碳生态理念在全球视野下的应用

从 1827 年法国数学家傅立叶提出温室效应理论到 2015 年的《巴黎协定》，再到 2016 年第 22 届联合国气候变化大会，绿色、低碳、生态、可持续发展等名词成为多次会议的主题，减少温室气体排放、建设绿色循环经济体系等成为会议的主旋律。

2009 年 12 月，哥本哈根气候变化大会之后，"低碳"二字一夜之间成为全球流行语，成为全球经济发展和战略转型最核心的关键词，低碳经济、低碳生活正逐渐成为人类社会的自觉行为和价值追求。

欧盟从 1973 年开始实施第一个环境行动计划起至今已发布了七个环境行动计划，包含制定相关政策，通过《可再生能源法》、政府和产业界、消费者共同寻找解决气候变化的办法，促进人们对于气候变化的认知等。英国是世界上控制气候变化积极的倡导者和实践者，其制定的《气候变化法案》限定到 2050 年国内二氧化碳的排放量必须减少 60%，且成立了独立的监督委员会。德国于 2016 年率先通过了《2050 年气候行动计划》，提出了比欧盟制定的 2050 年减排目标更高的要求，提出了 2030 年前要在能源、建筑、工业、交通和农业领域达到的紧要目标。

在 2009 年，我国领导人在出席联合国气候变化峰会的讲话中指出：中国将进一步把应对气候变化纳入经济社会发展规划，并继续采取强有力的措施；积极发展低碳经济和循环经济，研发和推广气候友好技术，走低碳道路，并逐步减少对高碳能源的依赖。同年 12 月，在哥本哈根气候变化大会上，中国代表团以积极、建设性的姿态，全面深入地参与了所有谈判议题的磋商，为最终达成会议成果做出了重要贡献。

在 2015 年气候变化巴黎大会开幕式上，

我国提出到 2030 年的"国家自主贡献"目标：二氧化碳排放峰值将于 2030 年左右达到并争取尽早达峰，且单位国内生产总值二氧化碳排放比 2005 年下降 60%~65%，非化石能源占一次能源消费比重达到 20% 左右，森林蓄积量较 2005 年增加 45 亿立方米左右。

1.2.2 低碳生态理念在城乡规划领域的应用

在城乡规划领域，从低碳生态理念的概念解读到实践探索，国内外的专家学者不断研究摸索，出现了诸如紧凑城市、绿色城市、园林城市、森林城市、生态城市、低碳城市等概念，这些也是目前国内外低碳生态城市研究的重点领域。

1.2.2.1 低碳城市

近年来，城市作为温室气体的主要排放源，城市政府成为全球应对气候变化、向低碳转型的主要推动者之一，国外许多城市都已开展了以低碳社会和低碳消费为基本目标的实践活动，如英国的布里斯托、利兹、曼彻斯特等编制了全市范围的低碳城市规划。

至于低碳城市，至今还没有公认的定义，不少学者也在致力于低碳城市内涵的探究，他们从自身关注与研究的角度对低碳城市内涵提出了自己的见解。夏堃堡（2008）认为低碳城市就是在城市实行低碳经济，包括低碳生产和低碳消费，建立资源节约型、环境友好型社会，建设一个良性的可持续的能源生态体系；何涛舟、施丹锋（2010）认为低碳城市是在政策引导和制度安排下，通过政府、企业、个人和组织机构四个方面的努力，最终达到碳源小于碳汇，并且倡导低碳生活方式和低碳生产方式的

城市；付允、汪云林等（2008）对于低碳城市的内涵理解相对比较全面，他们认为低碳城市就是通过在城市发展低碳经济，创新低碳技术，改变生活方式，最大限度减少城市的温室气体排放，彻底摆脱以往大量生产、大量消费和大量废弃的社会经济运行模式，形成结构优化、循环利用、节能高效的经济体系，健康、节约、低碳的生活方式和消费模式，最终实现城市的清洁发展、高效发展、低碳发展和可持续发展。

总体来说，学者们都是以低碳经济、循环利用、低碳消费、碳汇系统等为核心对其内涵进行阐释。

1.2.2.2 生态城市

1971 年，联合国教科文组织在"人与生物圈"（MAB）计划中正式提出"生态城市"的概念，但到目前为止"生态城市"还无公认的确切定义。

王发曾（2008）认为，生态城市是以现代生态学的科学理论为指导，以生态系统的科学调控为手段，建立起来的一种能够促使城市人口、资源、环境和谐共处，社会、经济、自然协调发展，物质、能量、信息高效利用的城镇型人类聚落地。仇保兴（2009）认为，生态城市是指有效运用具有生态特征的技术手段和文化模式，实现自然、人工复合生态系统良性运转，人与自然、人与社会可持续和谐发展的城市。达良俊等（2009）对生态城市的定义为：结构合理、功能高效、关系和谐，且存在与发展状态皆优的、可持续发展的现代化城市。李宇、董锁成（2012）将生态城市概括为通过"企业—产业—区域—社会"四个层面循环，以及城市各子系统及其内部的物质循环利用，将经

济活动对生态环境的影响降低到最小的一种城市发展模式。姚江春、许锋等（2012）在借鉴以往研究的基础上给出了较为全面的定义，认为生态城市是基于生态学原理建立的自然和谐、社会公平、经济高效的复合系统，以高效的生态产业、和谐的生态文化、多元的生态景观提供最佳的人类聚居地，具有绿色生态、循环经济、低碳节约、绿色交通、紧凑集约、绿色建筑、和谐宜居和文化包容等特征。

综上所述，生态城市是一个经济发展、社会进步、生态保护三者保持高度和谐、技术和自然达到充分融合，城乡环境清洁、优美、舒适，从而能最大限度地发挥人类的创造力、生产力，并促使城镇文明程度不断提高的稳定、协调与永续发展的自然和人工环境复合系统。

生态城市的内涵是追求人与自然的和谐统一关系，其实早在"生态城市"概念提出之前，生态的理念已经体现在城市的布局与规划当中。现代生态城市理论思想起源于霍华德的田园城市，体现"分散"的城市规划思想，追求在城市建设与规划过程中人与自然的和谐关系，这使得人与自然的关系问题在现代社会背景下得到了重新认识。

1.2.2.3　低碳生态城市

"低碳生态城市"由我国住房和城乡建设部原副部长仇保兴同志在 2009 年国际城市规划与发展论坛上首次提出，其本质是为了让城市生活更美好。李后强等（2010）认为，低碳生态城市就是低碳城市和生态城市两个概念的结合。张泉等（2010）认为低碳生态城市的概念，是将低碳作为生态城市的重要概念之一来进行阐述。沈清基、安超等学者随后展开了系列研究，并达成以下共识："低碳生态城市"是将低碳目标与生态理念相融合，实现"人—城市—自然环境"和谐共生的复合人居系统。低碳生态城市实际上属于生态城市的范畴，其对生态城市的追求是从减少碳排放的角度展开并深入的，是实现生态城市过程的初级阶段，是以"减少碳排放"为主要切入点的生态城市类型，兼具了低碳城市和生态城市的特征，其内涵见表 1-1。

低碳城市、生态城市、低碳生态城市内涵对照表　　　　　　表 1-1

	低碳城市	生态城市	低碳生态城市
哲学内涵	主要从减碳角度考虑人与自然的关系	采用综合手段实现人与自然的和谐共生	以低碳化和生态化的结合实现人与自然的和谐共生
功能内涵	削减碳排放，减少城市对自然环境的负面影响	城市与自然环境形成共生系统	实现低碳化、生态化，城市成为自然生态系统中的组成部分
经济内涵	以低碳经济为核心，强调减少经济过程中的碳排放量	以循环经济为核心，强调各要素的循环利用	以循环经济为主要发展模式实现经济的"低碳化"和"生态化"
社会内涵	提高社会环境意识，减少碳排放	以生态理念指导人及社会生活，协调人类社会活动与自然生态系统的关系	倡导"生态文明"，提高生态意识，通过低碳排放的社会活动，实现社会系统与自然生态系统的融合
空间内涵	强调空间的紧凑性、复合性	强调空间的多样性、复合性、共生性	综合了空间的多样性、紧凑性、复合性、共生性

资料来源：沈清基，安超，等.低碳生态城市理论与实践 [M]. 北京：中国城市出版社，2012.

低碳生态城市将当今城市发展中遵循的可持续发展、低碳城市、生态城市等发展理念融合在一起，渗透城市循环经济、生态发展、绿色低碳等社会经济发展方式，体现了我国现阶段在科学发展观引导下发展"节约型"和"环境友好型"社会，构建和谐社会的基本思路，既具有发展理念上的传承性，又具有较强的整合力，保证了实践的可操作性。

对于全球生态和环境问题，人类具有不可推卸的责任，而城乡空间作为人类文明发展的产物，是人类社会发展的空间载体，因此就某种意义而言，无论提出何种概念，城乡的低碳化和生态化发展，是解决世界气候和环境问题根本途径之一。

第 2 节 低碳生态与城乡规划

2.1 低碳生态与城乡规划

2.1.1 城乡规划是促进城乡低碳生态发展的重要手段

2.1.1.1 城乡空间是碳排放的主要领域

城市是人类活动的集聚地，是社会经济发展最重要的空间载体，也是高耗能、高碳排放的集中地。从最终使用角度看，城市碳排放的源头主要有工业、居住和交通三个部分。如美国来自建筑物排放的二氧化碳约占39%，交通工具排放的二氧化碳约占33%，工业排放的二氧化碳约占28%；英国80%的化石燃料也是由建筑和交通消耗的。城市是最大的二氧化碳

排放地，人类活动对气候变化的影响主要集中在城市，因此，要推动低碳生态发展，城市规划的管控与引导至关重要。

此外，乡村碳排放也随着现代化发展而逐年增加。中国农村未来碳排放增长主要体现在四个方面。一是农村生活水平的提高，导致能耗增加。乡村交通方式的变革和村庄建设方式、生活方式的变化，毫无疑问会提高农村能源消费量。二是农村能源结构的调整，导致化石能源消费的增加。随着农村居民生活质量不断提高，农村家庭越来越多的以化石能源来替代直接燃烧型物质，这必然会增加农村的碳排放量。三是农业生产方式的转变，农业由人力转为机械化耕作、设施农业的发展、农业生产运输的变化等，虽然这大幅度提高了生产效率，但化石能源的消耗将会增加，这些都将大大增加农业生产的碳排放量。四是乡村空间的不集聚，城镇化过程中的乡村人口外流与内部集聚并行的动态过程，形成低效的碳排放特征。

2.1.1.2 城乡规划的管控、引导是实现低碳生态发展的重要手段

由于城乡空间是碳排放的主要领域，对城乡进行科学的管控、引导便成为推动其低碳生态发展的重要手段。而城乡规划作为一定时期内城乡的经济和社会发展、土地利用、空间布局以及各项建设的综合部署、具体安排和实施管理，必须担负起促进低碳生态发展的重要角色。

就城乡规划所涉及的主要内容来说，可以从生态安全格局的构建、发展容量的确定、低碳产业体系的构建、空间布局的优化、绿色交

通体系的构建、资源能源的节约、管理机制体制的改善等方面来推动城乡的低碳生态发展。

2.1.2 低碳生态理念的引入是完善城乡规划的需要

2.1.2.1 低碳生态促进城乡规划内容体系不断完善

城乡规划是各级政府统筹安排城乡发展建设空间，保护生态和自然环境，合理利用自然资源，维护社会公正与公平的重要依据，也是政策形成和实施的工具。此外，城乡规划有着强烈的公共政策属性，对于城乡发展有长期的结构性作用。因此，基于低碳生态理念的城乡规划研究尤为重要。

传统的城乡规划主要集中于进行用地布局、交通组织、绿地布局和市政设施建设等空间建设规划方面，目前也在逐渐将资源、环境等内容纳入。以国土空间规划为例，国土空间规划体系中含有多重生态环境保护的内涵，主要包括生态安全底线、生态保护红线、生态修复任务和目标、资源环境承载力等内容。无论是横向的重大专项设计，还是纵向的五级（全国、省、市、县、乡镇）规划工作内容，每个环节都与生态环境密切相关。不仅如此，只有国土空间的生态属性优先于其发展属性，才能保障国土空间的用态和优序。

低碳生态的发展理念对城乡规划提出了更高的要求，城乡规划的领域也在不断扩展，内涵也需要不断完善与优化，拓展生态保护和资源管理等方面的内容，促进相关要素与空间要素的融合发展是当前国土空间规划的主要任务之一。

2.1.2.2 低碳生态推动城乡规划科学性的提升

低碳生态理念融入城乡规划，对城乡规划的科学性提出更高要求，对促进城乡规划技术水平提升和研究方式完善两个方面起推动作用。

技术水平提升方面，加快引入低碳生态研究领域的各类先进技术和工具，比如应用遥感和 GIS 技术模拟绿地变化，应用承载力模型模拟交通供应水平，利用 CFD 等模型对微气候进行分析等，通过技术提升更好地优化规划方案。

研究方式完善方面，更加注重定性分析与定量研究相结合，对产业发展、路网结构、生态水平等加强统计和量化分析，科学测算各类低碳生态定量指标，量化分析优劣，使传统的概念向量化测定目标细化、深化、拓展。

2.2 低碳生态城乡规划研究动态

2.2.1 关于低碳生态城市的研究

自 2003 年"低碳"一词提出至今，国内外学者对低碳生态城市的研究领域已经相当广泛，各国都在探索通过能源、资源、交通、用地、建筑等手段来实现区域发展的生态化和低碳化，从产业选择、能源利用、生态技术、城市空间、土地利用模式及交通方式等方面来探讨什么是低碳生态城市，并制定相应的政策与管理方法来落实。典型代表有伦敦的零能耗发展居住区（BedZED）、瑞典斯德哥尔摩的哈马碧城（Hammarby）小区、阿拉伯联合酋长国阿布扎比市"零排放"生态城等已建或在建的低碳生态项目。目前，美国、丹麦、德国、日本等国在低碳产业、能源利用、建筑节能等领域都处于领先地位，我国太阳能电池研究处于领先地位。

我国学者在国外研究基础上结合中国特色进行了创新研究，在低碳城市规划理论框架、低碳空间、低碳规划与设计策略等方面取得较大进展，并结合"低碳生态城市"试点示范项目实践，建立了低碳生态城市规划编制体系，制定了指标体系及实施导则，试点推广了低冲击开发、可再生能源、绿色建筑、低碳交通等低碳生态技术，探索了低碳生态城市的规划管理方法和机制等（表1-2）。仇保兴认为城市建设应摒弃迷恋"巨型城市"的做法，城市的未来要通过"重建微循环"实现生态化改造，应该坚决摒弃工业文明时代带来的大功能分区、大路网、大尺度构筑物、长距离循环等过时的传统做法，重塑城市社区的"微降解、微能源、微冲击、微更新、微交通、微创业、微绿地、微医疗、微农场、微调控"，实现生态文明时代的城市转型。部分城市社区从政策研

国内外关于低碳生态城市的研究   表1-2

研究内容	代表学者	主要研究成果与观点
低碳规划理论框架	仇保兴、顾朝林、叶祖达、沈清基、Edward Glaeser、Jabareen、Rickaby、Register R	发现城市规模、城市土地开发密度与碳排放量之间的相关性，总结了低碳生态城市的模式和分布格局；构建了基于低碳理念的城市规划研究框架；提出了由城市各阶段规划及执行管理组成的"无碳化"综合角色框架；提出了创建生态城市的八个原理；提出了操作性较强的建设生态城市的十项原则
低碳城市空间	赵鹏军、霍燚、潘海啸、柳下正治	构建"土地利用—交通—环境"综合模型；提出"紧凑城市"形态，但超高密度对于减少碳排放具有负面影响；从交通和土地利用角度，提出低碳城市发展的"5D"模式❶；提出了降低城市碳排放的产业、交通、建筑和节能技术等方面的措施
低碳规划与设计策略	吴恩融、叶祖达、宣蔚、Aoki Masahiko	城市环境气候图是一种可持续城市规划辅助工具，对低碳城市具有积极指导作用；提出"微风通道"理念，指出合理的城市空间规划与设计可以改善城市热气候；指出低碳优化的重点在于建立完善具体的低碳控制导则与指标体系来规范指导城市低碳空间规划，提出低碳城市制度设计和建设必须与所在地区的制度、经济、文化、历史和价值等状况相结合
低碳量化指标	叶祖达、陈飞、颜文涛、陈楠、Edward L Glaeser、Diakoulaki D、Ang B W、Greening L A	"碳排放审计"工具的运用❷；通过模型指标及评价标准定量化研究碳排放量；对城市二氧化碳排放的计算方法及应用进行了系统研究和实证分析；建立低碳生态城市综合指标体系及实施导则；开发一套低碳城市建设评价指标体系
绿色建筑	刘加平、穆钧、Urge-Vorsatz D	提出建筑节能是重要且有效地降低城市碳排放的方式；提倡乡土建材利用，主要为基于本地建材的地域生态建筑，如生土建筑
生态技术	仇保兴、汪芳、Dominski T	对低碳生态城建设中可应用的关键技术按照技术的生态化效果和难易程度进行了等级划分，分为低、中、高三个层次

---

❶ 即POD（步行导向发展）>BOD（自行车导向发展）>TOD（公交导向发展）>XOD（城市形象导向发展）>COD（小汽车导向发展）的低碳城市发展模式。

❷ 指碳排放的计量工具，对城市的碳排放历史数据及未来情景分析作出科学的模拟，对主要的碳排放源头做出评估，同时通过不同力度的政策情景对未来碳排放量做出推测，决策者据此制定合理的低碳经济愿景和指标。对规划设计的"碳足迹"进行计量，从而将"低碳"目标真正落实到具体的城市空间建设中，以科学、定量、全面的方法去量度规划方案的碳排放强度。

究、规划建设、实施管理等方面对低碳生态城市进行积极探索和实践，典型代表有天津中新生态城、曹妃甸国际生态城、上海崇明岛东滩生态城、深圳光明新区、昆明呈贡新区、西咸新区、北京长辛店生态城、台湾"永续低碳示范社区"等。

2.2.2 关于低碳生态乡镇的研究

国外对低碳生态小城镇的研究比较完善，有较为系统的规划编制体系，丹麦是欧洲低碳生态小城镇的重要代表。发达国家还开展对"生态村"的研究，开展"全球生态村运动"，生态建筑与生态技术运用已经比较成熟（表1-3）。

我国近年来开始关注低碳生态小城镇的建设，住房和城乡建设部、财政部、发改委于2011年发布了《绿色低碳重点小城镇建设评价指标（试行）》，并公布了7个试点项目名单，提出要扩大低碳重点小城镇试点范围。仇保兴、李迅等在低碳生态城镇的建设中提倡对地域传统文化的传承、对传统智慧中简单的建筑建造手法的运用。同时，各界学者也已展开相关研究，并取得了一些基础性、阶段性研究成果（表1-4）。

2.2.3 低碳生态城乡规划的发展趋势

低碳发展模式已成为人们应对能源安全危机和全球气候变化的重要方式，改变传统的发展

国外关于低碳生态乡镇的研究 表 1-3

研究内容	代表	主要研究成果与观点
规划与建筑	丹麦	注重精细规划与精品建筑，体现地域特色
出行方式		提倡绿色出行，建设慢行系统
生态技术		注重可再生与清洁能源的开发与利用
低碳理念		注重能源的节约利用，提高环保意识
"生态村"研究	美国、德国、荷兰	以人类为尺度，保护村落传统建筑、生活方式及文化景观要素

国内关于低碳生态乡镇的研究 表 1-4

研究内容	代表	主要成果
规划模式及建设措施	中规院（北川县城）；叶祖达、王惠英等	与自然结合，合理利用城镇风、热等自然环境；打造慢行交通；提倡乡土绿色建筑的运用
生态技术		可再生能源、生态技术利用，绿色基础设施建设
低碳规划策略	李王鸣	指出规划要素在功能上提出期望性和推进性的策略，在规模、选址上进行预防性和限制性控制，是乡村低碳规划的核心内容
低碳理念	仇保兴、李迅、刘琰	顺应中国传统文化中"敬天""顺天""法天""同天"的原始生态理念；对地域传统文化的传承、对传统智慧中简单的建筑建造手法的运用
低碳量化指标	住房和城乡建设部等	绿色低碳重点小城镇建设评价指标（试行）
	吴宁	构建一套面向乡村用地规划的碳源参数化评估模型

轨迹、探寻低碳的发展模式已成为全球关注的焦点。作为处于快速城镇化进程，能源消耗、碳排放都保持高速增长的发展中国家，我国城乡的低碳化发展成为实现可持续发展的核心重点，引起了学术界和政府的广泛关注。低碳生态城乡规划是实现低碳化发展的基本依据和根本保证，通过对国民经济建设和土地利用进行总体部署，统筹安排、综合调控城市的社会经济发展活动，低碳生态城乡规划从更高的层面，以更广阔的视野和更长远的眼光谋划城乡低碳发展模式，从而实现稳定的经济增长与较低的碳排放水平。❶

十九届三中全会审议通过《深化党和国家机构改革方案》，从改革生态文明体制、推动生态文明建设出发，决定组建自然资源部，并赋予其"统一行使所有国土空间用途管制和生态保护修复""建立空间规划体系并监督实施"等职责。从国土资源部到自然资源部，新时代国土空间规划必将贯彻绿色发展理念、推动低碳经济发展，通过规划体系重构、内容方法更新和实施机制创新，建立健全促进绿色经济发展的国土空间治理模式、区域开发组织体系和城乡土地利用方式。

2.2.3.1　针对不同规划层级逐步分解落实

目前，低碳生态城乡规划已经由总体目标体系的构建以及各种专项系统研究逐渐转向不同层级规划的分解落实。从宏观、中观、微观不同层次各有侧重地强调规划重点内容成为必然趋势。

宏观的区域生态安全格局构建、区域发展容量确定等内容将落实在区域层级的规划当中，

如国家主体功能区规划、城镇群规划等；中观的低碳生态规划布局和控制指标将落实到城乡规划法定核心内容，如总体规划及控制性详细规划中，用地布局、交通模式、指标控制等，与详细规划、地块开发建立明确的相关关系；此外，微观层次的空间设计与建设实施将落实在修建性详细规划层面，指导具体的空间塑造及建设实施。

2.2.3.2　规划编制趋于理性与科学

低碳生态城乡规划的编制充分吸取相关理论与实践研究，规划编制的技术手段逐渐趋于理性与科学。一是相关研究的理论基础不断完善，逐渐巩固了相关规划编制工作的依据，内容体系日趋完善；二是相近学科的科学方法与先进的技术手段运用，如 GIS、RS、CFD、大数据等技术手段，使得规划编制的技术水平得到提升；三是规划编制的硬件设施不断进步，有利于进一步提升规划编制的科学性。

2.2.3.3　相关的政策法规逐步完善

政策法规是落实城乡低碳生态发展的关键保障因素，通过建立健全与低碳生态相关的法律制度，既能促进城乡的健康有序发展，又能起到规范城乡发展的作用。具体来说，国家将加快制定促进低碳发展的相关法律、法规，规范企业的生产行为和公民的消费行为，以立法来促进实现低碳生产，最大限度地减少煤炭和石油等能源的消耗，采取必要的政策措施推行绿色生活方式。同时，各类与低碳相关的新能源、绿色建筑、环境保护等相关领域的规范也将愈加完善，立法和政策体系的完善将为低碳生态

---

❶　楚春礼，鞠美庭，王雁南，等.中国城市低碳发展规划思路与技术框架探讨 [J].生态经济，2011（3）：45-48+63.

城乡规划编制确定统一标准。

2.2.3.4　发展路径开始注重地域性探索

目前国内外对于低碳生态城乡规划的理论探索与具体实践已经很多，系统性、普适性的内容框架已经初步搭建。但是，由于不同区域的地域特征、生态资源条件、发展水平各不相同，低碳生态的目标建构也不尽相同，实现目标的路径也需要针对各自特征因地制宜地制定。因此，地域性的低碳生态发展路径及城乡规划探索将成为未来趋势。

第 3 节　低碳生态城乡规划案例

3.1　国外案例

自"低碳城市"概念提出之后，丹麦、美国等国家也相继提出了建设"低碳"城市的口号，并取得了一定的进展，这对我国低碳生态城乡发展有较好的借鉴意义。如哥本哈根主要以绿色能源政策、倡导绿色生活方式、大力推行绿色交通的路径来应对气候变化；伦敦的规划法规对绿色低碳政策的实施加以保障，同时发展出贝丁顿生态村等一批以零能耗为目标的生态发展示范社区；日本则对建筑废弃物资源化处理，来降低建筑业的高能耗；巴西的库里蒂巴在公共交通建设上取得了令人赞叹的成果；澳大利亚的哈利法克斯生态城主要在物质环境与经济结构上寻求新的生态开发模式与措施（表 1-5）。

国外案例分析　　　　　　　表 1-5

地区	举措
丹麦哥本哈根	清洁能源及高税能源政策：风能、生物能的推广，高昂的电费；倡导低碳生活方式和绿色交通
英国伦敦	政府借助法规和政策来推进各项措施付诸实施，并和私营企业、民间组织携手保证政策能顺利落实
英国贝丁顿生态村	整个小区只使用可再生资源产生的能源以满足居民生活所需，不向大气释放二氧化碳
日本	改建房屋的限制政策；清洁能源的资金补助
巴西库里蒂巴	从建设完善的公共交通系统、结合公交系统进行城市开发和关注社会公益等方面着手
澳大利亚哈利法克斯生态城	涉及社区和建筑的物质环境的规划以及社会与经济结构的调整，向传统商业也发出挑战，提出了社区驱动的生态开发模式

3.1.1　丹麦·哥本哈根

哥本哈根是世界上最适合居住的城市之一。2008 年，哥本哈根被英国生活杂志《Monocle》选为"世界 20 个最佳城市之一"，在生活素质和重视环保等方面排列榜首。哥本哈根为实现低碳目标采取的措施累计有 50 项。哥本哈根宣布到 2025 年，成为世界上第一个碳中性城市 ❶，计划分两个阶段实施，第一阶段目标是到 2015 年把该市的二氧化碳排放在 2005 年基础上减少 20%，第二阶段是到 2025 年使哥本哈根的二氧化碳排放量降低到零。为了实现该目标，哥本哈根采取了以下措施：

3.1.1.1　清洁能源与高税能源政策

哥本哈根大力推行风能和生物能发电，随处可见通体白色的现代风车，这使得哥本哈根的电力供应大部分实现零碳排。另外，哥本哈根在电力基础上实行热电联产，进行区域性供

---

❶　所谓碳中性，就是通过各种削减或者吸纳措施，实现当年二氧化碳净排量降低到零。

热。哥本哈根大力推广节能建筑,该市有严格的建筑标准,对房屋保温层和门窗密封程度都有严格规定,墙壁厚达三层,中间层是特殊保温材料,夏天隔热,冬天防寒;家家户户都要求使用节能灯,晚间通往郊外的路没有一盏亮的路灯。同时,推行高税能源的使用政策,用户每消费一度电,需要支付 26.6 欧分,且每度电支付电费所包含的税额高达 57%,如果不采取节能方式,用户需支付高额费用。

3.1.1.2　低碳生活方式

哥本哈根市民积极提倡并实践低碳生活,把电子钟更换成发条闹钟;坚持到户外锻炼,很少使用跑步机;尽量少用洗衣机甩干衣服,而是让其自然晾干;坚持少开空调,冬天多穿衣服,夏天即使是公务活动也很少穿西装。与此同时,哥本哈根还鼓励市民进行垃圾回收利用。因此,哥本哈根市市民已基本养成其特有的低碳生活方式。

3.1.1.3　绿色交通

哥本哈根大力发展城市绿色交通,其对各种交通工具的重视程度中自行车居首,公共交通第二,私人轿车最末。除电力车、氢动力车以外,很重要的一点是其推行的"自行车

代步"。城市有很好的自行车代步服务,自行车专用道普及。并且,在市区内,所有交通灯变化的频率是按照自行车的平均速度设置的,如果骑上一辆自行车匀速蹬踏,几乎可以一路绿灯畅通无阻。哥本哈根还被国际自行车联盟(International Cycling Union)命名为 2008~2011 年的世界首个"自行车之城"。哥本哈根全市有一百多个免费自行车停放点,以 20 丹麦克朗的价格就能自行租借,把车还回至任何一个停放点时,就可以将 20 克朗的押金拿回。但如果没有把自行车停放在规定的区域,罚款则高达 1000 欧元。这个城市已经把自行车代步作为一种城市的文化符号,成为城市文化的一部分(图 1-1、图 1-2)。1997 年,时任美国总统的克林顿访问哥本哈根时,哥本哈根市政府送出的一份官方礼物就是一辆特别设计的自行车,名为"城市自行车一号"。

3.1.2　英国

3.1.2.1　伦敦

伦敦应对气候变化主要通过政策和法规权力来推进各项措施付诸实施,并和私营企业、

图 1-1　市民骑自行车通勤

图 1-2　随处可见的停车设施

资料来源:https://mp.weixin.qq.com/s/EVQVcWPlVipFwITu8p–LkA.

民间组织携手保证政策能顺利落实。始于 2004 年颁布的《伦敦能源策略》（以下简称《策略》），气候变化被纳入伦敦发展政策。《策略》制定了减低能源消耗和碳排放的目标，认识到为更好地理解气候变化而建立合作关系的必要性以及在伦敦实施低碳方案时如何克服机制及市场屏障。这促成了 2004 年《伦敦能源、氢与气候变化合作伙伴关系》的诞生，并于 2006 年正式成立伦敦气候变化署（LCCA, London Climate Change Agency）——一个负责落实市长在气候变化方面的政策和战略的市政府直属官方机构。

在英国，伦敦政府的地区规划有很大的自主权，因此修订《伦敦规划》时，规划框架必须将可持续发展、气候变化整合到伦敦的发展计划中。在最后的征询阶段，修订具有吸引力的《伦敦规划》，要求实现可持续发展型的设计和建筑，包括节能型能源分层、清洁生产、使用 20% 当地可再生能源等，同时还寻求垃圾回收、水资源管理的方法，以及应对气候变化所需采取的措施。《伦敦规划》是有力地保证伦敦的发展符合可持续发展及气候变化的标准。然而，伦敦房屋现时的年均更新速度介于 1% ~ 2%，改造现有基础建设使之达到可持续发展要求是伦敦所面临的一大挑战。

2007 年 2 月，伦敦颁布了《气候变化行动纲要》（以下简称《纲要》），设定了减碳目标和具体实施计划，主要集中在《伦敦规划》所覆盖的三个重要方面，即现有房屋贮备、能源运输与废物处理和交通。《纲要》成为伦敦迈向低碳城市的里程碑，其目标是以 1990 年为基准，2025 年要减排 60%，其中的 35% 是通过伦敦直接的行动实现，25% 是通过英国政府承担。

伦敦低碳方案建立的基础还包括对清洁能源技术所展现的重大市场潜力的认知。《策略》公布之后，斯特恩估计到 2050 年，清洁能源技术为伦敦带来的经济总值将达到 5000 亿英镑。

3.1.2.2 贝丁顿生态村

英国政府曾推出了一项名为"贝丁顿（BedZED）零能耗发展"生态村的项目，将众多节能减排的措施集中于一个小生态村中。该生态村位于伦敦南部萨顿区贝丁顿地区，生态村住宅都是约 40 米高的棕褐色"板楼"，共有 5 栋，每栋楼的楼顶有一排随风摇摆的风帽（图 1-3）。项目于 2002 年建成，是当时英国最大的"零碳"生态社区。生态村建筑师比尔·邓斯特的设计理念是建造一个"零能耗发展社区"，即整个小区只使用可再生资源产生的能源便可以满足居民生活所需，不向大气释放二氧化碳。因此，该项目是一个"零碳"项目，其目的是向人们展示一种在城市环境中实现可持续居住

图 1-3　贝丁顿生态建筑
资料来源：贝丁顿生态建筑.
http://huaban.com/pins/557848615/.

的解决方案以及减少能源、水和汽车使用率的良策。具体如下:

（1）利用阳光和导热材料来暖。设计师精心选择材料并巧妙地循环使用热能。生态村的所有住宅都朝南，最大限度地从太阳光中吸收热量。每家每户都有一个玻璃阳光房，夏天将阳光房的玻璃打开后成为敞开式阳台，有利于散热，冬天关闭阳光房的玻璃可以充分保存从阳光中吸收的热量。

此外，所有的办公朝北，这样可以避免除各种办公设备使用时产生的热量之外，额外再吸收阳光导致办公室过热。生态村住宅的墙壁是用导热材料建造的，这种导热材料在天热的时候储存热量，在天凉的时候释放热量。再加上建筑门窗的气密性设计和混凝土结构，能够减缓热量散失的速度，具有良好的保温功能。同时，这些材料的绝热性

还能够将居民做饭等日常活动所产生的热量保存起来，用于给房间加热，居民家里不必再安装暖气，整个生态村也没有安装中央供暖系统。

（2）妥善利用水资源。每栋房子的地下都安装有大型蓄水池，雨水流到蓄水池后被储存起来。蓄水池与每家厕所相连，居民都是用储存的水冲马桶，冲洗后的废水经过生化处理后一部分用来灌溉生态村里的植物和草地，一部分重新流入蓄水池中，继续作为冲洗用水（图 1-4）。由于利用了雨水，自来水的消耗量降低了 47% 左右。

（3）通风系统先进。生态村最引人注目的是房顶上一个个五颜六色的风帽，这也成了生态村的标志性景观。这是住宅楼的通风设备，所有风帽随着风向不断转动，源源不断地将新鲜空气输入每个房间，同时将室内空气排出，因此室内温度不会因为空气的流动而有所下降。

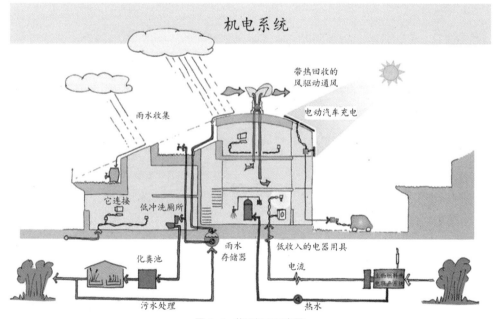

图 1-4　能源循环示意图
资料来源：http://thisissamsmith.com/wp-content/uploads/2014/02/bedzed-systems.jpg.

（4）利用废木头发电并制造热水。在生态村的东面，有一个功率为 130 千瓦的小型热电联产厂，利用废木头发电。发电过程中产生的热量可以保存并用来产生热水。热水通过一个由超导管道组成的小型社区供暖系统输送进每家每户。热电厂 52% 的废木料都取自方圆 35 英里（约 56 千米）以内的地区，这样做可以减少因长距离货运而对空气产生的污染。据统计，这一做法一年可以少排放 120 吨的二氧化碳。

（5）绿色交通计划。贝丁顿生态村为降低交通能源消耗，实行了一项"绿色交通计划"，旨在提倡步行、骑车和使用公共交通，减少对私家车的依赖。这一计划在减少居民出行需要、鼓励居民多乘坐公共交通和提倡合用或租赁汽车这三方面取得了一定成效。生态村附近有良好的公共交通网络，从生态村步行到公交车站或火车站均不超过 10 分钟。生态村还为电动车辆设置了免费的充电站。其电力来源于所有家庭房顶装配的太阳能光电板，可同时供 40 辆电动车充电。生态村成立了伦敦第一家汽车俱乐部，鼓励居民租车外出。此外，生态村还提倡居民合乘一辆私家车上班，改变"一人一车"的浪费现象。

3.1.3　日本

3.1.3.1　**日本的低碳发展策略**

2007 年，日本环境部提出低碳规划，提倡物尽其用的节俭精神，通过更简单的生活方式达到高质量的生活，从高消费社会向高质量社会转变。2008 年，日本政府通过了"低碳社会行动计划"，将低碳社会作为未来的发展方向和政府的长远目标。"低碳社会行动计划"提出，

在未来 3～5 年内将家用太阳能发电系统的成本减少一半；到 2030 年，风力、太阳能、水力、生物质能和地热等的发电量将占日本总用电量的 20%。从 2009 年起就碳捕获与埋存技术开始大规模验证实验，争取 20 年将这些技术实用化。2009 年 4 月，日本政府公布了《绿色经济与社会变革》的政策草案，提出通过实行削减温室气体排放等措施，大力推动低碳经济发展。

日本政府还制定了以下两个方面的具体措施：

一是限制措施，日本《建筑循环利用法》规定，改建房屋时有义务循环利用所有建筑材料，使得日本由此发明了世界先进的混凝土再利用技术。

二是提供补助金，日本政府正在探讨恢复对家庭购买太阳能发电设备提供补助的制度，降低对中小企业购买太阳能发电设备提供补助的门槛。此外，从 2009 年开始，日本政府向购买清洁柴油车的企业和个人支付补助金，以推动环保车辆的普及。

3.1.3.2　**北九州市生态工业园**

位于日本九州岛最北部的北九州市，人口约 100 万人，面积约 485 平方千米，是九州岛最大的港口城市。20 世纪初，北九州市工业地带是日本四大工业基地之一，经济高速增长的同时造成了经济与环境损害。经过二十多年的不懈努力，北九州市把降尘量位居日本首位的"七色烟城"，变成"星空城市"。1990 年，北九州市还成为日本第一个获得联合国环境规划署颁发的"全球 500 佳"奖的城市。作为日本第一个生态园区项目，北九州市生态工业园已

图 1-5　北九州市生态工业园
资料来源：https://wenku.baidu.com/
view/b1050a85e53a580216 fcfe18.html#.

发展成为完善的生态循环工业园区，也成了日本生态工业园区的样板（图 1-5）。

北九州市生态工业园的特点：

（1）完善的政策法律保障体系：环境保护政策与产业振兴政策、雇佣政策，至 2004 年，日本基本形成了推动循环经济发展的完备的法律框架，如《家电再循环法》《容器包装循环法》《特定家庭用机械再商品化法》《食品循环资源再生利用促进法》《建筑工程资材再资源化法》《绿色采购法》《废弃物处理法》《化学物质排除管理促进法》《促进容器与包装分类回收法》等基于《促进可循环资源利用法》和《促进循环社会形成基本法》而制定的相关法规。

（2）人才培养与利用：充分发挥北九州市在 100 年"制造业的城市"建设中培育出来的人才及技术的威力。

（3）基础设施：得天独厚的基础设施（广袤的填埋土地、充实的港湾设施及道路），可接收众多地区的废物，并拥有安全稳定的处理体制。

（4）机构合作：企业与研究机构、政府之间强有力的合作。

（5）市民的理解与信赖：企业做到信息与设施公开，与市民共享信息，并制定风险管理与风险评价的方法，力争避开或降低风险，以加深相互的理解，最终消除市民的不安感、不快感与不信任。

3.1.4　巴西·库里蒂巴

巴西巴拉那州的州府库里蒂巴市地处巴拉那高原，全市面积 132 平方千米，人口 160 万，因城市布局合理、环境优良、管理措施得当，使之成为世界著名的生态环保城市。1995 年，库里蒂巴和巴黎、悉尼等城市一起被联合国命名为"最适宜人居住的城市"。库里蒂巴在生态城市建设中，主要从建设完善的公共交通系统、结合公交系统进行城市开发和关注社会公益等方面着手。

3.1.4.1　完善的公共交通系统

库里蒂巴市人均小汽车拥有率居巴西首位（约每 3 人拥有 1 辆），共有 50 多万辆小汽车，

但是，完善的公交系统高效地吸收了交通高峰时
的出行流量，约有 75% 的通勤者在工作期间选
择乘坐公交车。因此，其使用的燃油消耗是同等
规模城市的 25%，车辆用油减少约 30%，城市
大气污染远低于同等规模的其他城市。库里蒂巴
市的公交系统布局合理，交通很少拥挤，分流科
学，条条线路各负其责，是目前世界上最实际和
最好的城市交通系统之一。它为人口密集的城市
提供了一个耗资低、建设周期短、速度快、准时
性好的新型高效率公共交通的解决方案。

库里蒂巴发展公交系统是根据自身财力结
合有效的管理和精心的设计建起的一体化公交
系统。库里蒂巴的一体化公交线路网呈分级结
构，其中"快速公交系统"别具一格。公交巴
士可运行在专用的通道上，车速达到 60 千米 /
小时，和地铁相差无几，因此能在极短的时间
里将大客流有效地疏散。人们可以在一个小时
之内从市中心抵达郊区的任何地方（图 1-6）。

3.1.4.2　结合公交系统的城市开发

库里蒂巴结合完善的公交系统进行城市开
发，将交通系统与土地利用很好地结合起来。加
州大学伯克分校的规划教授 Alan Jacobs 认为，
库里蒂巴有着世界上最好的规划和开发计划，这
得益于库里蒂巴连任 3 届的市长杰米·勒纳
（Jaime Lerner）在过去 20 年中把城市规划设计
和管理合为一体。库里蒂巴通过追求高度系统化
的、渐进的和深思熟虑的城市规划设计，实现了
土地利用与公共交通体系化，取得了巨大的成就。

库里蒂巴较为成功的土地利用与交通相结
合的政策之一是，不仅鼓励混合土地利用开发
的方式，而且其总体规划以城市公交线路所在

道路为中心，对所有的土地利用和开发密度进
行分区。5 条轴向道路中的 4 条所在地块的容
积率为 6，而其他公交线路服务区的容积率为
4，离公交线路越远的地方容积率越低。城市
仅仅鼓励公交线路附近 2 个街区的高密度开发，
并严格抑制距公交线路 2 个街区外的土地开发。
一体化道路系统提供的高可达性促进了沿交通
走廊的集中开发，土地利用规划方法也强化了
这种开发。轴线开发使宽阔的交通走廊有足够
的空间用作快速公交用路。

20 世纪 70 年代库里蒂巴城市的发展呈现
了新的形态，拥有了逐步拓展的一体化道路交
通网络，并采取了致力于改善和保护城市生活
质量的各种土地利用措施。城市外缘是大片的
线状公园绿地，总体规划规定城市沿着几条结
构轴线向外进行走廊式开发。从 1974 年开始，
城市设计部门强调的沿着城市主轴放射状开发
的思路得以实施。轴线也是公共汽车系统的主
要线路，这些轴线在城市中心交汇，城市轴线
构成了一体化道路系统的第一个层次，拥有公
交优先权的道路把交通汇聚到轴线道路上，而

图 1-6　快速公交车站
资料来源：新华社 http：//www.beijingreview.com.cn/2009news/
yingxiang/tupiannews/2010–11/17/content_312723.htm.

库里蒂巴与其他城市公交系统相关指标统计   表 1-6

	库里蒂巴	波哥大	开普敦	约翰内斯堡
人口（百万）	1.6	6.4	2.9	2.8
交通高峰运输人次	428000	870000	400000	487700
运输车辆数	2100	21000	10770	13450
平均每居民运输旅次	0.27	0.14	0.14	0.17

通过城市的支路满足各种地方交通和两侧商业活动的需要，并与工业区连接。

目前，城市有 2/3 的市民每天都使用公共汽车，并且做到公共汽车服务无需财政补贴。研究人员估计每年减少的小汽车出行达 2700 万次（表 1-6）。

3.1.5 澳大利亚

3.1.5.1 阿德雷德生态城

阿德雷德（Adelaide）是澳大利亚南澳州的首府，位于澳大利亚的南部，人口约 100 万。阿德雷德以其众多的公园、蓝灰砂岩的建筑和轻松愉快的生活方式而著称，是汽车业、电器工业发达的澳洲第四大都市。阿德雷德城市的规划及架构很集中，市区内有许多保存完善的老建筑物，整个市中心都被公园绿地包围，徒步的可达性很强。1992 年，第二届国际生态城市讨论会即在此召开。位于阿德雷德的澳大利亚城市生态组织（Urban Ecology Australia）致力于将人类居住区转变为生态城市——有活力的、公正的、生态可持续的和经济可行的社区。该组织成立于 1991 年，是联合国认可的非营利和非政府组织。阿德雷德的生态城市项目大部分得益于澳大利亚城市生态组织的努力和推动。

澳大利亚城市生态组织认为，生态城市应该使居民在使用最少自然资源的情况下获得优质的生活。他们通过以下五个方面实现生态城市的目标：

（1）使用本地的木材料和本地能源、空气和水流。

（2）将自然生态系统融入城市地区、引入本地的原生动植物、提升城市公共空间。

（3）使用植被控制城市小气候以稳定温度和湿度。

（4）通过创造易与人之间相互交流的社会环境，增强社区生活和社会人际关系。

（5）支持创新文化，使人们能发挥他们的创造潜力，并使用新技术改善建筑的宜居性。

此外，对于城市的不同要素，他们也提出了生态城市的规划设计原则：

（1）城市结构：蔓生的低密度城市应当被转变成由绿地分割的、有一定大小限制的、中高密度的城市居民区网络，大多数居民应当生活在步行或者自行车尺度的工作通勤距离内。

（2）建筑：生态城市的建筑应最大限度利用太阳、风和降水以补充居住者的能源和水需求。一般使用多层住宅以最大限度地保留绿地。

（3）生物多样性：生态城市应当有自然栖息地的走廊穿过，以养育多种生物并使居民能接近自然和获得愉悦。

（4）交通：生态城市的食物和其他产品大部分应当来自城市内部或邻近地区以减少交通成本。大多数居民可以通过步行或自行车解决工作通勤，以实现对机动车的最小化需求。丰富的公共交通可以连接到地区中心以满足更远距离出行者的需求。本地共享小汽车允许人们在需要的时候使用小汽车。

（5）产业：生态城市的产品应当是可以被再利用、再制造和再循环的。产业生产过程需要注意副产品的再利用和最小化产品的移动。

（6）经济：生态城市应当是劳动密集型而不是材料、能源和水密集型经济，以维持足够的工作和最小化材料的通过量。

3.1.5.2　哈利法克斯生态城

哈利法克斯（Halifax）生态城位于澳大利亚阿德雷德市内城的原工业区，占地 4 公顷，是与现有城市生活和设施联系起来的有350 ~ 400 户居民的混合型社区，以住宅为主，同时配有商业和社区服务设施，部分曾被用作工业加工而留下的废物和污染物的场地，通过植被种植在中长期内治理这些曾被污染的土壤。除了澳大利亚城市生态组织，哈利法克斯生态城由生态城市股份有限公司合作开发，并且得到其他团体和参与者的支持。哈利法克斯生态城项目是澳大利亚第一例生态城市规划，它不仅涉及社区和建筑的物质环境的规划，还提出了社区驱动的生态开发模式。1994 年 2 月，哈利法克斯生态城项目获"国际生态城市奖"。1996 年 6 月在伊斯坦布尔举行的联合国人居二会议的"城市论坛"中，该项目被认为是生态城市最佳实践范例。

哈利法克斯生态城为人们提供了直接接触整个环境和社会问题的机会，并且认为人们应该自己选择他们想居住的地方或居住的方式。他们的观点是，如果城市是全球生态破坏的中心，那么城市也必然是全球生态问题解决的途径。澳大利亚城市生态组织相信一个生态城市如果在人类社会中保持平衡，也就会在人与自然中保持平衡，所以他们认为生态发展的关键是在城市居住区形成过程中真正的社区参与，以及影响生态实现（比如化石能源的真实价格）和促进社会平等的经济系统。哈利法克斯的所有技术都已经在全世界得到应用。有些是近期的发明，有些已经应用了几千年，但是这个项目中应用的许多理念和技术都包含在一个综合的生态发展里面。

（1）哈利法克斯的生态开发模式

人们向往健康平衡的环境，追求包容、平等和参与，城市应该属于市民。传统商业开发看到的是场地可建更多的房屋，而规划师努力也不能改变这一事实。传统商业开发（传统型）在哈利法克斯受到生态开发（生态型）的挑战，生态开发在开发的目标、原则、价值取向等方面与传统商业开发明显不同（表 1-7）。

在开发过程中，哈利法克斯采取"社区驱动"的自主性开发模式，开发由社区控制，社区的规划、设计、建设、管理和维护全过程也都由社区居民参与。"社区驱动"开发程序起步的关键是创建管理机构——"管理组"。管理组成员包括个人和重要组织的代表。管理组协调组建土地信托公司、生态开发公司和社区委员会三个组织。管理组建立土地信托公司或土地银行来购买土地、控制财政，对区内生态开发的不当行为提出警告。生态开发公司的建立将取

传统型与生态型开发模式比较　　　　　　　　　　表 1-7

类型	传统型（利益驱动）	生态型（社区驱动）
目标	获得最大利润	满足社区需求
途径	土地投机、社区处于私利开发	土地培育、社区授权
资金来源	任一方式——大都为有利润产出的银行	合乎伦理的投资与地方兑换贸易系统——资金返还到社区
材料来源	任何"方便的"——市场驱动、处于私利、资金密集型	慎重选择——健康、利于环境、地区性、劳动密集型
政治	排他的、腐败的、权宜之计的、以自我为中心的	包容的、道德的、开放的、以生态为中心的
经济	自然和人是为经济活动服务的	经济是为社区和生态服务的

代传统的开发商，是社区基本的开发实体。社区委员会则代表区内的租户、拥有者和使用者，它将处理社区内部的冲突及需求，利于居民在不断发展过程中参与设计、维护和管理。

股权与参与权面向广大的公众与组织，作为居民、签约的投资者或支持者，在个人或组织的目标恰当允许的情况下，可通过各种方式参与社区建设，每一个可能成为本项目的居民都可参加到生态城市"赤脚建筑师计划"队伍中去。在来自股权登记和居民会议反馈的基础上，一系列"赤脚建筑师计划"评议会、设计讨论会传递有关计划、开发及设计方方面面的信息，这些信息涉及从区域基础设施、历史、生态到社区艺术、设计，从地方规划、管理到整个场地规划建议，从详细设计、材料获取到场地建设组织和程序等内容。每一居民都可参与计划最后的详细设计，同时在设计、建设过程中学到城市生态学的有关理论和实践应用知识，使建设者既了解社区，又了解生态学。建筑师、城市生态学家则在其中起咨询、教育的作用。

（2）哈利法克斯的生态开发措施

1）生态规划布局

哈利法克斯生态城的规划格网呈方形，公寓街坊围合一个方形庭院和广场，为避免重复，

每个庭院采用不同的围合形式，并偶尔穿插圆形要素作为主题。简单的 7.6 米格网——厚实有弹力的土墙结构决定了城市基本形态的"经纬"。这些 400 毫米厚的夯实的土墙意味着生态责任，这些泥土主要取自乡村地区需要恢复的退化或受到侵蚀的土地，夯土成为建筑的大量原材料，这些土墙发展了夯土建筑技术，它们立于大地之上最终又回归大地。墙体既起到储热的作用，而且还在紧凑的城市布局中吸声和隔声，为形成良好的邻里关系提供了可能。

2）生态建筑设计

建筑在 2 ~ 5 层之间变化，有屋顶花园、观景楼，屋顶花园既是游戏场所，又可种植食物、增强邻里关系。全区屋顶花园上有一千多个太阳能收集器。通过它们可供热水、取暖、制冷或给蓄电池充电。由于现实生活中人们的自发性、癖好而对建筑空间进行适当的改变，时而开放，时而封闭，而不是一成不变的空间，成为在有活力场所中的进化建筑。

建筑都是由专业建筑师和"赤脚建筑师"——居民共同完成的，建筑立面和室内空间是独特的，设计充分反映住户的内在个性。建筑选用对人体无毒、无过敏、节能、低温室气体排放的建筑材料。建筑材料也避免使用木料，减少

对珍稀森林的砍伐。阳台、凉亭、帐篷和树木都将保护户外的人们免受紫外线辐射和雨淋。建筑设计反映气候特点，隔热、采光、通风与墙体的有机结合使建筑在全球气候变化和阿德雷德气候条件下都能更好地发挥功能。

3）生态基础设施

哈利法克斯最大限度地避免依赖区外基础设施，特别是水和电的供应。通过收集、储存雨水和中水，避免区内的水流失，落到屋顶、太阳能收集板、小路、外廊、阳台的雨水被收集并输送到地下，与经过过滤的下水道污水、淋浴和洗漱用水而得到的"中水"混合，可灌溉屋顶花园、维护生产性景观植被，同时也利于生态廊道渗入场地。而"绿色走廊"为本地本土动物提供生境。几年后区内所有的水将循环利用，水的输入量将趋向零。在区内制造能量、获取资源并就近使用，如通过太阳能光电板发电，过剩的电力则输送至蓄电池。共用设施沟，设有先进的光纤电信系统，如光缆、PABX 电话网，使区内外信息交流安全方便。

在区内设置一些堆肥厕所，使富含有机质的污水不全部流入下水道，不仅为区内植被提供肥料，同时还可制造沼气。在小型市场附近建有太阳能水生动植物温室（即污水处理厂），污水将在这里通过生物过程得到处理，并转化为堆肥和洁净的灌溉水。该系统运行、提炼过程均符合澳大利亚条件与植物群落习性，它的输出物将受地方卫生权威机构监控。太阳能水生动植物温室里的鱼与蝴蝶，将使之成为有吸引力的观光地。

同时区内设置一定的停车场，大都采用地下无穿过式交通。全区设有残疾人通道、小径，可通车区域通过不渗透或半渗透地面收集雨水。停车场的地面设计成人可活动的场所而不是仅仅为了汽车停放，像屋顶花园一样，停车场上也建有藤蔓的凉亭，并安装太阳能收集器。

4）生态教育宣传

社区另一个吸引人的地方是城市生态中心。在这里通过图书馆、展览、咨询报告可方便地知晓城市生态的有关知识，了解生态城市规划、设计和建设进展。它是公共教育场所，同时也创造了教育性的"生态旅游"。生态中心是哈利法克斯生态城项目的发源地，同时该项目本身的大量研究也源于此，中心还不断提供有关城市发展中能量交换、环境影响的数据。

5）生态乡村建设

生态城市完整的思想内涵还应包括与城市相平衡的乡村。哈利法克斯新城开发着手于乡村与城市两方面的恢复。乡村地区退化的土地将被购买或划入整个开发的范围，促进其生态恢复，可作为食物基地、娱乐及城市以外的教育场地。哈利法克斯新城每个居民被要求恢复至少 1 公顷退化的土地。土壤侵蚀是澳大利亚最大的环境问题，通过堤岸改造、种植本土植被，阿德雷德农业地区受到严重侵蚀的溪流将得到稳定。在这些乡村地区，为稳固受侵蚀的溪谷地区需要挖采一定的土壤，而这又为哈利法克斯生态城新旧城市环境提供了建筑材料。

哈利法克斯生态城项目还重视金融与管理结构的研究、设计和建设，社会、经济、文化和宗教的融合，以确保经济和社会基础是平等的、民主的。

3.2 国内案例

在国内的低碳生态城乡建设中，东部与西部地区侧重各不相同，如天津中新生态城在科学确定城市规模与格局、构建低碳型产业结构、以能力建设为核心、为生态城发展提供保障机制等方面不断创新和努力；南京河西新城的生态建设路径，多在建设规划策略上完善生态层面的内容；曹妃甸国际生态城不仅在规划指标体系上做出目标的确定和指标体系的制定，同时更在城市功能、城市交通、基础设施等物质空间层面做出低碳的优化和改进；白银中德生态城则对当地资源枯竭的现状做出回应，以国内外合作促进生态城的建设；昆明呈贡低碳示范区以"密路网，小街区"的规划模式展开了土地利用规划和城市设计；北川新县城低碳生态城规划中以低冲击开发模式进行建设，从减少排放和能源依赖、提高使

用效率、降低维护成本、加强新技术应用等方面出发，将节能减排与城市的规划设计系统全面结合；西咸新区海绵城市试点以海绵城市建设作为低碳生态建设的突破口，按照低影响开发理念展开海绵城市建设探索和实践（表1-8）。

3.2.1 东部地区
3.2.1.1 天津中新生态城

天津中新生态城（图1-7）是中国和新加坡两国政府应对全球气候变化、加强环境保护、节约资源和能源、构建和谐社会的重大战略合作项目。建设目标是实现人与人和谐共存、人与经济活动和谐共存、人与环境和谐共存；建设方式要能实行、能推广、能复制，体现资源约束条件下城市建设的示范意义，成为中国城市可持续发展的样板。为此，天津中新生态城把应对气候变化与实施可持续发展战略结合起

国内案例分析

表1-8

地区	示范点	举措
东部地区	天津中新生态城	天津中新生态城创新发展方式，建设资源节约型和环境友好型社会，实现经济、社会、人口、资源与环境的可持续发展
	南京河西新城	南京河西新城因地制宜打造绿色生态城区，提出了"指标、规划、技术、管理、市场、政策、行动"七位一体的低碳生态城市建设框架
	曹妃甸国际生态城	曹妃甸国际生态城规划制定了详细的指标体系，不仅包括环境目标、社会经济文化目标及空间目标在内的总体目标系统，同时还特别关注物质空间的规划指标体系，后者主要关注物质空间和技术系统
西部地区	白银中德生态城	建设规划主要包括：绿色交通、绿色建筑、生态环境、生态示范社区能源系统、生态试点城市可持续能力建设五大内容。系统布局各项目具体的建设模式，支撑规划的可操作性
	昆明呈贡低碳示范区	运用以"密路网，小街区"为特征的城市空间规划模式，并尝试将新城市主义的规划理念应用于其规划中，包括土地利用与城市设计、路网规划与道路设计等方面
	北川新县城低碳生态城	将节能减排理念贯穿于规划设计全过程，在规划布局、工业园区规划、城市交通、市政基础设施规划、能源利用、建筑节能等环节充分考虑与自然环境的协调，因地制宜以低冲击开发模式进行建设
	西咸新区海绵城市试点	西咸新区海绵城市试点建设基于降水分布不均、水资源紧缺、生态环境敏感、土壤类型复杂等现状问题，从技术手段组合、建设区域划分、设施本土化设计到乡土植物配置四方面进行探索性实践研究

来，以建设低碳生态城市为目标，以发展低碳产业为核心，以能源利用为重点，以绿色交通和绿色建筑为支撑，以政策机制建设为保障，创新发展方式，建设资源节约型和环境友好型社会，实现经济、社会、人口、资源与环境的可持续发展。其主要策略如下：

（1）科学确定城市规模与格局

天津中新生态城用地面积 30 平方千米，选址于河海交汇处，湿地特征明显。为了减少生态城建设对区域生态环境的干扰，生态城坚持生态优先的原则，合理确定人口规模。在对土地、水资源条件评价的基础上，综合分析不同规模城市、经济发展水平及其碳排放量与生态环境承载能力的关系，确定生态城常住人口控制在 35 万人以内，使人类足迹最小化。同时充分尊重现状自然本底条件，对生态城内的自然湿地实施严格保护，加强水体治理和生态修复，确保净损失为零。结合河流和海口湿地规划了 5 平方千米的生态用地，建设生态廊道，加强生态城内外部水系的联通，构建区域一体化的生态体系，形成"一核一链六楔"的生态格局和"一轴三心四片"的紧凑型城市用地布局。此外，结合盐碱土地改良，加大绿化建设，构建"湖水—河流—湿地—绿地"复合生态系统，形成自然生态与人工生态有机结合的生态格局。

选择本地适生以及环境净化特征明显的先锋性乔木、花灌木和地被植物，以充分发挥其固碳能力。因地制宜地推广阳台、屋顶、墙面等垂直绿化，多渠道拓展城市绿化空间，绿化覆盖率达到 50%。规划绿地系统建成后，除满足城市景观、休闲娱乐以及隔声降噪等功能外，

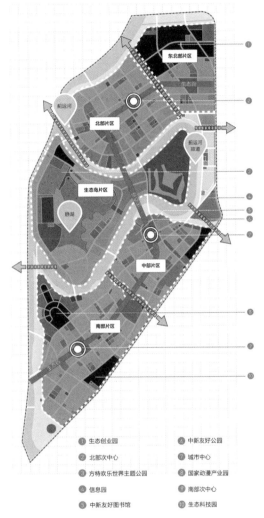

图 1-7 天津中新生态城规划图
资料来源：https：//mp.weixin.qq.com/s/OehGcUnMGV2JduX94RbDlA.

通过湿地保护、生态绿化等措施保护自然碳库，进而增加城市碳汇潜力，减少大气中的温室气体，降低城市热岛效应。

（2）构建低碳型产业结构

生态城自身建设对生态环保技术和产品形成了巨大的市场需求，为产业发展提供了有利条件。规划将生态环保产业作为生态城的主导

发展方向，建设具有活力和持续发展能力的产业体系，形成低投入、高产出、低消耗、少排放、能循环、可持续的低碳型经济结构，符合国家对生态城的建设要求，也符合生态城低碳经济的发展方向。

以科技创新为引领，构建科技创新平台。完善扶持政策，建立与国内外知名院校合作机制，着力引进科技研发、应用制造型的科研院所，促进科技人才、科技资本的集聚，开发低碳技术和低碳产品；建设技术和产品的交易市场，保护知识产权，规范交易行为，完善鼓励技术创新和科技成果产业化的市场环境，促进转化应用。大力发展金融、服务外包、文化创意、教育培训、生态旅游等现代服务业，实施绿色招商，建立环境准入制度，设定产业门槛，完善绿色产业认证服务体系，构建低碳节能型的产业结构。

（3）以节能减排为重点，为生态城建设提供支撑

生态城贯彻"开发与节约并举，把节约放在首位"的方针，加强建筑和交通节能，优化能源结构，大力发展清洁能源和可再生能源，提高能源利用效率，实现低碳发展。

1）实施绿色建筑标准，加强建筑节能。为了降低建筑能耗，天津中新生态城确定了区内绿色建筑比例要达到100%的要求。为此，依据国家相关标准，借鉴国内外的先进经验，制定了生态城绿色建筑的设计标准、施工标准、评价标准以及相关的扶持政策，鼓励节能环保型新技术、新材料、新工艺、新设备在生态城的应用。通过加强围护结构的保温性能、用热

计量、使用节能灯具等措施，减少建筑热损失，降低建筑能耗。不断优化建筑设计，鼓励光电一体化应用，积极探索绿色建筑的标准化设计和产业化生产模式，建设节能省地型住宅（图1-8）。

2）构建绿色交通体系，加强交通节能。发展低碳型城市，必须将发展绿色交通、降低交通耗能作为重要环节。生态城提出区内绿色出行比例不小于90%的发展目标，确立了公交主导、慢行优先的绿色交通模式。采用TOD模式，大力发展以轨道交通为主、大运量公交为辅的公交体系。设置公交专用道和路权优先制度，建设智能交通系统，保证公交畅通。合理布局公交站点和换乘枢纽，结合公交站点建设城市公共配套设施，形成覆盖全城的安全、便捷、舒适的公交网络，引导居民将公交作为出行的首选方式，减少对私人汽车的依赖。严格执行机动车排放标准，公交车辆全部使用清洁能源，减少温室气体排放。

生态城在用地布局上打破了传统的功能分区方式，加强用地混合使用，将居住、就业

图1-8　生态城中的"零碳"建筑
资料来源：http://www.chinagbc.org.cn/case/public/shop/20141225/111149.shtml.

与生活服务设施就近布置，每个居住单元周边500米范围内，设置了生活服务设施和就业岗位，就近满足居民的工作和生活需求。同时，结合绿化景观建设，创造安全、舒适的慢行空间环境，形成贯穿全城的慢行交通网络，实施无障碍设计，实现人车友好分离，满足居民的健康出行。

3）规划以节水为核心，注重水资源的优化配置和循环利用，建立广泛的雨水收集和污水回用系统，实施污水集中处理和污水资源化利用工程，多渠道开发利用再生水和淡化海水等非常规水源，提高非常规水源使用比例，建立科学合理的供水结构，实行分质供水，减少对传统水资源的需求，建立水体循环利用体系，加强水生态修复与重建，合理收集利用雨水，加强地表水源涵养，建设良好的水生态环境。

4）优化能源利用结构，建设低碳型的能源体系。生态城内全部使用清洁能源，实施清洁生产，使生态城单位 GDP 的碳排放强度低于 150 吨 / 百万美元；重点发展太阳能、地热能和风能等可再生能源，使可再生能源利用率不低于 20%。

大力发展太阳能光热系统，太阳能热水供热量占生活热水总供热量的比例不低于 60%；选择适用的先进技术，推进太阳能发电，鼓励采用风电一体化和风光互补技术，探索可再生能源并网运营模式。结合垃圾处理和污水处理厂的污泥处理，开发应用生物质能。

合理开发利用地热资源，分散供热区内优先利用地热为建筑供热，加强余热及浅层地热的回收利用，积极采用热泵、热电冷三联供技术，太阳能、风能、地热能等耦合技术，提高能源利用效率，加强能源的梯级利用、综合利用。结合机制体制创新，形成可再生能源与常规清洁能源相互衔接、相互补充的能源供应模式。到 2020 年，生态城人均能耗比国内城市人均水平降低 20% 以上。

（4）以能力建设为核心，为生态城发展提供保障机制

低碳生态城市建设是个复杂的系统工程，加强能力建设，是创新城市发展方式的重要保障。

1）建立城市发展的目标体系。生态城在建设开始，借鉴国内外城市的成功经验，制定了指标体系，针对生态环境健康、社会和谐进步、经济蓬勃高效和区域协调融合四个方面，确定了 22 项控制性指标和 4 项引导性指标，为生态城的规划建设管理确定了依据和目标。在此基础上，制订分期目标和分年度计划，使低碳排放成为建设、生产、消费、服务和管理等各个环节的共同准则。

2）建立健全城市监管体系。完善生态城的法律和政策体系，将生态城建设纳入法治轨道。逐步建立覆盖全社会的实施评价标准，探索建立把资源和环境成本纳入 GDP 的核算体系，严格执行环境影响评价制度，启动数字城市建设，形成实时、连续、准确的监测系统，对经济运行、能源消耗、生态环境质量等各类指标数据进行测定，建立信息公开制度、社会监督制度和公众参与机制；通过事前评估、事中控制、事后审核，对各类建设项目进行全过程监管，为城市的科学发展提供机制保证。

3）建设生态文化体系。在生态城的建设过程中，不仅需要生态理论和生态技术，同时还需要建立与生态文明相适应的生产方式、生活方式和消费方式。为此，生态城建设的同时，要大力倡导绿色的生产、生活方式，鼓励绿色消费、出行等行为，把生态文化纳入国民教育全过程，培育全社会树立以生态为核心的思想意识和价值取向，形成生态价值观、道德规范和行为准则，以此规范社会行为，提高企业和市民保护生态环境的自觉性、主动性，增强生态环境保护的责任感和使命感。

4）建立多元化的投融资机制。加大财政资金在生态环境保护的投入，积极申请国家专项资金支持，积极资助低碳技术研发应用。鼓励各类投资主体参与生态城项目建设，进入城市运营服务领域，推进生态城建设社会化、市场化、专业化进程。探索实行碳排放交易，建立区域环境补偿机制，拓宽利用外资领域，进一步拓展生态建设资金来源。

5）建立广泛的国际合作机制。生态城作为两国政府间的合作项目，中新双方在城市规划、环境保护、资源节约、循环经济、生态建设、可再生能源利用、中水回用、可持续发展以及促进社会和谐等方面进行全面合作。同时，生态城还与世界银行、全球环境基金（GEF）等国际组织，以及研究机构和企业开展了广泛的合作。

3.2.1.2　南京河西新城

2012年初，南京河西新城开始因地制宜打造绿色生态城区，5年时间内，坚持以绿色发展理念为指导，以经济、社会和自然的有机融合为目标，将低碳生态理念渗透到城市发展的各方面，并因地制宜提出了"指标、规划、技术、管理、市场、政策、行动"七位一体的低碳生态城市建设框架，通过打造循环经济模式，有效促进了地区经济增长方式和消费方式的生态转型，全方位、多角度地实现了居民生产生活方式的绿色重构，基本达到了生态城区建设的各项指标。

（1）专项规划体系与地方性适用技术导则编制

新城陆续编制了综合类、专项类和实施类等一系列低碳生态专项规划，《南京河西新城区域能源规划》《南京河西新城绿色交通规划》《南京河西绿色建筑专项规划》《南京河西新城区水资源利用规划》《河西南部竖向规划》《河西南部地区管线综合规划》等，涵盖了绿色建筑、绿色能源、绿色水资源、绿色交通、智慧城区、土方平衡、综合管廊和智能电网等所有生态建设的核心要素，确保了绿色生态城区各种建设工作进行。

颁布的《河西新城南部地区生态城区建设技术导则》，保障了新城项目从规划设计到工程实践的合理衔接。同时，针对地下水位高、土壤透水性差的水文地质条件，形成了《南京河西低碳生态城绿色道路适用技术导则》《南京河西低碳生态城道路绿色照明设计导则》《南京河西低碳生态城生态堤岸适用技术导则》等地方性适用技术导则，为推广低碳生态技术在河西新城的落地生根起到了示范作用。

（2）绿色复合空间构建

新城地上空间绿色复合利用主要是提高混合用地比例，综合利用城市资源混合安排住宅及配套的公共用地、就业、商业和服务等多种功能设施，规划建设交通综合体 6 处、市政综合体 6 处、中心社区综合体 4 处、小型社区综合体 12 处，有效地减少城市交通负荷，提升城市的活力。地下空间绿色复合利用主要是依托轨道交通地下街道的建设，串联单体建筑地下空间，形成点、线、面结合的网络状地下空间结构。2015 年底，河西新城的混合用地比例已达到 15%，基本完成了规划目标。

（3）绿色建筑发展

新城中北部地区已取得绿色建筑设计标识的项目超过 100 万平方米，南部地区从 2012 年开始大力发展绿色建筑，到 2015 年底，已建绿色建筑面积约 350 万平方米，其中二星建筑达到 70%、三星建筑达到 10%。

（4）绿色交通发展

新城建立了包括地铁、有轨电车、常规公交、公共自行车等在内的绿色交通体系，并推动多种交通方式之间的"零换乘"系统建设，其中城区有轨电车开通河西一号线全长 7.76 千米（图 1-9），设有车站 13 座。规划绿色交通出行率远期达到 80%，公共交通站点服务半径

图 1-9 有轨电车
资料来源：http://www.city8.com/lvyouditu/4137214.html.

达到 300 米，覆盖率达到 70%，区域内独享路权的慢行交通路网密度达到 4.2 千米/平方千米，支路网间距 150 ~ 200 米。同时，新城根据智能交通的先进技术手段，全方位建立实时、准确、高效的综合交通管理与出行服务系统，提升路网交通运行效率，有效降低机动车污染物排放量。

（5）绿色市政发展

新城基于自身能源禀赋和滨江特点，以及周边紧邻热电厂的区位条件，提出以利用电厂余热实现热电冷三联供和江水源热泵为主，辅以太阳能光热光电、土壤源热泵、污水源热泵等的可再生能源系统，力争实现可再生能源和清洁能源占比 30% ~ 40% 的能源结构目标。

新城统筹考虑区域竖向关系，基本实现了区域内部的土方平衡，在道路规划中采用低冲击开发的绿色道路设计模式，并全面推动了生态堤岸和绿色照明工程建设，广泛应用 LED、LEO、高效发光的荧光灯及紧凑型荧光灯，展厅及室外照明等一般照明宜采用高压钠灯、金属卤化物灯等高效气体放光电源。

（6）绿色环境与绿色生活

目前，新城绿化覆盖率和人均绿地面积分别达到 48% 和 22 平方米，所有主干道两侧都建有 20 米宽绿带，次干道和滨河两侧各控制 10 米宽绿带，任意 500 米半径就有一处公园、广场或街头绿地，在水、能源、植被、材料等方面充分融入了低碳生态理念，营造宜人宜居的绿色环境。

新城已规划形成了以"5 分钟便民圈、10 分钟生活圈、15 分钟就医圈"为目标的幸福都

市三年行动计划，全力推动绿色社区、绿色校园、绿色医院等公共服务设施的建设，使绿色融入居民的日常生活。

3.2.1.3 曹妃甸国际生态城

曹妃甸位于唐山南部沿海区域，距离唐山市区 80 千米。曹妃甸生态城位于曹妃甸工业区西侧，与工业区最近点相距 5 千米。曹妃甸工业区的发展已初具规模，为生态城的建设奠定了良好的产业基础。

曹妃甸国际生态城规划中首先制定了详细的指标体系，不仅制定了包括环境目标、社会经济文化目标及空间目标在内的总体目标系统，同时还特别制定了关注物质空间的规划指标体系，后者主要关注物质空间和技术系统。曹妃甸国际生态城的总体目标有 52 项。生态城规划指标体系共 141 项，分成 7 个子系统。7 个子系统各自所要达到的目标分别为：

（1）紧凑、混合、方便、安全的新型城市环境；

（2）开放、灵活的街坊系统构成的高品质、高可达性街区；

（3）通过综合措施达到 100% 绿色建筑和 95% 可再生能源；

（4）行人、非机动车和公交优先的安全便捷城市，小汽车占通勤出行量 10% 以内；

（5）城市垃圾作为资源充分回收利用，按照欧盟标准安全环保地进行处理；

（6）健康的卫生标准和水环境，废水、雨水得到充分回收利用；

（7）高品质的自然生态和人工绿化环境。

曹妃甸国际生态城一期规划面积为 30 平方千米，其中，起步区规划面积为 12 平方千米。一期概念性总体规划涉及了规划目标、城市形态原则、土地使用规划与交通运输规划、绿化景观规划与水景规划、能源和资源的可持续利用等多个方面。

（1）规划目标

曹妃甸国际生态城的规划目标是建造一座"深绿型"生态城，在城市节能减排、节水节地集约发展循环经济及知识型创新城市方面起到示范作用，通过指标引导下的整体规划创造和谐共生的城市环境，为实现和谐社会创造良好的物质空间基础。

（2）城市形态原则

1）叠加的城市空间结构

曹妃甸国际生态城空间结构不仅体现了可持续发展的指导原则，同时在城市设计方面也富有特色，三层叠加的空间结构形态是曹妃甸国际生态城的基本结构特点（图 1-10）。这种叠加结构将原有的现状条件和新的规划元素有机地整合在一起，即基地现状（鱼塘、盐田和油井平台）、机动车与非机动车交通网络、绿化与水景系统。构成正交网格的机动车交通网络与城市功能及建筑密度分布直接相关，非机动车网络则和绿化与水景相结合，形成更为便捷、舒适的步行环境。该叠加结构使得城市具有整体统一的特性，便于理性发展。

2）整合的城市功能结构

理想的情况下，生态城市规划的意图应反映出从简单、功能单一的城市形式向复杂、多职能的城市形式的转变（图 1-11）。整合的土地使用规划与环境可持续发展指导原则有着密

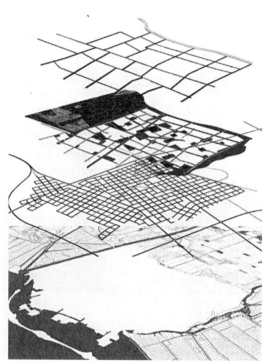

图 1-10 三层叠加的城市空间形态
资料来源：刘小波，谭英，Ulf Ranhagen. 打造"深绿型"生态城市——唐山曹妃甸国际生态城市概念总体规划 [J]. 建筑学报，2009（5）.

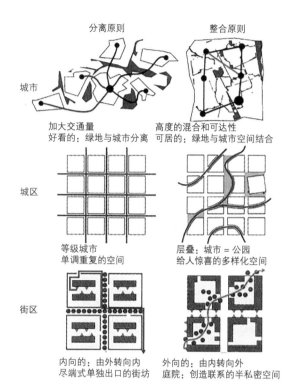

图 1-11 整合的城市空间结构
资料来源：刘小波，谭英，Ulf Ranhagen. 打造"深绿型"生态城市——唐山曹妃甸国际生态城市概念总体规划 [J]. 建筑学报，2009（5）.

切的关系。曹妃甸国际生态城的整合特色主要体现在整合的土地使用规划与其他三方面的结合，即交通运输规划，绿化景观规划和水景规划，能源、废物和水资源的综合管理规划。

（3）整合的土地使用规划和交通运输规划

曹妃甸国际生态城可持续发展的交通战略主要包括：

1）通过混合功能的城市布局减少机动车出行量，比如居住、办公、商务适度混合，鼓励就近就业；

2）引导发展新型的生活方式，比如在家工作，订单式购物；

3）优先发展公共交通和非机动交通网络，

同时创造便捷舒适的交通条件，出行时间小于私人小汽车出行的 1.5 倍；

4）住户距离社区中心及其他主要功能点不超过 1 千米；

5）最多步行 300 米就可以到达一个公交站点；

6）快速公交 BRT 路线沿线应是城市最密集的发展区域，并需要有停车管理措施；

7）智能化交通管理，保证公交优先等。

曹妃甸生态城的道路系统规划与土地利用密切结合。机动车主干道网络将城市划分为 22 米×22 米的街坊，BRT 是城市主要的公交方式，汽车交通与 BRT、轻轨系统平行布置，进一步增强了城市节点的可达性（图 1-12）。绿色走廊与河道相结合，覆盖了全部步行及自行车道，非机动车交通系统与机动车交通系统分开布置，使其更便捷、更舒适（图 1-13）。BRT 沿线是以商业为主的用地，其交叉点上则是密度最高的、功能混合的城市节点地区，可以保证城市

商业区及节点地区有便捷的公交系统。

规划希望为曹妃甸交通系统引入不同技术层面的最优方式，在探索高技术交通模式（如单轨交通）的可能性时，鼓励好的低技术（例如步行与自行车交通）模式的发展，进行优化组合，全面引入绿色交通系统。按照建议的系统，

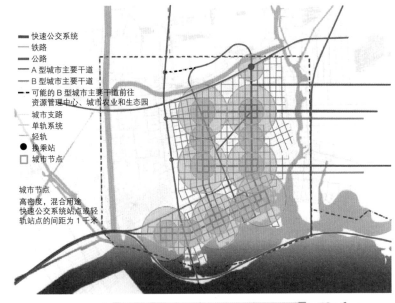

图 1-12 机动车交通系统与城市节点
资料来源：刘小波，谭英，Ulf Ranhagen. 打造"深绿型"生态城市——唐山曹妃甸国际生态城市概念总体规划 [J]. 建筑学报，2009(5).

图 1-13 生态非机动车交通系统
资料来源：刘小波，谭英，Ulf Ranhagen. 打造"深绿型"生态城市——唐山曹妃甸国际生态城市概念总体规划 [J]. 建筑学报，2009(5).

对城市节点附近的近距离交通、市区内交通和
出入临近区域的交通进行估算的结果显示：在
曹妃甸国际生态城可将私人小汽车在城市内出
行交通量中所占的比例降至大约 10%，这与目
前斯德哥尔摩城区内小汽车占交通总量的比例
是相同的。

（4）整合的土地使用规划、绿化景观规划
和水景规划

生态城周边水环境主要由开阔海域、两个
潟湖、城市运河和周边河流组成。生态城沿海
一侧将建造两道防浪堤，外堤高、内堤矮，内
堤上设置滨海景观大道。防浪堤内部为潟湖，
潟湖、生态城东西两侧的运河以及生态城内部
河道都将直接引入海水，只有北侧运河内考虑
引入淡水。

海水和淡水的不同设计主要考虑潮间带的
影响和海水影响区域的实际条件。因为整个生
态城一期 30 平方千米的土地全部位于潮间带

上，在潮力作用范围内，可以不需任何人工设
备自动进行水循环，保证生态城水系统的水质。
在生态城内部的绿化区域采用多种措施，利用
雨水收集，培育局部淡水环境（图 1-14）。由
于曹妃甸地区属于严重缺水区域，年降雨集中
在 7 ~ 8 月，生态城将实现收集 70% 的降雨总
量。雨水收集主要通过庭院和公园内的绿地进
行，收集的雨水主要用于绿化灌溉。

生态城较大的绿化公园基本上都是与油
井平台的集中区相结合，这些公园由毛细网络
般的狭长绿色廊道连接起来，考虑到顺应当地
的自然条件和创造曹妃甸国际生态城自身的景
观特点，即从北向南土壤盐碱化程度逐渐好
转，绿色景观特色从海到陆、从北向南分别是
海堤景观区、运河景观区、湿地景观区以及稻
田和农业景观区。在南部地区，公园大部分地
区是硬质景观，少量是绿地和整齐排列的乔
木。在北部地区，由于具有较强的存储和利用

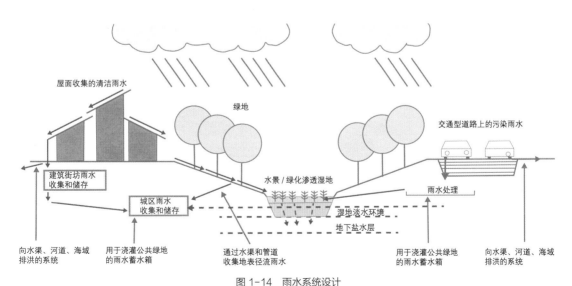

图 1-14　雨水系统设计
资料来源：刘小波，谭英，Ulf Ranhagen. 打造"深绿型"生态城市——唐山曹妃甸国际生态城市概念总体规划 [J].
建筑学报，2009（5）.

雨水的可能，绿化景观主要以绿地（草和树木）为主。

（5）整合的能源、废物和水资源的处理

曹妃甸国际生态城整体能源策略是通过有意识地设计降低能源需求，在此基础上再尽量利用可再生能源。通过能源、垃圾和水资源的协同利用，可以实现以下目标：①通过对黑水（以打碎的餐厨垃圾和粪便为主的高浓度有机垃圾）进行厌氧处理所生产的沼气可以供应所有BRT公交车以及相当一部分的机动车、小汽车使用；②高浓度的富含有机质的黑水经处理后产生的有机物可以成为114平方千米农业区的肥料，代替常用的化肥；③灰水（轻度污染的废水）经污水处理厂处理后可满足140平方千米区域植物灌溉要求；④能源需求可降至中国现有标准的50%~80%；⑤95%能源供给来自可再生能源，图1-15显示的是曹妃甸国际生态城在建筑、街坊、街区、城市、资源管理中心、整个地区各个不同层面上，能源、垃圾以及水资源是如何整合利用的。在这个方面，曹妃甸的生态模式比哈马碧模式又有所发展，对资源的利用更加高效，是更为先进的模式。

资源管理中心是能源、垃圾和水资源整合利用网络的核心，这是一个有弹性的管理功能区，是集中了水处理区、利用垃圾和生物质作为原料的热电联供设施、沼气生产和物资回收的工厂区。规划建议选址在生态城西北角新运河北部，城区和农田的交界处。生态城所有

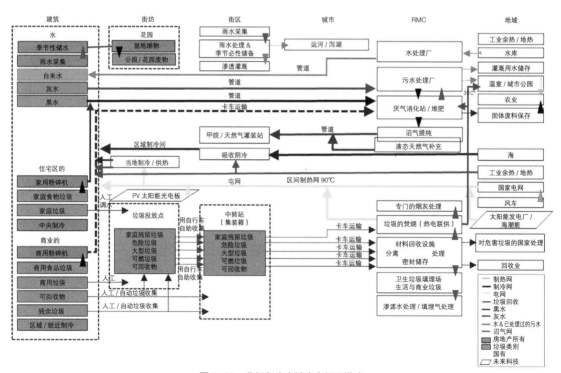

图1-15　曹妃甸生态城生态循环模式
资料来源：刘小波，谭英，Ulf Ranhagen. 打造"深绿型"生态城市——唐山曹妃甸国际生态城市概念总体规划 [J].
建筑学报，2009（5）.

管线通过高架绿色廊道，跨过北部运河通向资源管理中心，跨过运河处是一座种满植物的绿色的步行桥，管线从桥身底部穿过。在许多城市，由于历史的原因，这些设施都是分散布置的。而集中布置相比分散布置不仅可以减少管线敷设的投资，对资源的综合利用也更为高效。

（6）重要城市节点

城市北部的快速公交系统主干线的交叉点上有 4 个高密度的、混合的节点区域，各节点区域都有自己的特色，并通过广场的形式把特色强调出来，它们分别是中瑞创新广场、体育活动广场、科技广场、商贸广场。可持续发展中心位于生态城南部伸向泻湖的一个半岛上，总建筑面积 2 万平方米，是一座示范性的绿色建筑，主要用于展示曹妃甸总体规划模型和整个生态城的生态循环模式，同时，它也是用于生态教育、培训和宣传的基地。

3.2.2 西部地区

3.2.2.1 白银中德生态城

（1）区域背景

甘肃省白银市，又叫"铜城"，是一座依靠矿产开发建设起来的资源型城市。随着主导城市经济的铜资源开发进入衰退期，白银正面临着许多突出问题：企业效益下降、产业结构单一、经济总量不足、地方财力薄弱、人才大量外流、贫困人口增加、生态环境恶化、公共服务滞后等。如何寻找新的出路，实现资源型城市的转型与振兴是需要白银市长期思考并解决的问题。

白银市作为全国首批资源枯竭城市，建设中德生态城是白银市发展转型的重大战略选择。建设中德生态城的总体目标是，坚持"以生态理念立城、以低碳技术兴城、以智慧手段塑城、以国际视野助城"的四大理念，引进德国的先进技术，发展绿色经济、循环经济，构建人与自然和谐共生的生态环境，将白银市中德生态城打造成集文化、生态、商务、宜居为一体的生态型城市综合新区，成为西北地区的生态城的示范基地和世界顶级智慧、生态、低碳之城。

（2）区域概况

白银市位于甘肃省中部，距省会兰州 69 千米，地处西宁、银川、西安等大中城市中心位置，位于"丝绸之路经济带"上，是西陇海兰新经济带的重要组成部分。现辖会宁、靖远、景泰三县和白银、平川两区，总面积 2.12 万平方千米，常住人口 171 万人，现已形成了集地质、采矿、选矿、冶炼、加工、综合利用、科研于一体的发展模式。银西产业园位于白银市区西南部，2006 年经甘肃省政府批准为省级开发区。园区重点产业有食品加工、生物医药、汽配制造、商贸物流等，产业园发展定位为"白银新区、产业新城""白银副中心"。

中德生态城位于银西产业园核心区东北部，涵盖多种用地类型，是集商业、科教、休闲、生态等多种功能于一体的片区。

（3）生态城建设规划

生态城建设规划主要包括：绿色交通、绿色建筑、生态环境、生态示范社区能源系统、生态试点城市可持续能力建设五大内容。突出生态发展理念与规划的有机融合，充分挖掘生态城内各地块的发展潜力，系统布局各项目具体的建设模式，支撑规划的可操作性。

1）绿色交通

生态城处在兰州"一小时经济圈"内，公路、铁路、航空和黄河航运条件便利。银西产业园北部建成区主干道修建完成，但园区路网还未建成，交通联结性差，地块尺度过于庞大，道路网密度不足。绿色交通以 TOD 开发模式为主导，构建土地与交通一体化，高密度、土地混合利用的紧凑型城市；优化生态城内道路体系及交通设施，建立多种模式的公共交通系统；大力推动慢行系统生态建设，实现交通现代化、出行绿色化的目标（表 1-9）。

2）绿色建筑

"十二五"期间，白银市大力实施绿色建筑行动，促进城镇化向生态、绿色转型，生态城内绿色建筑发展还处于初步阶段，缺少绿色建筑专项规划引导，绿色建筑专项将为项目整体发展绿色建筑搭建良好的建设平台，带动绿色建筑产业发展，从而起到示范带动作用（表 1-10）。

3）生态环境

白银市地处三大高原交接带，是一个自然资源禀赋条件较差的地区，同时，城区工厂多且分布集中，水体、土壤重金属的污染进一步加剧了自然资源短缺的问题。生态城希望通过开展生态环境专项的建设，通过生态治理、生态修复，推广低影响开发理念，规划生态公园、

绿色交通实施策略 表 1-9

实施策略	备注
构建以 TOD 开发模式为主导的，高密度、土地混合利用的紧凑型生态城	发展以公共交通为导向的交通系统，提供一个长期的兼顾交通和其他相关土地使用的计划，在城市发展的初期就利用土地使用计划规定城市地区功能，从而有计划地引导未来的运输，保证交通系统持续发展和快捷高效
建设慢行系统	结合绿地系统、绿廊规划，打造可达性好、连通性强的慢行城区，在核心区建构安全、连续、多样的慢行交通体系

绿色建筑实施策略 表 1-10

实施策略	备注
构建绿色建筑指标体系，确定绿色建筑星级规划布局	推动绿色建筑规模化建设，实现建筑与环境的协调发展
强调绿色建筑地域性，采取气候响应式设计	依据白银市的气候条件设计具有地域特色的建筑物，尽量降低对环境的影响
被动优先，主动优化	设计、新建、改造和使用过程中，执行节能标准，采用节能型工艺和材料，提高建筑保温隔热性能。加强建筑用能系统的运行管理，降低能源开支，减少能耗损失
资源利用与管理	借鉴德国先进经验技术，参照现行国家相关标准，集约利用节水建筑材料
室内环境质量	优化设计室内环境质量
绿色施工	通过科学管理和技术进步，最大限度地节约资源与减少对环境产生负面影响的施工活动
智能建筑与运营管理	以建筑为平台，兼备建筑设备、办公自动化及通信网络系统，集结构、系统、服务、管理及其之间的最优化组合，向人们提供一个安全、高效、舒适、便利的建筑环境

水系改造等重点项目，实现区域内的"微循环"与"自适应"，从而为当地生态环境的治理与恢复提供思路与突破口（表 1-11）。

4）生态示范社区能源系统

白银市的太阳能资源分布状况属于二类资源区，太阳能开发利用前景广阔但太阳能资源开发规模与本地的电力消纳能力不相匹配。除拓宽电力外送通道、跨区域输电外，更要进行新能源制氢储能、分布式光伏发电等技术的研发，增强本地的消纳能力。

白银市为东南季风气候西北部边缘区，四季分明，夏无酷暑，冬无严寒，全年降水量偏少，气候条件与德国北部城市类似。与国内的南方城市相比，在白银市推广德国的被动房技术更加能凸显其自身的保温优势，既能满足室内舒适环境，又最大限度地实现了节能减排（表 1-12）。

5）生态试点城市可持续能力建设

整合前四个专项内容，设计符合高效、低碳、循环理念的"生产、生活、生态"三大功能体系，形成与自我完善、自我调节相配套的长效保障机制，使生态城逐步实现产业经济的优化转型、生态环境的改善提升、居民生活的绿色宜居（表 1-13）。

以园区、社区为重点示范项目载体，明确建设边界，对项目地块开展完整的生态居住、工业园区系统规划设计，除了落实其他专项的规划策略外，还要对其进行相应的运行管理策略设计，以形成制度支撑和项目特色。

生态环境实施策略   表 1-11

实施策略	备注
SOD 与 EOD 结合的开发模式	SOD（Service-Oriented Development）即大型服务设施导向开发模式，通过大型服务设施的完善，提升新区功能，激发新区活力，吸引人口向新区疏散。EOD（Ecology-Oriented Development）即生态环境导向开发模式，通过生态绿地系统的规划建设，改善城镇的生活环境，实现绿色生活的城市发展目标
绿色堤岸、生态自净策略	包括人工湿地、生态缓冲带设计两部分，达到水生态治理、景观品质提升和城市文化传承的目的
非传统水源利用策略	通过对各地块可利用的居住区中水、建筑中水等非传统水源量的分析和评定，确定相应地块非传统水源利用率指标，提高非传统水源的使用率，达到节省高品质自来水，水资源高效利用的目标
低影响开发策略	借鉴建设海绵城市的技术与思路，重点关注干旱区的储水蓄水
分质供水策略	建立科学合理的供水结构，采用节水器具和设备，实施梯级水价，普及节水概念和方法，调动居民的节水积极性，加强居民的节水意识

生态示范社区能源系统实施策略   表 1-12

实施策略	备注
可再生能源的利用	在白银生态城内最值得推广的可再生能源技术就是太阳能光电与光热利用技术。太阳能作为一种免费清洁能源，可以与社区建筑结合，形成太阳能建筑一体化
被动房超低能耗建筑技术	借鉴德国被动式房屋充分利用太阳能、建筑余热回收等被动技术，实现建筑全年达到 ISO7730 规范要求的室内舒适温度范围和新风要求，真正满足节能、舒适、经济、环保的要求
智慧社区能源管理系统	综合运用现代信息、通信、计算机、高级测量、自动控制等先进技术，提供多样化的优质用电服务要求，满足分布式电源和储能装置等新能源的接入与推广。实现能源和信息在社区之间双向流通，社区中能源的最优化利用

生态试点城市可持续能力建设实施策略

表 1-13

实施策略	备注
生产可持续能力建设	调整产业结构，加强工业信息化广度与深度，建立完善的企业服务生态体系，带动环境空间优化；优化生产、管理、服务技术模式；建立企业生态补偿机制
生活可持续能力建设	节能化改造、生态生活设施的培养、提升居民生态理念
生态可持续能力建设	通过技术支持、政策鼓励、制度约束等手段，控制工业、生活排污的质与量，鼓励无害化废弃物的多样利用。逐步开展土壤污染治理、自然植被修复工程等一系列生态修复项目，提升环境自净能力

从规划修编、管理运行模式、投融资模式创新，奖惩制度建设等方面入手调动企业、社区居民的主动性，从而提升生态城长期发展和自我完善的能力。

3.2.2.2　昆明呈贡低碳示范区

2010 年，昆明成为美国能源基金会与中国住房和城乡建设部共同合作开展低碳城市建设试点工作的城市之一。昆明市与美国能源基金会合作，选择在昆明滇池东岸的呈贡新城核心区（约 10 平方千米）作为低碳城市建设示范区，并邀请美国卡尔索普及其规划团队进行低碳示范区的概念规划。卡尔索普先生及其团队运用了以"密路网，小街区"为特征的城市空间规划模式，并尝试将新城市主义的规划理念应用于其规划方案中。2011 年以来，昆明市规划局、呈贡新区管委会继续在美国能源基金会和卡尔索普先生的帮助下，结合昆明地区的实际情况，以概念规划为基础进行优化完善，并最终在 2013 年形成了各方认可的核心区控制性详细规划，推动新区的具体开发建设。

（1）土地利用

1）"密路网，小街区"规划模式下的用地分类与构成

基于传统规划模式而制定的《城市用地分类与规划建设用地标准》GB 50137—2011，

反映"大街区"式的土地利用结构。"密路网，小街区"规划模式将被封闭在大街区内的部分道路和绿地开放出来，供住户和市民共同使用，并将部分用地进行居住和商业商务的混合。因此，在呈贡新区核心区规划的用地平衡指标中，居住用地（R）、商业服务业用地（B）、道路与交通设施用地（S）和绿地（G）四类用地占城市建设用地的比例会发生变化。居住用地所占的比例会有所减少，而城市道路用地和绿地所占的比例将会增加（图 1-16、表 1-14）。

2）土地的混合利用（图 1-17）

在呈贡新区核心区 2013 年版规划中，土地的混合利用从城市、社区和街区三个层面来实现：

在城市层面，实现了居住与办公的混合，将能提供就业岗位的街区集中布置在轨道交通沿线，形成东西向和南北向的两条交通购物走廊（Transit Mall），串联多个居住片区。

在社区层面，在步行易达的距离范围内将住宅与商店、办公楼、学校、公园和公交站点混合布置在一起，创造便利的日常生活条件。

在街区层面，每个居住或商业街区均设定了商业与住宅的混合比例。居住街区混合 10%~20% 商业，商业街区混合 20%~40% 的公寓。在进行实际项目的规划设计时会出现两

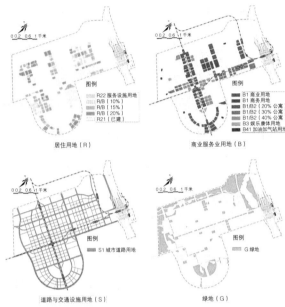

图 1-16 呈贡新区核心区土地利用
资料来源：申凤."密路网，小街区"规划模式在昆明呈贡新区核心区的适用性研究 [D]. 昆明：昆明理工大学，2014.

呈贡新区核心区用地结构　　表 1-14

代码及用地名称	所占比例	用地构成分析
（R）居住用地	15.7%	不包括"大街区"规划模式下居住区或小区级的道路和绿地，混合了 10%～20% 的商业服务业用地
（A）公共管理与公共服务设施用地	6.8%	两种模式用地构成相同
（B）商业服务业用地	15.7%	部分用地设置了 20%～40% 的公寓比，混合了居住功能
（U）公用设施用地	0.4%	两种模式用地构成相同
（S）道路与交通设施用地	32.1%	将"大街区"内部分道路开放出来供住户和市民共同使用
（G）绿地	29.3%	将"大街区"内部分绿地开放出来供住户和市民共同使用

资料来源：申凤."密路网，小街区"规划模式在昆明呈贡新区核心区的适用性研究 [D]. 昆明：昆明理工大学，2014.

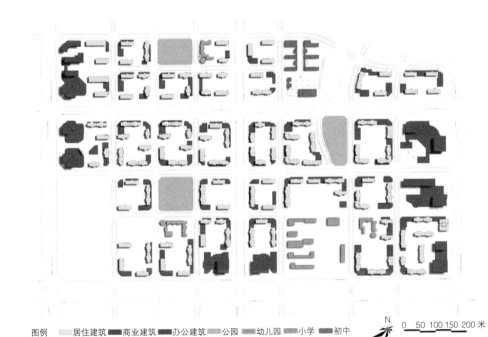

图例　　居住建筑　商业建筑　办公建筑　公园　幼儿园　小学　初中
　　0　50　100 150 200 米

图 1-17 呈贡新区核心区失地农民安置住房龙四地块项目
资料来源：申凤."密路网，小街区"规划模式在昆明呈贡新区核心区的适用性研究 [D]. 昆明：昆明理工大学，2014.

种布局方式：一是混合的商业建筑临街布置在住宅的低层，为日常生活服务；另一种是将混合的商业全部集中布置在街区的一角，达到土地混合利用的目的。

3）建筑退让

以"稀路网，大街区，宽马路"为特征的传统规划模式，为缓解交通压力而规划了宽马路，又为了减小交通噪声对街区环境的影响设定较大的建筑退让距离（退距）。在《昆明市城乡规划管理技术规定》中，建筑退距根据道路宽度确定，退让距离为 5~50 米，昆明呈贡新区核心区规划的建筑退让没有执行该标准。

建筑退让街道：呈贡新区核心区 2013 年版规划通过减小建筑退距，来提高土地利用效率、塑造连续的街墙和创造宜人的街道空间（表 1-15、图 1-18）。

建筑退让交叉口：在呈贡新区核心区 2013 年版规划中，建筑退让交叉口距离在满足两条相交道路退距的前提下退距不大于 5 米。较小的建

呈贡新区核心区建筑退距（单位：米）　　表 1-15

道路功能	主干道	地方街道	步行和自行车专用路
商业建筑最小退距	3	2	1
居住建筑最小退距	5	3	2

资料来源：申凤."密路网，小街区"规划模式在昆明呈贡新区核心区的适用性研究 [D]. 昆明：昆明理工大学，2014.

筑退距有助于塑造宜人尺度的街道空间，增强街道活力，提高街区的商业价值（图 1-19）。

（2）空间设计

1）城市形态

与传统规划模式相比，"密路网，小街区"规划模式街区尺度较小且基本不会再被划分成多个地块，更容易对街区进行精确的设计并控制出有序、结构清晰的城市形态。借鉴凯文·林奇（Kevin Lynch）的城市意象五要素，可将呈贡新区核心区规划的城市形态总结为边界、中心、道路、片区、节点五个要素，具体表现为以下五点（图 1-20）：

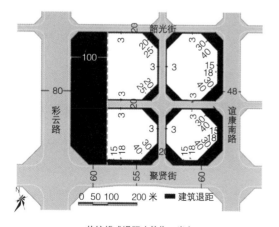

传统模式退距（单位：米）

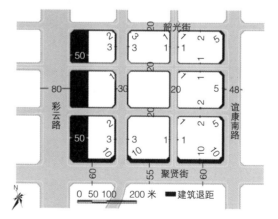

"密路网，小街区"模式退距（单位：米）

图 1-18　呈贡新区核心区涌鑫哈佛中心项目建筑退让

资料来源：申凤."密路网，小街区"规划模式在昆明呈贡新区核心区的适用性研究 [D]. 昆明：昆明理工大学，2014.

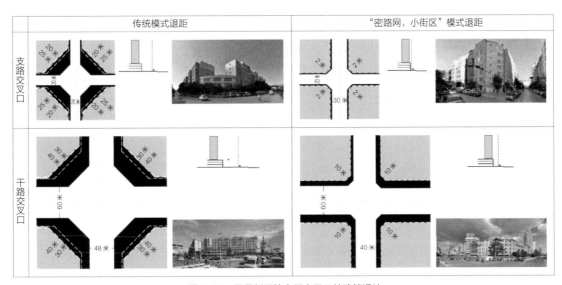

	传统模式退距	"密路网，小街区"模式退距
支路交叉口		
干路交叉口		

图 1-19　呈贡新区核心区交叉口处建筑退让

资料来源：申凤."密路网，小街区"规划模式在昆明呈贡新区核心区的适用性研究 [D].昆明：昆明理工大学，2014.

一是具有明显的城市核心区边界，与外围地区相比，核心区建筑密度、开发强度和建筑高度较高。

二是在交通设施最便捷的地方构建城市中心，其开发强度最高、聚集了高密度的商业商务服务设施。

三是在轨道交通沿线进行连续高强度的土地开发，布局商场、商务办公高层建筑，形成交通购物走廊，结合交通购物走廊布置林荫道、带状公园等开敞空间廊道。

四是毗邻中心和廊道布局多个社区，用高效的二分路（Couplet Road）作为连接社区片区与中心、廊道的通道。

五是在廊道沿线或社区内部，设计多个有吸引力的场所，以增强城市空间的识别性。

２）公共空间

呈贡新区核心区 2013 年版规划力图实现公共资源和设施的最大共享，将主要的开敞

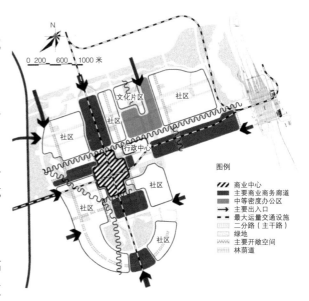

图 1-20　呈贡新区核心区城市形态结构

资料来源：申凤."密路网，小街区"规划模式在昆明呈贡新区核心区的适用性研究 [D].昆明：昆明理工大学，2014.

空间布置在高强度开发的街区沿线，步行不超过 3 个街区就可到达。鼓励人们采用步行、自行车绿色交通方式出行，减少碳排放。这一版

规划方案的开放空间占城市建设用地的比例为 63.3%，这就意味着有 63.3% 的城市建设用地将不会被建筑占据。除街道空间外的人均公共空间面积也较高，约为 18 平方米/人，已超过《深圳市城市设计标准与准则》中规定的 8.3~16 平方米/人的标准（图 1-21、表 1-16）。

3）绿地系统

"密路网，小街区"规划模式绿地也可分为三类。第一类是单个街区的社区公园；第二类是两个或几个街区绿地组合在一起，形成较大面积的城市绿地；第三类是由多个连续的半个街区绿地形成的城市带状绿地。

"密路网，小街区"规划模式的绿地系统更具有开放性、积极性、连接性、宜人性等特点。呈贡新区核心区 2013 年版规划人均公共绿地为 14.2 平方米，各类绿地间有街道或慢行网络连接，人们出行 200 米即可到达离住宅最近的绿地（图 1-22、图 1-23）。

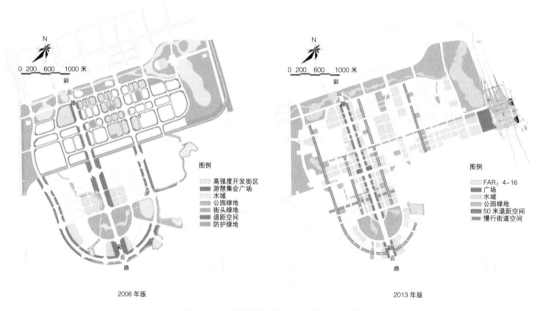

2006 年版　　　　　　　　　　　2013 年版

图 1-21　呈贡新区核心区公共空间规划

资料来源：申凤."密路网，小街区"规划模式在昆明呈贡新区核心区的适用性研究 [D]. 昆明：昆明理工大学，2014.

呈贡新区核心区开敞空间指标　　　　　　　　　　表 1-16

呈贡新区核心区总建设用地 1089.60 公顷，规划人口 20 万人		各类用地面积（公顷）	占总建设用地比例（%）	人均（平方米）
2013 年版规划方案开放空间	广场	14.07	33.04%	18.00
	绿地	305.32		
	慢行街道	19.17		
	彩云路退距空间	21.41		
	街道（不包括慢行街道）	330.16	30.30%	16.51

资料来源：申凤."密路网，小街区"规划模式在昆明呈贡新区核心区的适用性研究 [D]. 昆明：昆明理工大学，2014.

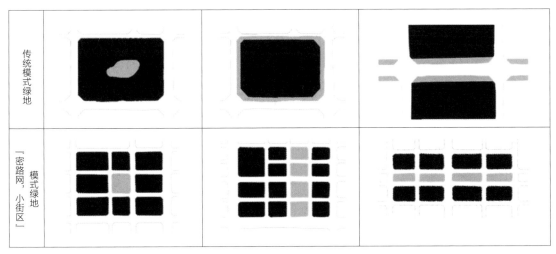

图 1-22　两种规划模式绿地系统的组织
资料来源：申凤 . "密路网，小街区" 规划模式在昆明呈贡新区核心区的适用性研究 [D]. 昆明：昆明理工大学，2014.

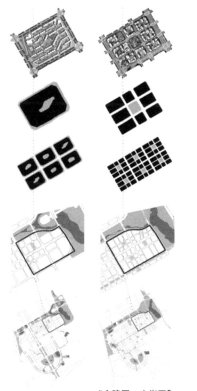

传统模式绿地　　"密路网，小街区"
模式绿地

图 1-23　呈贡新区核心区两种规划模式绿地布局
资料来源：申凤 . "密路网，小街区" 规划模式在昆明呈贡新区核心区的适用性研究 [D]. 昆明：昆明理工大学，2014.

4）街道空间

街道真正具有吸引力的是"人行道房间"（the Sidewalk Room），而不是那些机动车道。若能增强"人行道房间"的趣味性，把更多的市民邀请到街道中来，自然就可以提高城市活力。"人行道房间"由四个面构成，分别是地面、街墙、人行道树及街道另外一侧的街墙、人行道树冠和建筑雨篷及其以上的建筑立面形成的顶棚。因此，设计具有吸引力的街墙对提高街道空间的活力至关重要。

呈贡新区核心区 2013 年版规划大致可形成三种街道空间，具体通过三种方式来增强街墙的吸引力。一是混合用地，居住街区混合 10% ~20% 的商业，可让 1~2 层的临街建筑为商业使用，以丰富街道生活；二是减小建筑退距，拉近行人与街墙的关系，加强行人与街墙建筑的互动；三是增加贴线率指标，为能够形成连续的街墙，居住街区设置 60% 的贴线率，商业街区设置 70% 的贴线率。

3.2.2.3　北川新县城低碳生态城

北川新县城是"5·12"汶川特大地震后全国唯一整体异地重建的县城，灾后重建的目标是建设生态城市。在规划设计过程中，将节能减排理念贯穿于规划设计全过程，在规划布局、工业园区规划、城市交通、市政基础设施规划、能源利用、建筑节能等环节充分考虑与自然环境的协调，因地制宜以低冲击开发模式进行建设，为北川新县城的绿色低碳发展奠定了良好基础。

（1）优化布局，提高绿化水平，增加城市碳汇，降低热岛效应

城市绿地是城市中的主要自然因素，大力发展城市绿化是减轻热岛效应的关键措施。绿地中的园林植物通过蒸腾作用不断地从环境中吸收热量，降低环境空气的温度。园林植物光合作用，吸收空气中的二氧化碳，削弱温室效应。此外，园林植物能够滞留空气中的粉尘，抑制大气升温（图1-24）。

1）规划布局中引入气象因素（图1-25），保护并利用场地自然山水格局

北川新县城规划布局充分考虑当地地形环境特点，在市区建立合理的生态廊道体系，将城市外围（生态腹地）凉爽、洁净的空气引入城市内部，有效缓解城市内部的热岛效应。

北川新县城绿地系统注重生态，强化乡土植物应用以及生态节能技术运用，建设低维护节约型绿地，布局结构是由山体、水系、滨河

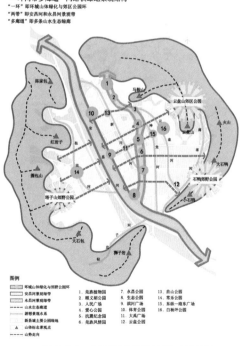

图1-24　北川新县城园林绿地系统规划
资料来源：洪昌富，刘海龙，魏保军，等.北川新县城低碳生态城规划建设 [J]. 建设科技，2010（9）：22–26.

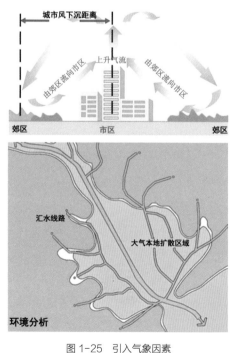

图1-25　引入气象因素
资料来源：洪昌富，刘海龙，魏保军，等.北川新县城低碳生态城规划建设 [J]. 建设科技，2010（9）：22–26.

及沿路绿带共同组成"一环两带多廊道"网络状绿地系统结构。

2）提高城市绿化覆盖率，增加城市碳汇

在不增加人均用地标准的前提下，提供高标准的人均城市绿化。新县城绿地面积 163.88 公顷，占城市建设用地比 22.96%，人均绿地 23.41 平方米；其中公共绿地 114.31 公顷，占城市建设用地比例 16.01%。人均公共绿地面积 16.33 平方米。城市公园绿地与居民基本生活出行需求就近 5 分钟可达，节省居民物业维护成本与出行成本；降低绿化成本，采用地方自然树种，减少草皮与大树移栽，以自然灌溉为主。

（2）总体空间布局集约、节约用地

在满足城市功能、保证城市安全的前提下紧凑发展。加强对浅丘、山地区域的适当使用。城市内部各种功能用地布局合理、使用便利。沿城市中心地区、主要干道布置城市重要公共服务设施用地，滨水地区及通风与景观良好的区域布置居住用地，城市下风及侧风区域布置工业用地（图 1-26）。

（3）工业区规划严格准入制度

以建设资源节约、环境友好的两型产业体系为第一目标，集约土地利用，杜绝高能（耗）高污（染）、发展循环经济。就业当地平衡，减少交通出行。坚持将基本城市功能集中在平坝地区，减少居民出行距离。

1）投入性门槛

根据《全国工业用地出让最低价标准》所设定的地区分级关系，综合确定北川—山东产业园区主要项目的固定资产投资强度，门槛设定为：80~100 万元 / 亩。

2）产出性门槛

将全国主要城市的单位面积工业产值进行数据统计分析，综合判断，北川的单位面积工业产值标准划定为：食品制造类、服装纺织类、工艺品制造类，50~70 万元 / 亩；医药类，70~10 万元 / 亩；机械装备类，50~200 万元 / 亩；电子信息类，500~1000 万元 / 亩。

（4）绿色交通，慢行优先

1）构建合理尺度、功能主导的道路交通网络

通过合理布局道路交通网络，提高居民出行的可达性。一方面可以为居民出行带来非常大的便利，另一方面可以减少机动车的绕行，

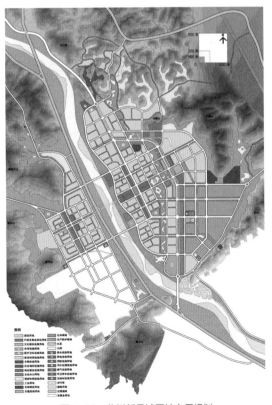

图 1-26 北川新县城用地布局规划
资料来源：中国城市规划设计研究院 .

降低机动车尾气的排放，减少能耗并确保新县城良好环境。

北川新县城道路网络规划布局以优先满足可达性为基本前提，以小宽度、小间距、高密度为基本原则和理念打造高效便捷的道路交通网络（图1-27）。

2）建立充分优先的慢行交通系统

提供慢行交通的充分优先，促进慢行交通的发展，既符合当地居民的生活和出行习惯，更是实现交通系统节能减排目标的重要方面（图1-28）。

首先明确了慢行交通优先的基本原则，提出了快慢交通之间必须通过绿化隔离带进行严格分离的基本要求，以避免快慢交通之间的干扰，进而保证慢行交通安全、连续、舒适的交通环境。

在道路资源分配上，优先考虑慢行交通的需求，人行道和非机动车道占道路总面积的35%以上，机动车道占45%以下。在道路断面设计中，采用慢行交通一体化设计方法，将自行车与步行道设置在同一个平面上，采用不同的铺装进行区别，保证了慢行交通的安全性与灵活性。在较大的交叉口设置中央行人过街安全岛，确保交叉口行人过街安全；在交叉口慢

图例
交通安宁区
中速交通区
独立慢行交通系统
生活性慢行交通系统

图1-28　北川慢行交通系统布局方案
资料来源：洪昌富，刘海龙，魏保军，等.北川新县城低碳生态城规划建设[J].建设科技，2010（9）：22-26.

行交通通道端部设置阻车石，严格限制机动车进入慢行交通通道，避免机动车对步行和骑行环境的干扰（图1-29）。

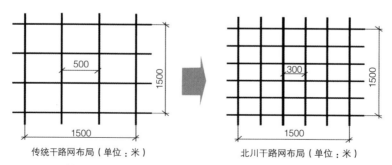

传统干路网布局（单位：米）　　　　北川干路网布局（单位：米）

图1-27　北川道路网络规划更加强调小间距、高密度的理念
资料来源：洪昌富，刘海龙，魏保军，等.北川新县城低碳生态城规划建设[J].建设科技，2010（9）：22-26.

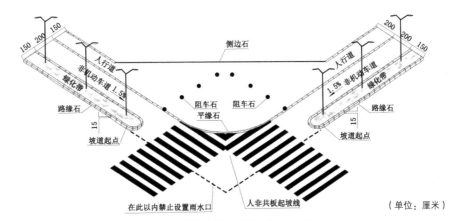

图 1-29　北川新县城慢行交通一体化设计方案
资料来源：洪昌富，刘海龙，魏保军，等 . 北川新县城低碳生态城规划建设 [J]. 建设科技，2010（9）：22-26.

在慢行交通系统布局上，建设了生活性慢行交通系统和独立慢行交通系统。生活性慢行交通系统沿干路布置，满足日常居民生活和出行需求，是常规的慢行交通通道，生活性慢行交通系统与机动车交通之间通过绿化隔离带进行隔离，保证生活性慢行交通系统的安全。独立慢行交通系统严格禁止机动车进入，仅仅提供给自行车、行人、轮滑等慢行交通方式通行，为居民提供通勤、休闲、游憩、健身的连续慢行通道。并结合地形地貌特征，进行绿地、公园、水系、景观的布局，从行人和自行车骑行者的角度设计道路横断面、标高等。

3）合理布局，提供便捷的公共交通系统

公共交通是新县城对外交通、旅游交通的重要方式，提供便捷的公共交通换乘不仅有利于促进北川新县城发展，更有利于降低能耗，促进绿色交通发展。

规划建设 1 处综合客运枢纽，是新县城对外窗口，县城交通转换的枢纽与核心，主要包括长途客运功能、公交枢纽功能。规划建设 2 个公交综合场站，共占地 1.3 公顷。主要提供公交车辆、部分长途车辆的保养、停放功能，同时兼顾部分公交首末站的功能。

公交车站位置的确定也是人性化交通的重要内容。规划中突破了常规思路，提出将公交车站设置在交叉口出口道，同时尽量将公交车站设置在交叉口附近的做法，保证公交乘客的最大便利。

（5）倡导绿色建筑，引领建筑节能减排

1）严格执行国家和地方现行的建筑节能法规和标准

在住房公建建设中落实节能减排，要求新县城所有建筑都达到国家绿色建筑标准。在北川新县城建设中，积极推广利用新材料、新能源、新技术（图 1-30）。

2）编制《绿色建筑设计导则》以及《建筑节能减排设计技术措施》

制定适合北川环境特征的建筑节能设计标准：《北川羌族自治县灾后重建城乡建筑节能设计导则——总则》《四川省北川县城办公建筑节能设计导则》《北川县城宾馆节能设计导则》等。

图 1-30　沿街效果图
资料来源：洪昌富，刘海龙，魏保军，
等 . 北川新县城低碳生态城规划建设
[J]. 建设科技，2010（9）：22-26.

（6）基础设施规划建设的节能减排模式

新县城规划建设中重视水源地保护，利用再生水和雨水资源，建立以环状为主的供水系统；提倡资源节约，鼓励资源再生，实现污泥和固废资源化；建立以地区公共电网、燃气管网为依托，可再生能源为补充的基本能源保障体系；强调环境友好的低耗能、低污染、低排放、低碳经济，倡导清洁生产与循环经济（图 1-31）。

1）城市供水系统

合理确定用水定额，避免水资源浪费和水厂及供水管线规模过大；确定适宜的供水压力，优化管网布局，降低供水能耗并保障供水安全；优选供水管材和工艺，加强施工和运营管理，降低管网漏失率。

2）城市污水处理系统

北川县污水处理厂的建设考虑北川新县城的区位条件，实行北川安昌镇、新县城和安县

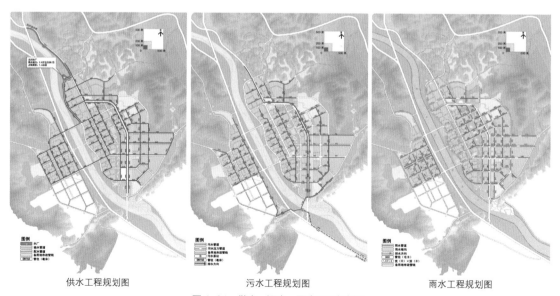

供水工程规划图　　　　　　　　　污水工程规划图　　　　　　　　　雨水工程规划图

图 1-31　供水、污水、雨水工程规划图
资料来源：洪昌富，刘海龙，魏保军，等 . 北川新县城低碳生态城规划建设 [J]. 建设科技，2010（9）：22-26.

黄土镇三个区域联合建设，区域共享；污水处理厂出水达到《城镇污水处理厂污染物排放标准》GB 18918—2002 中的一级 A 标准；为减少建设泵站的投资和能源的消耗，便于运行管理，新县城内原则上不设置污水提升泵站；合理选用污水管材，加强施工和运营管理，降低施工和运营成本。

３）城市雨水排放与利用系统

优化管网布局，雨水管渠一般采用正交式布置，保证雨水管渠以最短路线、较小管径排入水体；因地制宜采用透水性材料，提高地面透水能力，增加雨水渗透系数，补充地下水。

４）城市道路照明

根据国家相关标准规范，合理确定道路照明等级和标准，从根源避免了道路照明盲目求"亮"带来的能源和资源浪费；采用新型光源，如新型高压气体放电灯、LED 等。

3.2.2.4　西咸新区海绵城市试点

西咸新区是我国首个以创新城市发展方式为主题的国家级新区，被国务院赋予建设"丝绸之路"经济带重要支点、我国向西开放重要枢纽、西部大开发新引擎和中国特色新型城镇化范例的历史使命。2012 年以来，西咸新区将海绵城市建设作为创新城市发展方式的重要着力点和突破口，按照低影响开发理念开展海绵城市建设探索和实践。

（1）建设策略

１）应对夏雨集中、水资源短缺的技术手段适宜性组合

西咸新区属于资源型缺水和工程性缺水并存的严重缺水地区，且降水补给年内分配不均，

6~9 月约占全年的 60% 以上。西咸新区海绵城市建设时把雨水等非常规水的综合利用作为重点，即将"蓄、滞、渗、净、用、排"这六大技术手段和建设目的进行优选和重新排序组合，在缓解水资源短缺方面，将低影响开发技术手段主要着眼于"蓄、净、用"，使其更适宜于地域环境的需求。

由于受平原地形以及三季干旱等客观条件的制约，试点区域无法也没有必要建设大型雨水收集设施，西咸新区海绵城市建设规划提供了三种途径来补充水资源：一是增加中小型雨水回用工程设施，将雨水回用于绿化灌溉、道路浇洒等城市杂用水；二是构建水源涵养型城市下垫面，加大地表水与地下水之间的连通性，补充过度开采的地下水，提高水源供给量；三是通过过滤和生物净化削减面源污染，减少水体污染，缓解水质型缺水问题。

２）应对生态敏感性的城市发展科学化分区

为了最大限度地保护新区的生态本底，维持区域在城市开发前的自然水文特征，建设前结合生态敏感性评价进行了城市分区的科学化研究（图 1-32）。基于西咸新区现状生态环境，判断可能出现的生态问题及关键影响因子，选取评价因子，构建因子库并进行分级；借助隶属函数、模糊隶属矩阵等数学分析工具，建立矩阵函数；从水文敏感性、地质敏感性及生物敏感性三大方面，计算评价其生态敏感性指数和适宜性指数，进而完成用地适宜评价。根据生态敏感性分析的结果，划定城市发展分区和绿化本底，分类分级确定用地开发限制要求，保护区域中已有的海绵基底（表 1-17）。

生态敏感性评价因子分类表　　表 1-17

一级影响因子	二级影响因子
水文敏感性	现有水体资源、径流路径分级、汇水子流域分级、水体流向、地表水功能分布、低洼易涝区分布
地质敏感性	高程、地质断裂带、地下水埋深、水土流失风险分析、湿陷性黄土、地下水腐蚀性分区、地质灾害隐患、高程
生物敏感性	植被覆盖度、水生动物栖息地及栖息廊道、陆生动物栖息地及栖息廊道

资料来源：徐岚，郭鹏 . 基于自然地理的西咸新区海绵城市本土化建设探析 [J]. 华中建筑，2017，35（4）：88-92.

3）应对各土壤类型的具体设施本土化设计

西咸新区海绵城市建设时基于详尽的地质勘查资料，掌握土壤类型的具体分布情况，首先进行分区的科学化研究，并依据研究成果提出基于土壤条件的海绵城市本土化建设策略与要求。

空港新城位于湿陷性黄土Ⅲ级区，在雨水入渗方面存在着较大的技术风险和难点。通过

前期实验研究，在该区域内进行海绵城市建设时需要大量的换土型设施，成本高、周期长、效益差，故现阶段该区域内全面推进海绵城市建设的条件和技术还不成熟，进行居住小区和易涝区两类试点的小规模实验研究。其他区域中存在部分湿陷性黄土，其湿陷性为Ⅰ级，较适宜进行建设试点，但也要着重注意 LID 设施有关"渗"方面的技术防护；湿陷性黄土区内公共开放空间的水体及公园绿地，以及各类建筑与场地中应将 LID 设施尽量布置在土壤浅层，且以小型设施为主，并做好设施周围的防渗措施；湿陷性黄土区内的道路则不建议采用可以下渗的透水材料（图 1-33）。

4）应对各绿地类型的乡土植物生态化配置

西咸新区海绵城市建设时基于不同绿地类型，通过多次种植实验，合理配置植物种类，形成结构合理、功能齐全、种群稳定的复层群落结构和稳定的生态系统。在因地制宜、适地适树的

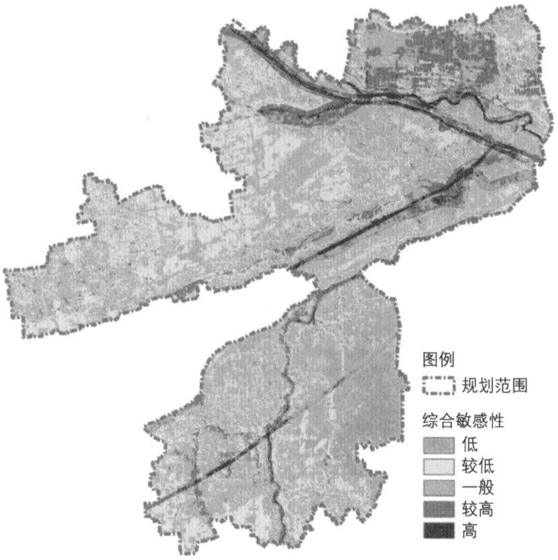

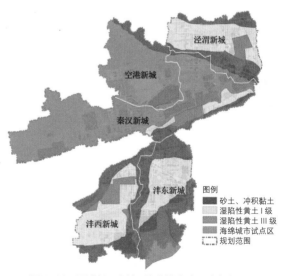

图 1-32　西咸新区综合生态敏感性分区图
资料来源：徐岚，郭鹏 . 基于自然地理的西咸新区海绵城市本土化建设探析 [J]. 华中建筑，2017，35（4）：88-92.

图 1-33　西咸新区土壤及海绵城市建设试点分区
资料来源：徐岚，郭鹏 . 基于自然地理的西咸新区海绵城市本土化建设探析 [J]. 华中建筑，2017，35（4）：88-92.

原则下,尽量选择乡土树种及耐寒能力强的植物,以减少人工建设对生态环境的影响,同时降低维护成本(表 1-18)。

(2)LID 设施本土化建设要求

西咸新区结合客观现状,将试点范围内用地按两大类(公共开放空间、建筑与场地)、七小类(水体、公园绿地、道路广场、居住区、工业区、公共建筑、旧城区),分别给出了海绵城市建设的控制要点与指引,明确了 LID 设施的适用类型和本土化建设要求。下面分别以道路广场、公园绿地、居住小区为例介绍各类的适宜技术和设计要点,以透水铺装和下沉式绿地为例介绍设施设计等西咸新区海绵城市本土化建设的相关成果。

西咸新区绿地系统植物搭配建议　表 1-18

植物类别	绿地类型	植物名称
乔木植物	边界地带	国槐、栾树、臭椿、五角枫
	核心区	法桐、银杏、鹅掌楸、广玉兰、国槐
	观赏田	柿子树、石榴树、杏树、山植树、合欢、七叶树、西府海棠、五角枫
地被植物	林下地被	二月兰、白三叶
	广场地被	萱草、海桐、南天竹、玉簪、月见草、蜀葵、荷兰菊、丁香
	花田地被	松果菊、波斯菊、大花金鸡菊、萱草、海桐、南天竹
	农作物	玉米、小麦、油菜花、向日葵
湿生植物	湿地泡植物	千屈菜、香蒲、梭鱼草、灯芯草、泽泻、荇菜
	花谷地被	鸢尾、马蔺、再力花、黄菖蒲
	商业区湿地植物	荷花、睡莲、千屈菜、香蒲、水葱、慈姑
	雨水花园植物	千屈菜、香蒲、灯芯草、荇菜、萍蓬草

资料来源:徐岚,郭鹏.基于自然地理的西咸新区海绵城市本土化建设探析[J].华中建筑,2017,35(4):88-92.

1)分类要求

A. 道路广场

适宜技术:透水铺装、下沉式绿地、生态树池、植草沟、雨水花园。

设计要点:机动车道、非机动车道均沿用传统路面;人行道可适量使用透水砖路面,其排空设施与市政管道连通,树池宜采用生态树池;道路绿化带宜低于路面,且其内的 LID 设施应采取必要的防渗措施;雨水口宜设于绿化带内,采用环保型,且雨水口高程宜高于绿地而低于路面;露天停车场应采用透水铺装地面,周围绿地应采用下沉式绿地,结合雨水花园、植草沟等实现雨水的滞蓄下渗作用;广场不宜采用大面积透水铺装地面,广场径流雨水应引入周围绿地进行入渗和排放,周围绿地应采用雨水花园、植草沟等下沉式绿地形式,广场雨水可收集回用。

B. 公园绿地

适宜技术:透水铺装、下沉式绿地、雨水花园、植草沟、植被缓冲带、景观水体多功能调蓄设施、雨水生态滤池、雨水湿地、雨水塘、滨水生态景观带。

设计要点:公园绿地宜具有雨水调蓄功能,通过植草沟等生态排水措施将周边区域的径流雨水引入雨水湿地、湿塘等集中调蓄设施,构建多功能调蓄水体,并通过调蓄设施的溢流排放系统与城市雨水管渠系统和超标雨水径流排放系统相衔接。

C. 居住小区

适宜技术:绿色屋顶、下沉式绿地、雨水花园、植草沟、雨水塘、透水铺装、雨水生态滤池。

设计要点：居住小区内，绿地空间充足时非机动车道路、人行道、游步道、广场、露天停车场、庭院不宜采用透水铺装地面，绿地不足时可局部采用透水铺装并需设排空设施；小区道路径流雨水优先集中引入周边的下沉式绿地；地下室顶板上绿地宜有 0.8 米厚覆土；小区景观水体应兼有雨水调蓄功能，宜采取"生态驳岸＋景观雨水塘"形式并设溢水口；小区支路排水以小坡度植草沟排水方式为主，小区主路排水宜采取传统管渠或植草沟渠方式，应铺设防渗设施。

2）设施设计

住房和城乡建设部颁布的《海绵城市建设技术指南——低影响开发雨水系统构建》（建城函〔2014〕275 号）中对于各类主要的 LID 设施设计及施工提供了一般做法和典型结构示意图，西咸新区结合当地自然地理条件进行了适

应性调整。

A. 透水铺装

基于降水及土壤条件，西咸新区针对透水铺装明确了对应的设计降雨量应不小于 45 毫米，降雨持续时间为 60 分钟；要求透水铺装坡度不宜大于 2%，当坡度大于 2% 时，应沿长度方向在透水面层下 20~30 毫米处设置隔断层；透水找平层厚度最大值从 30 毫米增至 50 毫米；透水基层的厚度最小值从 100~150 毫米增至 100~200 毫米；同时要求地下水位或不透水层埋深小于 1.0 米处不宜采用透水铺装（图 1-34）。

B. 下沉式绿地

为了尽量避免对湿陷性黄土的干扰，西咸新区内将下沉绿地中的种植土层厚度从 250 毫米增加至 500 毫米；细化溢流口、蓄水层的相对高差，并明确要求下沉绿地与周边用地衔接处坡度为 1 ：3（图 1-35）。

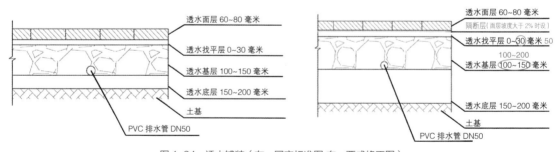

图 1-34　透水铺装（左：国家标准图　右：西咸修正图）
资料来源：徐岚，郭鹏. 基于自然地理的西咸新区海绵城市本土化建设探析 [J]. 华中建筑，2017，35（4）：88-92.

图 1-35　下沉式绿地（左：国家标准图；右：西咸修正图）
资料来源：徐岚，郭鹏. 基于自然地理的西咸新区海绵城市本土化建设探析 [J]. 华中建筑，2017，35（4）：88-92.

西咸新区作为西部地区重要的海绵城市建设试点，在建设过程中积累了宝贵的实践经验，为西部地区其他城市的海绵化建设思路、方法、技术等提供了参考案例，对其他地区海绵城市本土化建设工作有一定的启发。

3.3 小结

面对全球气候变化和温室效应危机，全球对抗温室效应的行动逐渐展开，经济发展、能源安全和快速城镇化面临着巨大挑战，生态与低碳的理念也逐渐深入人心。城乡空间是人类活动的主要场所，是碳排放的主要来源，城乡空间如何实现低碳生态发展逐渐成为全球领域关注的焦点。随着相关理论与实践的探索，城乡低碳生态发展领域也积累了一定的理论基础，对于引导城乡低碳生态发展具有一定的借鉴意义。

我国低碳生态发展的起步虽然相对较晚，但是面临快速城镇化与发展转型的压力，低碳生态发展也因此具有极大的必要性与紧迫性。我国幅员辽阔，各个地区的发展水平、生态环境条件与所面临的问题又各不相同，亟待针对地域特征进行低碳生态发展路径的探索。

从国内外案例中可以看出，由于各国经济、社会等方面存在很大的差异，不同地区之间的地域特征、发展阶段、经济发展水平等也有较大不同，其应对气候变化的路径和措施也有所不同。只有因地制宜地制定应对策略，才可能得到具体的落实措施。因此，我国不同地区应对气候变化的策略，应从经济发展水平、社会发展水平、气候、资源等条件出发，发展出一条适合本地区的低碳生态建设路径。

 复习思考题

1. 你对低碳生态理念的认识什么？
2. 低碳生态与城乡规划的关系是什么？

第 2 章

低碳
生态

中国
低碳生态
城乡建设现状

第 1 节 中国碳排放特征

随着世界经济的迅速发展，气候变化对人类活动的影响越来越深，也越来越受到国际社会的重视，实现节能减排已经成为全人类共同的目标。中国正处于工业化和城市化快速发展的过程，经济增长与资源供给和环境保护的矛盾日益尖锐。

中国作为世界第二大能源生产国及主要碳排放国，高度重视全球气候变化问题，并逐步迈向"低碳经济"。然而，中国走向低碳经济之路存在一些挑战及制约，中国现处于高速工业化和城市化的发展阶段，人口增长和消费结构升级，基建等对能源需求有很大压力，因而提高了碳排放量；中国粗放型的发展模式对能源、土地、水都消耗极高，以及低效率使用，阻碍了节能减排的力度；中国目前依赖煤炭为最重要初级能源，然而单位能源燃煤释放的二氧化碳极高；在全球化分工的体系中，中国出口有相当部分为高能耗、高度依赖原料加工的劳动力密集型和资源密集型商品，直接为全球贸易付出巨大环境代价。

同时，就中国目前的低碳经济发展情况而言，不同区域之间由于地域特质、经济发展程度、政策倾斜度的迥异以及阶梯式的开放程度等原因造成的差异性是客观存在的，不同的区域拥有着不同的低碳发展模式及经验技术，导致不同区域之间的碳排放具有迥异的特征。中东部地区在能源效率和二氧化碳排放效率的表现上都要好于西部地区，而这恰恰暗示了西部地区蕴含着更多的节能潜力和二氧化碳减排潜

力。区域间的技术水平差异将长期制约着我国整体能源效率和碳排放效率的提升。

1.1 西部地区地域特质与碳排放特征

1.1.1 地域特质

1.1.1.1 自然生态

中国西部地区包括陕西省、四川省、云南省、贵州省、广西壮族自治区、甘肃省、青海省、宁夏回族自治区、西藏自治区、新疆维吾尔自治区、内蒙古自治区、重庆市十二个省、自治区和直辖市。除四川盆地和关中平原外，绝大部分地区是我国经济欠发达、需要加强开发的地区。四川盆地的成都、重庆均位列全国十大城市。关中平原的西安位列前二十。

西部地区大多分布在我国第二地形的中低山地，地形类型复杂多样，主要以高原、山地、盆地为主，恶劣地形较多，地貌种类多样，如西北黄土高原的沙漠、沙化地貌和黄土黏土荒漠地貌。同时，还集中了我国主要的大山、高原、沙漠、戈壁、裸岩以及永久性积雪地域等，共同构成西部地区地形地貌的复杂性和特殊性。西部地区大部分属中温带和暖温带大陆性气候，局部属于高寒气候，气候干燥，降水稀少且分布不均匀，夏季干热，冬季干冷，风沙较大，气温年、日差较大。另外，西部内陆多沙尘、沙尘暴天气，沙尘天气无论天数、强度、范围都要远远大于东部地区，尤其新疆、河西走廊地区为甚。

西部地区拥有十分丰富的能源资源。矿产资源十分丰富。锰、铬、钛、钒、铅、锌、镍、锡、锂、

镁、锶、稀土和铂族金属等的资源储量均占全国储量的一半以上。除金属矿外，西部地区的非金属矿也非常丰富，如青海省的钾盐、镁盐、锂矿、锶矿、石棉、冶金用石英岩、化肥用蛇纹岩、玻璃用石英岩等矿产储量居全国首位。

西部地区是我国典型的生态环境脆弱地区，沙漠化、荒漠化、石漠化、草原退化盐碱化、水土流失等问题严重。1949年以来，我国一直非常重视西部地区的生态环境保护与建设，并取得了一定的实效，但随着人口的不断增加，城市化进程的加快，经济的快速发展和各种不合理的人为活动，使得我国西部地区的生态环境面临一系列较为严重的问题，主要包括如下几个方面：

（1）植被破坏严重

森林植被是保持良好生态环境的根本，森林植被破坏是加剧水土流失和洪涝灾害、沙尘暴频发等自然灾害的根本原因。西部地区森林覆盖率远远低于全国平均水平，而草原退化率远远高于全国平均水平，过度垦殖和放牧、不合理的水资源利用和乱砍滥伐是造成森林植被破坏的主要原因。

（2）沙漠化加剧

由于人口不断增加，城市不断扩张，经济的快速发展和各种不合理的人为活动，使我国西部地区的植被遭到了大面积的破坏，从而导致土地荒漠化面积不断扩大、程度不断加重，危害日益加剧。根据第五次全国荒漠化和沙化监测资料显示，西部地区荒漠化和沙化问题较为严重，不断增加的土地退化面积使西部地区本来紧张的可利用资源不断减少，土地生产力

下降，给西部地区的社会经济和可持续发展带来了巨大影响。

（3）水土流失严重

我国的水土流失分布不均衡，最严重的是西部地区。从自然原因看，西部地区土壤较薄，质地粗，保水能力差，森林覆盖少，遇到雨水容易产生水土流失。但更主要的是人为破坏，大规模毁林种田、毁草种田、砍伐森林、过度放牧，农业创新技术不足，采取广种薄收的生产模式，在牧区单纯依靠增加畜牧数量来增加收入，致使草原退化，加重水土流失。另外水土流失不仅使西部地区生态环境恶化，也使农业生产的各种肥料流失、土壤有机质下降，养分物质减少。

（4）环境污染严重

西部地区由于经济落后，工业生产技术水平较低，一些企业在发展经济过程中对废弃物不加处理就直接排放，造成水、空气等资源的污染。另外，随着经济的发展，东部发达地区开始进入产业结构调整阶段，发展节能、少污染甚至无污染的产业，致使一些高污染、高耗能的产业向西转移，而西部地区为了加速经济发展，接受了这些产业的转移。长期以来，西部地区的工业以能源和原材料工业为主，包括煤炭、电力、石油化工、天然气、有色金属、盐化工、磷肥工业，大都是污染密集型产业，造成严重的大气污染、水体污染和固体废弃物污染，加之生产技术和工艺水平落后，污染治理水平低下，污染强度很高，给西部地区的环境承载力和容量带来压力。此外，各种农药、化肥和地膜等在西北农村广泛使用，不合理的

使用方法和处理方式导致了农业污染，使土壤、水源等也不同程度地受到污染，影响到农作物的生产和食品安全。

（5）水资源短缺

我国西部地区属资源性缺水，年降雨量大都在 400 毫米以下，有的仅为 100 毫米，而多年平均年蒸发量高达 1200 毫米以上，且降水量和径流量的年际变化很大，水资源供需矛盾突出。加之人类活动对水资源的不合理开发利用，造成许多湖泊萎缩干涸，河流干涸断流以及冰川后退等问题。西部地区有限的地表水因复杂的地质地形构造多存于深川大壑，能够用于工农业生产及人们生活的可用水极少，水资源短缺已成为西部地区发展的重大隐患。

（6）生态灾害频繁

西部地区生态环境脆弱，对各种灾害的抵抗能力弱，加上人为因素对环境的破坏，各种灾害的发生更加频繁。由于滥垦、滥伐、滥牧，湿地围垦、陡坡开荒、河流上游毁林垦荒等，导致森林、湿地的蓄洪调洪能力大幅度下降，洪水灾害加大，另外抵御干旱能力下降，从而导致旱涝灾害加重；其他如草地退化、耕地沙化导致沙尘暴尤其是强沙尘暴在 20 世纪后期明显增多，危害增大。

1.1.1.2 社会人文

西部地区是华夏民族的祖先生息、繁衍的重要地区之一，也是我国历史上农业开垦、畜牧业发展和文化发展较早的地区。西北处于中原农耕文化与北方草原游牧文化的交错地带，历史上，古戎羌、北狄、鲜卑等民族活动于此，多民族、多文化在这里冲撞融汇，孕育了丰富而灿烂的地域历史文化，兼有游牧文化、农耕文化、东西方文化与多民族交流融合的独特复合特征，形成独特的区域精神传统和人文性格。

就古代历史文化资源来看，西部地区历史悠远，古迹众多，著名的有敦煌莫高窟、秦始皇陵和兵马俑、丽江古城等。就近现代历史文化资源来看，西部地区孕育着丰富的革命红色文化资源，如遵义会议遗址、重庆红岩等这些中国革命历史的见证，成为对中国人民进行革命历史教育的文化基地。

就民俗文化资源来说，西部地区形成了丰富的具有地域特色和民族特色的物品、习俗、观念等文化内涵和形式。其中，物品类民俗文化资源包括生产交通工具、民居建筑、服饰等；习俗类民俗文化资源包括节日庆典、婚丧娶嫁、礼节礼仪等；观念类民俗文化资源包括民族文学与艺术、宗教信仰等。

西部地区是历史上民族融合和经济交流的重要聚居区，具有丰富的民族文化底蕴和地域民俗特色。独特的宗教、民族文化与城乡社会历史文化的联系以及民族意识形态的融合赋予了西部城乡空间更强的典型性与特色性。

就宗教文化资源来说，西部地区众多宗教汇集，包括从国外传入的佛教、基督教等，发源于本土的道教、儒教、藏传佛教，以及各种具有原始宗教色彩的民间宗教，如纳西族的东巴教、彝族的毕摩教等。西部地区的文化心理、文化传统及文化形式都留存着底蕴深厚、种类繁多的宗教文化资源。

西部地区以藏传佛教、伊斯兰教等宗教文化为核心，民族风俗习惯差异为辅助，构成了一个多层次、多元化的民族文化和地域文化体系，该体系具有历史性、地域性、稳定性、特色性特征，但同时也具有封闭性、多层次性和多元性，以及横向交流的障碍性和相对的整体落后性。

1.1.1.3 经济发展

（1）经济总量不断提高，地区间差异较大

近年来，西部地区的经济发展呈快速增长态势，近五年国内生产总值占全国比重出现先平稳再快速升高然后趋于平稳的情况。以2014 年和 2018 年西部地区国内生产总值及占全国比例为例：2014 年西部地区国内生产总值为 138099.8 亿元，占全国生产总值的 20.54%；到 2018 年，西部地区国内生产总值为 184302.1 亿元，占全国生产总值的 21.51%（图 2-1）。由于我国发展不平衡，各地区人均生产总值差别也较大。2018 年全国人均生产总值为 64644 元，西部地区人均生产总值为 49166.9 元，西部地区除内蒙古自治区、重庆市之外，其余各省份的人均生产总值均低于全国平均水平（图 2-2）。

（2）产业结构较合理，粗放型产业需转型

城乡产业发展是城乡或地区发展最主要的动力要素。2018 年西部地区全年生产总值为 184302.1 亿元，第一产业增加值为 20358.3 亿元，第二产业增加值为 74645.54 亿元，第三产业增加值为 89298.29 亿元，西部地区一、二、三产占比分别为 11%、41%、48%（图 2-3）。其中第一产业产值占比高于同期全国水平，第二产业产值占比与同期全国平均水平相同，第三产业产值占比低于同期全国平均水平（图 2-4）。

图 2-1 近五年西部地区 GDP 及其占全国比例

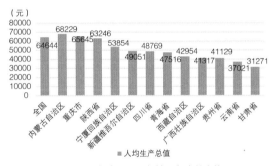

图 2-2 2018 年全国及西部地区各省份人均 GDP

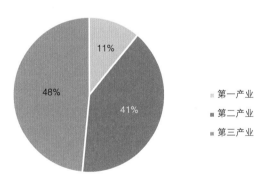

图 2-3 2018 年东部地区三大产业产值比例

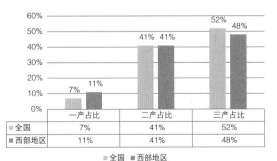

图 2-4 2018 年西部地区与全国三产产业占比

从总体上来说，西部地区产业结构较合理，在充分利用地域资源优势的基础上形成了各具特色的产业体系，关中地区形成了以通信设备、装备制造、医药制造、食品工业、纺织服装、非金属矿物和有色冶金为主的支柱产业；新疆地区形成了以特色农畜产品生产加工、特色旅游业为核心的产业体系；银川地区初步形成了以特色农产品加工、冶炼高载能产业、精细化工产业、煤化工产业等为核心的产业体系。但是西部地区产业门类多处于产业链下端，资源依赖性较强，往往对环境产生一定的危害。

1.1.1.4 城乡建设

（1）城镇化水平稳步提高

我国已进入城镇化快速发展阶段，西部地区城镇化水平稳步提升，居民生活水平得到了显著提高，具体表现出以下特征（图2-5）：第一，城镇化率逐年递增；第二，大部分省份城镇化率均低于全国平均水平，除重庆市和内蒙古自治区城镇化率较于全国高之外，其他省份均低于全国平均水平；第三，区域内发展不平衡，重庆市和内蒙古自治区的城镇化率要高于同一时期的其他省区，宁夏回族自治区城镇化率远低于其他省份。

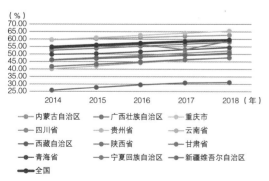

图2-5 2014~2018年全国及西部地区各省份城镇化率

（2）城乡建设粗放低效

受地形、资源等条件的制约，西部地区普遍存在城镇密度小，空间分布不均衡，建制镇规模普遍较小的特征。而如今，随着城镇化的发展，城镇规模扩张，以及受现代都市城市规划思想的影响，城镇在追求高速发展的同时，正在大力建设现代高层建筑，大量现代建筑的兴建使城乡传统文化、传统格局被打乱，生态环境也受到一定程度的破坏，同时，个别地方也存在一些低品质开发项目带来的"大拆大建"和重复建设行为（图2-6~图2-9）。

从以上资料可以看出，西部典型地区地域辽阔，自然资源丰富，地域文化浓厚，但生态环境脆弱、整体社会经济发展滞后、市民低碳意识薄弱、城市管理水平滞后、城市建设品质较低。具体来说：①经济发展水平较低。西部地区经济发展水平逐年提高，但总体与全国平均水平相比较低。②经济发展基础薄弱。粗放型产业较多，高耗能行业所占比重较大，且西部多为能源大省，长期以来对石油、煤炭等化石能源的依赖性强。③人力资源水平较低。封闭的环境和相对的整体落后性，使西部地区人力资源品质相对较低。④城乡建设粗放低效。随着城镇化的发展，城乡传统文化需要加大传承力度。⑤低碳生态发展潜力大。国家对西部地区的支持力度较大，特别是"西部大开发"和"新丝绸之路"的提出，为西部地区发展低碳经济提供了极其重要的战略机遇；国家在西部实施生态和经济和谐发展战略，为西部地区低碳生态发展提供了相应的政策保障。西部地区新能源发展较快，风能和太阳能等新能源开发的潜力很大、发展速度较快，为低碳

图 2-6　低效的城乡建设现状

图 2-7　与自然山水不协调的高层建筑

图 2-8　与城乡格局不相符的建筑

图 2-9　"大拆大建"的建设行为

图片来源：黄梅 . 基于建筑材料本土化的甘南低碳生态小城镇规划研究 [D]. 西安：西安建筑科技大学，2014.

生态发展奠定了明显优势。由此可见，西部省区低碳生态发展潜力巨大。

1.1.2　碳排放特征

1.1.2.1　地域特征与碳排放间的关联关系

一个地区的能源消耗及碳排放状况与其所在地域的区域环境是密不可分的，根据城乡性质、特征、发展状况的不同，各板块的能耗比例也不尽相同。碳排放量与地区经济发展水平是成正相关关系的，与东部地区相比，我国西部地区现状碳排放量相对较少。西部地区的碳排放与其所在地的自然生态、社会人文、经济发展、城乡建设等地域特征密切相关，并表现为如下关联关系（表 2-1）。

（1）自然生态与碳排放

西部地区地形复杂，有重要的生态涵养功能，在这方面是利于碳汇的；而西部地区寒冷、多风、潮湿的气候条件加剧了城乡取暖能耗，这方面则增加了城乡的碳排放；全境内海拔差异较大，地貌类型多样，为适应多变的环境，也会带来一定的能源消耗。

（2）社会人文与碳排放

由于地域环境的封闭性和整体落后性导致西部地区人力资源水平较低，不利于高新低碳产业发展，更不利于减少城乡碳排放；但在宗教信仰、文化传统的影响下，西部地区人民生产生活方式较为传统，传统的生产生活经验也存在一定的低碳生态智慧，有利于减少城乡碳排放。

西部地区"地域特征"与"碳排放"间的关联关系　　　　表 2-1

地域特征		对碳排放的作用	
		减少碳排放	增加碳排放
自然生态	地形地貌		增加碳源
	气候条件		增加碳源
	植被资源	增加碳汇	
	能源资源		增加碳源
社会人文	人力资源品质低		增加碳源
	生产生活方式	减少碳源	
经济发展	经济总量增加		增加碳源
	产业结构二产占比相对高		增加碳源
城乡建设	城镇化水平提高		增加碳源
	城镇规模扩张		减少碳汇
	现代建筑 / 高楼建造		增加碳源
	"大拆大建"与重复建设		增加碳源

（3）经济发展与碳排放

西部地区经济发展水平虽然整体较为落后，但是经济总量逐年增加，产业结构中二产占比相对较高，这两方面都不利于减少城镇碳排放。

（4）城乡建设与碳排放

西部地区伴随着城镇化水平的提高和城镇的扩张，现代建筑或高楼的入侵以及许多"大拆大建"或低品质的重复建设行为都导致了碳排放的增加。

1.1.2.2　碳排放特征及主要影响因素分析

结合西部地区地域特征，通过对"地域特征"与"碳排放"关联关系的分析，得出其主要有供热能耗、建筑能耗、产业能耗、交通能耗这几大"碳源"，碳排放特征具体如下（表 2-2）。

（1）供热能耗

我国城乡能耗中采暖能耗占很大比例，西部地区夏季干热，冬季干冷，风沙较大，气温年、日差较大。寒冷、多风、阴湿的气候环境使城

西部地区主要"碳源"及其碳排放特征分析　　　　表 2-2

主要"碳源"	碳排放特征
供热能耗	由于受严寒、大风、阴湿的恶劣气候影响，又没有很好地针对气候环境的规划设计，城乡供热取暖需求较大；加上经济条件的制约，城乡市政基础设施匮乏，取暖能源多为高污染的煤炭或木材，碳排放量较大
建筑能耗	伴随着城乡的整个发展建设，建筑在整个生命周期中产生的能耗是巨大的，并会随着城镇发展程度的提高而增加。西部地区正处于城乡建设加速期，现代建筑材料主要靠外地供应，这部分碳排放量的比重比较大
产业能耗	西部地区往往承接东部发达地区或发达城市的产业转移，发展发达地区所淘汰的重工业产业。产业结构过度依赖以重工业为主的，具有粗放式、高污染、低产能的第二产业，这是西部地区碳排放增多的主要原因之一
交通能耗	西部部分地区地广人稀，土地利用布局松散，随着经济的发展，现代机动化程度也较高，机动车出行成为主要出行方式，导致了大部分的碳排放

乡供热取暖需求较大，但又没有很好地针对气候环境的规划设计，受城乡建设管理水平、经济条件的限制和市民素质的影响，恶劣的气候条件下城乡供热系统的不完善使市民对高能耗的取暖能源（如煤炭、木材等）的依赖较大。

（2）建筑能耗

建筑是城镇建设的核心，在整个生命周期（建筑材料的提取、生产制造、运输、建筑建造、使用与维护、废弃）中产生的能耗巨大。世界可持续发展工商理事会的报告显示，2012 年全世界建筑能耗占社会总能耗的 40%，是工业能耗的 1~5 倍；美国绿色建筑委员会（USGBC）研究统计，在温室气体排放总量中，建筑物所占比例高达 42%，成为资源和能源最主要的消耗来源。我国每年竣工房屋的建筑面积在 20 亿平方米左右，新建房屋面积占世界总量的 50%，建筑能耗已超过社会总能耗的 25%，并且随着城镇化的推进和新增建设的增多，这个比例还有可能上升（发达国家一般占 40%）。伴随着城镇化进程的加速发展，西部地区现代建材的生产及异地运输产生的碳排放量增大，未来建筑能耗的比重将会上升，因此降低建筑能耗是实现节能减排的关键。

（3）产业能耗

西部地区的城市在进行产业发展引导时，多偏重于自身经济的快速增长，选择积极承接东部发达地区或发达城市的产业转移，以发展发达地区所淘汰的重工业产业，一些矿产资源丰富的中小城市则选择资源开采及相关加工工业，进而发展成为资源型城市。这类城市的产业结构过度依赖以重工业为主的第二产业发展，

往往具有粗放式、高污染、低产能的特点，这是西部地区城乡碳排放增加的主要原因之一。另外，西部地区城市的第三产业发展薄弱，能源、交通、通信、原材料等基础产业滞后，成为制约城市经济高效、有序发展的"瓶颈"。

（4）交通能耗

西部部分地区地广人稀，城乡规模普遍较大，土地利用布局松散，随着经济的发展，现代机动化程度也较高，机动车出行成为主要出行方式，导致了大部分的碳排放。

1.2　中东部地区地域特质与碳排放特征

1.2.1　地域特质

1.2.1.1　自然生态

中国中东部地区，即中国中部与东部地区，东部地区包括河北省、北京市、天津市、辽宁省、上海市、山东省、江苏省、浙江省、福建省、广东省、海南省、台湾地区、香港特别行政区、澳门特别行政区；中部地区包括山西省、吉林省、黑龙江省、安徽省、江西省、河南省、湖北省、湖南省。中东部地区地形类型复杂多样，主要以平原、高原为主，包括长江中下游平原、东北平原、华北平原、内蒙古高原等，河流水系较为丰富，包括长江、黄河、淮河、湘江、赣江、松花江等。

中东部地区季风性气候显著，夏季高温多雨，冬季寒冷干燥。雨热同期。年降水量 1000 毫米左右，约有 2/3 集中于夏季。全年四季分明，天气多变。随着纬度的增高，冬、夏气温变幅相应增大，而降水逐渐减少。东部广大地区由于受

季风影响，气温年较差大，与同纬度世界各地相比，冬季气温低，夏季气温较高。

东部地带是中国地理区位最优越、自然条件最好、人口最密集、经济最发达的地带。海陆兼备，气候湿润，位于第三级阶梯，集中了中国的三大平原，成为中国农业化、工业化和城市化程度最高的地带，具有多个重要的粮食基地和工业基地，形成京津冀、长三角、珠三角以及哈大工业走廊为核心的都市群。东部地带大多处在大江大河的下中游，洪涝和台风灾害、环境污染以及湿地保护是区域可持续发展面临的主要问题。东部地带受热量驱动呈现南北地域分异，自然景观和农业景观呈现纬度地带变化。

1.2.1.2 社会人文

东部地区文化丰富，蕴含着林海雪原文化、燕赵文化、闽台文化及岭南文化等。

林海雪原文化内容繁多，其核心内容主要包括林区风俗文化、林海雪原红色文化和俄罗斯文化。在林海雪原地区住着汉、满、朝鲜等7个民族，各民族都有自己独特的风俗习惯。林区的人口来自五湖四海，十里不同风，百里不同俗，形成别具一格的林区风俗。

燕赵文化作为一种具有独特意蕴和精神的地域文化，是中华文化的重要组成部分，农耕文化与游牧文化交织共存。同时，燕赵地区是儒学文化的重要传承地和中兴地，儒家文化资源丰厚，文学艺术繁盛。

闽台文化根源于中原文化，是它的扩散与延伸。闽台文化的区域特殊性体现为一种特别强烈的乡族故土观念，这种观念所建构的故园情感直接影响着闽台地区民众的文化道德价值

与生产生活方式。有学者认为，闽台文化是一种由三个层次文化构成的同心圆文化。其最外层是物质文化，是闽台文化的外在表现和对社会所产生的影响；中层是制度文化，反映出闽台文化自身的特色；内层是精神文化，是闽台文化的深层结构与核心。

岭南文化最大的特点就是开放，岭南人发挥兼容求新、开放融合的特质，积极与外国的经济和文化进行交流，其宗教、绘画艺术、文学作品等都融合着国外元素。岭南文化具有务实性，通常配合发达商品经济，有着浓厚的商业性，促使着岭南的经济朝着多元的方向发展。岭南文化还具有享乐性，不仅追求生活的舒适美好，更重要的是要在祈求幸福生活的过程中，通过劳动获得成功，使人生价值得到实现，是一种积极的文化精神。

1.2.1.3 经济发展

（1）经济总量不断提高，区域经济率先发展

近年来，东部地区的经济发展呈快速增长态势，近五年国内生产总值占全国比重较平稳，居于56%~59%，领先于中部地区和西部地区（图2-10）。而中部地区的经济发展同样在不断

图2-10　近五年东部地区GDP及其占全国比例

增长，以 2014 年和 2018 年中部地区国内生产
总值及占全国比例为例：2014 年中部地区国内
生产总值为 167522.2 亿元，到 2018 年中部
地区国内生产总值为 22409.1 亿元（图 2-11）。

（2）产业结构高级化，经济持续稳定发展

城乡产业发展是城乡或地区发展最主要的
动力要素。2018 年东部地区全年生产总值为
506311.2 亿元，第一产业增加值为 24037.69
亿元，第二产业增加值为 206474.58 亿元，第
三产业增加值为 275798.92 亿元，东部地区
一、二、三产占比分别为 5%、41%、54%
（图 2-12）。其中第一产业产值占比低于同期全
国水平，第二产业产值占比与同期全国平均水
平相同，第三产业产值占比高于同期全国平均
水平（图 2-13）。

而 2018 年中部地区全年生产总值为
224094.1 亿元，第一产业增加值为 20338.17
亿元，第二产业增加值为 95200.6 亿元，第三
产业增加值为 108555.37 亿元，中部地区一、二、
三产占比分别为 9%、43%、48%（图 2-14）。
其中第一产业产值占比高于同期全国平均水平，
第二产业产值占比高于同期全国水平，第三产业
产值占比低于同期全国平均水平（图 2-13）。

中部地区资源优势主要体现在自然资源禀
赋，有我国重要的能源资源基地、粮食基地等。
中部地区与东部地区相邻，东部地区的辐射带
动作用对中部地区的经济发展起到了一定的促
进作用，且承接了部分东部地区的转移产业，
具有一定的工业化基础，但工业部门内部多为
传统产业，如煤炭、钢铁等产业，劳动生产率
偏低，所以对传统产业进行技术升级，提高生

图 2-11　近五年中部地区 GDP 及其占全国比例

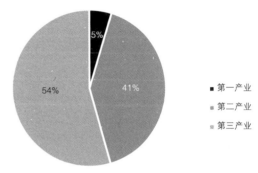
图 2-12　2018 年东部地区三大产业产值比例

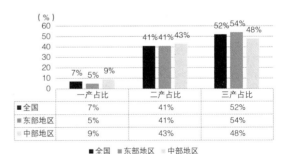
图 2-13　2018 年中东部地区与全国三产产业占比

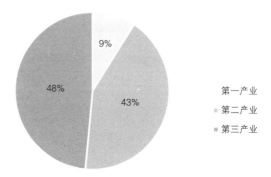
图 2-14　2018 年中部地区三大产业产值比例

产率，进而提升中部地区整体的工业化程度，对经济增长具有明显的促进作用。

与自然资源禀赋相比，东部地区的资源优势在于人才、技术和资本。从历史来看，东部地区最早进行对外开放，在资本稀缺的时代引入了大量的外资，同时也引进了技术，尽管技术在当时并不属于国际先进水平，但这形成了扎实的资本积累和技术积累，使得东部地区较早地形成了几个现代化城市。凭借扩散效应，东部地区当前成为我国城市密度最大的地区，也是经济发达城市最多的地区。这一系列的人才、资源和技术优势能够支持东部地区大力发展高技术和高附加值的生产型服务业，也更利于生产型服务业带动传统产业升级，最终不仅使得产业结构更加合理化和高级化，更能促进经济的持续稳定发展。

1.2.1.4 城乡建设

我国已进入城镇化快速发展阶段，东部地区城镇化水平稳步提升，居民生活水平得到了显著提高，具体表现出以下特征（图2-15）：第一，大部分省市城镇化率逐年递增，除北京市、天津市及上海市的城镇化率渐趋平稳外，河北省、辽

宁省、江苏省、浙江省、福建省、山东省、广东省及海南省的城镇化率均表现为逐年递增；第二，大部分省市城镇化率均高于全国平均水平，海南省与河北省城镇化水平略低于全国平均水平，但城镇化增长速率大于全国平均城镇化增长速率，与全国平均水平的差距在逐渐缩小；第三，区域内发展不平衡，北京市、上海市及天津市的城镇化率要远远高于同一时期的其他省区。

总体来看，东部地区的城乡一体化程度较高，东部地区各省份城乡协调发展程度显著优于中部、西部，东部地区的城乡协调度提升速度明显快于其他地区，在东部地区内部，各省市城乡协调发展水平则呈现层级差异。就城镇化率来说，北京和上海、天津属于第一层级，协调度水平一直高出东部地区其他省（市、区）；第二层级包括广东省、辽宁省、浙江省、福建省和江苏省；第三层级包括河北省、山东省、福建省和海南省。

1.2.2 碳排放特征

1.2.2.1 地域特征与碳排放间的关联关系

东部地区的碳排放与其所在地城镇化带来的人口结构变化、经济发展及技术发展等特征密切相关。

（1）人口结构与碳排放

人口城镇化通常伴随着经济规模扩大、技术进步、信息传播以及能源使用效率，因而在城镇化发展的初期必然具有工业化、高碳化的特点。随着农村人口城镇化，居民的生活方式和消费模式也发生着转变，生产效率与收入水平随之提高，导致能源消费结构及能源消耗总量发生重要变化。一般认为一个国家城镇化程度越高，人

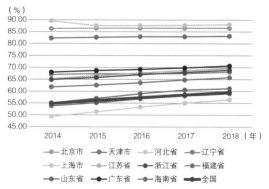

图 2-15　2014~2018 年全国及东部地区各省份城镇化率

均二氧化碳排放量就会越高，因此城镇化进程无疑会促进碳排放量的增加。但城镇化也为实现低碳式的高质量生活水平提供了可能，一些提高能源使用效率、促进清洁能源使用的新技术都是在城市中产生的，应用清洁能源新技术的设备也是在城市中生产的，因而当城镇化发展到某个阶段后，由于技术的进步、能源使用效率的提高、规模效应的增强，原本高碳化的发展模式会得到改变，逐步形成低碳、绿色、循环经济的发展模式，从而达到抑制碳排放的效果。

城镇化通过人力资本积累对碳排放产生影响。城镇化进程中，农村剩余劳动力逐渐向城市转移，农业从事人口向非农产业转移，较好地适应了城市工业生产扩大规模所需的劳动力需求，构成了人力资本积累。一方面，人力资本能够带来先进的生产理念，促使企业走向对环境友好方式的可持续发展道路，引进节能减排设备和节能环保技术，发展低碳产业，减少企业负外部性，促使经济增长方式由粗放型向集约型转变。其二，高科技人才不断创新高科技产品与服务，突破能源短缺的瓶颈，轻松掌握降低能源消耗的最新生产设备，运用熟练操作技能，减少生产环节的人力成本，高效从事生产活动。总而言之，人力资本累积对降低能源消耗有促进作用，一定程度上能减少碳排放。

（2）经济发展效应与碳排放

东部地区城镇化速度较快，劳动力不断向城镇集中，产业逐步集聚化，有效促进了产业结构升级、规模经济及资源的合理配置。产业结构不同，对能源消耗需求也不尽相同，规模经济及资源合理配置有效降低了产业能源强度，但扩大再生产必然引起能源消耗需求增加，产业集聚发展速度远超过产业能源强度降低的速度，造成能源消耗的不断增长，碳排放不断增加。

东部地区凭借自身资源或区位优势，逐步成为区域经济发展的佼佼者，经济发展较高的地区边际生产率和投资利润率均高于周围经济发展较低的地区，这将导致经济发展较高的地区对周边地区的生产要素的吸引力增强，进而加强区域生产要素的流动性，金融资本向经济发达的地区聚集。金融资本的增多导致融资成本的降低，促进发达地区的技术创新，减少发达地区的碳排放强度。然而，金融规模超过实体部门的实际金融需求，使得金融资本价格上涨过快，金融资本的边际收益进一步降低，在资本边际收益递减规律的作用下，金融资本在经济发达地区的边际收益率不断下降，金融资本向经济发达地区的增速开始下降，同时部分资金开始流向经济发展较低的区域，向投资利润率较高的地区流动。这样会促进经济落后地区技术创新，减少碳排放强度。

（3）技术发展与碳排放

技术创新作为减排的根本动力，自主研发对我国碳减排具有积极作用，且存在明显区域差异。具体说来，自主研发对全国、东部和西部地区碳减排存在显著的积极作用，对中部和东北部地区碳减排有积极作用，但不显著；技术引进对碳减排的影响存在区域差异，具体表现为对全国、西部和东北部地区有显著促进作用，对东部和中部地区有促进作用但不显著；技术消化吸收能力对碳减排具有抑制作用，在区域层面，中部和东北地区消化吸收能力较弱，而东北部、西部消化吸收能力很弱；2008 年金融危机后，中国加大自主创新力度，技术引进和自主研发对碳减排影响愈发显著，但这一趋势在东部和中部更加凸显，而对西部和东北部地区影响不显著，应进一步加强技术创新扩散进程。

1.2.2.2 碳排放特征及主要影响因素分析

中东部地区是中国经济较为发达的地区，该地区形成了以现代服务业为主、技术智力密集型等的产业结构模式。人均收入和生活水平较高，与该地区碳排放变化密切相关的主要是城市居民消费方式的转变。结合地域特征，通过对"地域特征"与"碳排放"关联关系的分析，得出其主要有产业能耗、交通能耗、建筑能耗及能源能耗这几大"碳源"，碳排放特征具体如下（表2-3）：

（1）产业能耗

东部地区经济较发达，产业发展对促进我国经济增长发挥了重要作用，但是伴随经济发展也消耗了大量能源，产生了大量二氧化碳等气体。二、三产业产值效应是东部地区能耗增加的主要原因，特别是第二产业产值效应；结构效应对第

一产业能耗影响较大，对二、三产业能耗影响较小，优化产业结构降低能耗的潜力有待开发，特别是欠发达的省市，产业结构亟需改变。故东部地区需在保持经济稳定增长的同时，继续降低第二产业比重，大力发展第三产业，促进产业间结构升级，同时也需推进产业内结构优化，要继续降低传统高耗能产业比重，优先发展低能耗高产出的行业，培育发展高端制造业和现代服务业等节能行业，进而调整产业结构，降低能耗。

（2）交通能耗

国民经济稳步前进，汽车产业飞速发展，使拥有汽车的人数越来越多，尤其是中东部地区人口较密集，汽车数量的增多势必造成石油和天然气使用量的增加，导致了大部分的碳排放。

（3）建筑能耗

经济增长是影响建筑业碳排的主要因素，然而面对人民日益增长的物质需求、城镇化率的逐步提升，约束与降低经济增长和人民生活水平发展是不可取的方法。我国应该加大力度推行装配式建筑的配置，既满足居民的住房刚需和住房

中东部地区主要"碳源"及其碳排放特征分析   表2-3

主要"碳源"	碳排放特征
产业能耗	东部地区最早进行对外开放，形成了扎实的资本积累和技术积累，一系列的人才、资源和技术优势能够支持东部地区大力发展高技术和高附加值的生产型服务业，也更利于生产型服务业带动传统产业升级，最终不仅使得产业结构更加合理化和高级化，更能促进经济的持续稳定发展，同时带来较高的碳排放
交通能耗	国民经济稳步前进，汽车产业飞速发展，使拥有汽车的人数越来越多，尤其是中东部地区人口较密集，汽车数量的增多势必造成石油和天然气使用量的增加，导致了大部分的碳排放
建筑能耗	建筑业碳排放分为直接碳排放与间接碳排放，直接碳排放来源于建筑业自身的活动，即建筑物化阶段产生的碳排放，间接碳排放来源于建筑物化阶段对其他关联行业的带动作用，与建筑业全产业链碳排放相关。中东部地区城乡建设速度较高，建筑在整个生命周期中产生的能耗是巨大的，并会随着城镇发展程度的提高而增加
能源能耗	工业生产过程当中所产生的废气是碳排放的主要来源之一，能源消耗量的高低直接决定着废气排放量的多少，综合来看，目前中国中东部地区主要省份非石化能源占一次能源比重仍然偏低，而中东部地区又集中了中国大部分人口和经济资源，节能减排、降低石化能源使用比例、提升非石化能源占一次能源比重必须成为东部地区发展低碳经济的重要环节和工作来部署

改善需求，又可以降低建筑物化阶段的碳排放。

（4）能源能耗

工业生产过程当中所产生的废气是碳排放的主要来源之一，能源消耗量的高低直接决定着废气排放量的多少，综合来看，目前中国中东部地区主要省份非石化能源占一次能源比重仍然偏低，而中东部地区又集中了中国大部分人口和经济资源，节能减排、降低石化能源使用比例、提升非石化能源占一次能源比重必须成为东部地区发展低碳经济的重要环节和工作来部署，需依靠技术进步，即通过技术革新，技术改造、技术装备水平提高、节能产品推广等途径降低第二产业的能源强度，进而达到降低能耗的目的。并且，长江经济带可考虑建立区域能源资源开发利用机制，合理规划与调控现有能源开发与供应规模以及开发方式，提高能源利用效率，进而降低能源强度。

第2节　中国低碳生态城乡建设现状

我国幅员辽阔，东、中、西部地区发展阶段不同、资源禀赋迥异，试点目标、主要任务、重点行动和实现路径也不尽相同。扩大试点范围、发挥不同地区比较优势、促进地区间良性互动发展，探寻不同类型地区行之有效的控制温室气体排放路径、实现绿色低碳发展将成为深入贯彻党的十八大精神的主要举措，对实现全面建成小康社会目标具有重要意义。同时，扩大低碳发展试点还将彰显我国同国际社会一道积极应对全球气候变化的决心和行动。第一批低碳试点注重在省

区层面开展，同时选取相对发达城市作为试点。第二批试点更多集中在城市层面开展，实现了四个直辖市全部开展低碳建设工作，有效提高试点整体的先进性。增加相对不发达地级市的比重，为中国更广泛地区低碳建设积累经验。选取三个少数民族自治区城市进行试点，对试点类型的全面性补足将发挥重要作用。为了扩大国家低碳城市试点范围，鼓励更多的城市探索和总结低碳发展经验，第三批低碳试点城市覆盖城市更广，积极探索低碳发展的模式创新、制度创新、技术创新和工程创新，强化基础能力支撑，开展低碳试点的组织保障工作，引领和示范全国低碳发展。

2.1　低碳生态城乡建设试点概况

根据国家发展改革委的总体部署，国家低碳生态试点的根本目的在于探索不同地区的低碳发展模式和实现途径、为其他地区提供可复制可推广的实践经验，从整体上带动和促进全国范围的绿色低碳发展。低碳生态试点应以控制碳排放总量为主线，通过建立健全低碳生态发展制度、推进能源优化利用、打造低碳生态产业体系、推动城乡低碳化建设和管理、加快低碳技术研发与应用、形成绿色低碳的生活方式和消费模式等方式，在低碳发展方面有所创新，有所突破。

2.1.1　西部地区低碳生态城乡建设试点概况

低碳生态试点开展以来，西部地区各省市区充分发挥主动性和创造性，积极实践，在区域低碳发展方面积累了大量工作经验，西部地区前三批低碳生态试点包括陕西省、云南省、内蒙古

自治区、黑龙江省、安徽省、江西省、湖北省、湖南省、广西壮族自治区、四川省、西藏自治区、甘肃省、青海省、宁夏回族自治区和新疆维吾尔自治区，以及重庆市、贵阳市、桂林市、广元市、遵义市、昆明市、延安市、金昌市和乌鲁木齐市，这些低碳生态试点建设从整体上带动和促进了全国范围以及区域范围的低碳生态发展。根据国家发改委总体部署，试点省市重点开展了"抓数据""建机制""出措施""寻创新"等方面的工作，并取得了突破性进展，各省市的碳排放统计体系逐步完善，低碳生态发展机制基本建成，低碳生态发展路径也更加清晰。西部各省市低碳生态试点也在因地制宜地探索低碳生态城乡建设的模式与路径，如陕西省以"重化工业低碳转型、新兴产业低碳发展"为思路，夯实试点的基础工作，乌鲁木齐市将新型能源产业列为发展重点，还出台了鼓励就地消纳以及风电供暖等政策等。

下面主要对西部地区试点地区低碳生态发展路径进行总结简析。

2.1.1.1　构建低碳产业体系

"建立以低碳、绿色、环保、循环为特征的低碳产业体系"是低碳试点的核心工作内容。西部地区各试点通过发展低能耗产业、控制淘汰高能耗产业、改变产业结构等方式构建低碳产业体系，从而实现在经济发展的同时降低城市的二氧化碳排放。西部地区正处在工业化和城市化快速发展的时期，一些高能耗产业仍旧是支撑经济发展的主导产业。鉴于此，试点地区在打造低碳产业体系时所采取的措施主要由两部分组成：一是通过加快运用高新技术和先进适用技术改造提升传统产业，实现传统高碳产业的低碳化；二是制定和完善产业扶持政策，加快服务业、新兴产业的发展。通过这两部分的有机结合，实现整体的产业机构低碳化升级。

2.1.1.2　推动能源结构转型

能源利用是城乡碳排放的主要来源，能源行业是城乡减排的关键领域。目前城乡生产生活都大量依赖化石能源消费，而中国的能源结构又以煤炭为主，这使得能源行业的减排行动主要以控制煤炭使用为主。多数试点地区出台了控煤措施，其中以建成城市无煤区、禁止新建煤电厂、淘汰燃煤小锅炉、减少散煤燃烧等措施为主。西部地区以太阳能、风能等可再生能源备受世界瞩目。试点城市已经将新能源产业列为发展重点，这使得下游的可再生能源利用也获得了更多的政策和资金扶持。基本每个试点城市都有地方光伏发电补贴电价，可再生资源丰沛的地区（如乌鲁木齐、西宁等）还出台了鼓励就地消纳以及风电供暖等政策；同时，试点地区也在积极申请或已经成为国家新能源城市试点，为城市能源多样化进行不懈的努力和尝试。

2.1.1.3　大力发展低碳交通

节能低碳一直是交通领域的核心主题。各试点省市通过各类型的低碳交通试点示范项目，协同推动城市的低碳交通体系建设。这些试点示范项目包括：新能源汽车推广应用示范、低碳交通运输体系试点、绿色循环低碳交通运输示范、千家企业低碳交通运输转向行动、城市公交都市示范以及城市步行和自行车交通系统示范等。综合各试点的交通相关内容，低碳交通领域的主要工作包括：优先发展公共交通，抑制私人小轿车出行；推广新能源汽车，淘汰高排放车辆；发展慢行系统，把步行、自行车、公交车等慢速出行方式作为城市交通的主体；搭建公共自行车租赁网络；发展智能交通等。

2.1.1.4　实施建筑低碳化改造

建筑领域影响碳排放的因素很多，包括建筑材料、外围结构、供热制冷系统、照明等，同时也与使用者的使用习惯密不可分。多数试点城市均出台了相关政策和工作方案推动建筑低碳化，主要工作内容包括：提高新建建筑能效标准，大多数试点城市沿用了国家的建筑能效标准，通过严格执行建筑节能标准，强化对新建建筑节能的管理和监督；对既有建筑进行节能改造，改善既有建筑能耗水平；发展绿色建筑等。

2.1.1.5　增加城市碳汇

增加林业碳汇。如甘肃省金昌市大力推进祁连山水源涵养区生态环境保护和综合治理工程、祁连山区和大黄山林区天然林保护工程、退耕还林工程、"三北"防护林工程、重点公益林补偿工程、森林抚育工程、湿地保护工程等多项国家重点生态工程，提高林木蓄积量，有效增加林业碳汇。此外，借助政策工具，积极尝试利用市场化手段引进资金、技术建设碳汇林。同时，加强重点公益林和现有林地管护，提高林业碳汇能力。

2.1.1.6　大力推动全社会低碳行动

培养低碳消费习惯。通过典型示范、专题活动、展览展示等多种形式，广泛宣传低碳消费理念，倡导文明、节约、绿色、低碳的消费模式和生活习惯。

2.1.2　中东部地区低碳生态城乡建设试点概况

中东部地区前三批低碳生态试点包括广东省、辽宁省、海南省、江苏省、浙江省、福建省、山东省和湖北省，以及天津市、深圳市、厦门市、杭州市、保定市、北京市、上海市、石家庄市、秦皇岛市、苏州市、淮安市、镇江市、宁波市、温州市、南平市、青岛市、济源市、广州市、南昌市、晋城市、呼伦贝尔市、吉林市、大兴安岭地区、池州市、景德镇市、赣州市和武汉市。

中东部地区经济发展状况较好，也是各项改革措施的实验区。一定程度上中东部地区的低碳经济发展水平代表了中国低碳发展的最高水平，对沿海地区碳排放驱动因素的分析可以对其他地区产生一定借鉴意义。中国低碳城市试点的短期目标不是绝对低碳而是相对低碳，其衡量指标和发达国家城市有很大不同。这些城市仍然处于经济快速增长阶段，城市的温室气体排放总量还将在未来十年有大幅度增长。城市碳排放特征也与发达国家有很大不同。低碳试点的示范意义正是要找到发展和"低碳化"的双赢。因此，低碳试点目前考核的重点仍然是"碳生产力"或"碳强度"（碳强度即 Carbon Intensity，是指单位 GDP 的二氧化碳排放量），碳排放总量仅仅是个参考指标。值得注意的是，将近一半的低碳城市试点的人均碳排放已经超过欧盟国家的平均水平。如何平衡人口增长、经济发展、优化产业结构、提高生活水平等诸多战略目标，并将人均碳排放保持在可控范围，应成为下阶段重要的低碳城市指标。

下面主要对中东部试点地区低碳生态发展路径进行总结简析。

2.1.2.1　开发和利用新能源

在有条件的地区开发和利用新能源。非石化能源对于提升低碳经济发展水平十分重要，开发和利用新能源是提升中东部地区低碳经济发展水平的一项重要环节。中东部地区具有先天的区位优势条件，而且大部分地区并不处于地震带上，因此具备发展潮汐能、核能等新能源的客观环境。

2.1.2.2　加快产业结构调整步伐

在中东部地区主要省份低碳经济发展过程中，第三产业发展的相关指标对于低碳经济发展是至关重要的。就目前中东部的三产发展现状来看，产业结构的优化调整是提升中东部地区低碳经济发展水平的必要内容。加快产业结构调整，不仅要积极改善工业内部结构，降低钢铁重化工业产值比重，鼓励高新技术产业发展，还必须加快发展技术服务业、旅游业等第三产业，运用财政、金融等多种手段给予支持，为东部地区低碳经济发展提供良好的客观环境。

2.1.2.3　增加低碳设施投入力度

增加低碳设施投入力度，同样对于低碳生态城乡发展具有重要影响。一方面要加强中东部地区的碳汇能力，联合城建部门和林业部门加快增加城乡地区的绿化面积，另一方面还必须进行技术层面的研究，加强处理工业废气的能力，有效降低碳排放量，多管齐下，提升中东部地区低碳经济发展水平。

2.1.2.4　树立居民低碳观念

相较于发达国家居民，我国居民无论是低碳生活的观念还是低碳生活的实践都有相当大的差距。因此，应加强对本国居民的低碳教育，增强其低碳观念，并鼓励居民实践低碳生活，尽可能降低碳排放。在基本不降低生活水平的前提下，单是在住房（供暖、制冷、照明、家用电器等）、汽车等几项就可以很大程度上节约能源，减少碳排放。

2.2　低碳生态城乡建设面临的问题

通过多年的实践与探索，低碳生态试点工作已经取得阶段性成果。然而，低碳生态发展是一项复杂性、系统性、长期性的多目标工程，只有进行时，没有完成时。自"低碳生态城乡"提出至今，虽然我国进行了大量试点示范项目实践，取得了较大进展，但仍处于探索阶段。

我国各区域在地理位置、气候条件、经济基础、人才力量、市民生活习惯等方面都有很大的差异，中东部地区的低碳经济发展的技术方法、经验做法等相对成熟，而西部地区经济、技术等相对落后，低碳生态城乡建设面临的问题更为严峻。

西部地区各类型城乡在低碳生态发展的道路上都任重而道远，针对西部地区而言，其由于自身生态环境脆弱，经济发展水平落后，城镇化水平较低，城镇建设管理水平及市民技术素质水平与东部发达地区相比较低，加之思想观念落后、低碳环保意识薄弱，近几年粗犷式开发建设行为横行，致使城乡建设陷入混乱、无序状态，碳排放量在逐步增加，这也致使西部地区在实现低碳生态目标的过程中面临着众多的困境与挑战。

2.2.1　生态脆弱

生态环境问题是制约西部地区低碳生态发展的重要影响因素，西部地区由于受到自身地理环境、气候等因素的影响，土地沙漠化、水土流失严重、自然灾害频繁，生态环境较为脆弱，如何有效地保护与改善西部地区生态环境是实现西部地区低碳生态发展的首要挑战。

2.2.2　经济制约

近年来，西部地区社会经济虽然呈现快速增长的趋势，但是相较于东部地区，西部地区的社会经济发展水平仍然存在着较大的差距。其社会经济发展水平的限制使得西部地区在实行低碳生态城乡规划与建设时必须充分考虑经济性，以最低的成本与经济投入来获取最高的低碳生态效益。

2.2.3　空间无序

从低碳生态的视角来看，西部地区城乡空间结构、用地布局与综合交通未实现有效互动，功能分区相对"纯净"导致潮汐性的上下班交通给城乡交通带来巨大压力，城市中心体系不够完善，城乡居民不能就近、方便地享受基本公共服务。如何合理地组织城乡空间，以交通减量为目的，优化空间布局，是西部地区低碳生态城乡建设的一大挑战。

2.2.4　技术瓶颈

西部地区相较于东部发达地区而言，人才吸引力较弱，并且缺少尖端前沿的技术交流平台，城乡居民技术素质水平相对较低，加之受到城镇管理水平的限制，导致西部地区低碳生态技术较弱。如何以一种易于理解、便于操作、实施性强的技术与方法来构建西部地区低碳生态格局也是西部地区需要面临的挑战。

2.2.5　意识偏差

西部地区城乡居民的低碳环保意识较为薄弱，缺少正确的价值观判断，加之一些政府官员盲目地追求效率，导致城乡生态环境遭到破坏，一些低品质开发项目重复建设，进而导致碳排放量的增加。由此可见，城乡居民的思想建设也是实现西部地区低碳生态城乡建设的重要环节。

而东部地区具有优越的人才、技术、经济等优势，东部地区碳排放强度较低，能源利用效率较高。但由于东部经济基数较大，碳排放总量较高，单位面积产生的碳排放量远远高于全国平均水平。新能源开发和利用程度较低导致石化能源占一次能源比重过高，石化能源占一次能源的比重对于低碳经济的发展产生着较为重要的作用。目前，东部地区大部分省份非石化能源占一次能源比重都不足 10%，核电等新能源建设力度不够，不仅造成石化能源利用效率不高，还严重影响了东部地区单位 GDP 能耗的降低及人均碳排放量的减少。同时，工业技术落后拉低了东部地区低碳经济发展水平。我国粗放式经济发展模式，导致东部地区部分工业大省能源利用效率低、能耗高且碳排放量较大。在今后发展中，东部地区应当转变发展方式，通过科技创新改进技术，进一步提高能源利用效率，减少碳排放。

中部地区正在崛起之中，碳排放总量和强度均较高。未来在绿色经济建设中，要注意减少碳源，提升能源利用效率；同时，要抓住机遇，直接与国际先进技术实现对接，不走东部以环境为代价发展经济的老路，用技术推动低碳产业链建设，实现跨越发展。

第3节 低碳生态城乡建设面临的机遇

我国大部分传统乡镇在资源和技术条件有限的情况下积累演化出具有朴素自然生态观的城乡建设理念，通过对地形、气候等的因势利导和自身规划设计，形成与地域自然、气候、经济、文化等相适应的生存环境。

我国大部分地区传统乡镇在城乡建设中，将哲学观念、宗教信仰、宗族关系、生活生产方式与自然条件、营建技术与工艺等巧妙地结合在一起，反映人与自然协调共生、天人合一的世界观，汇集创造性方法与理念，包含人居环境营建要素在内的自然智慧、空间智慧、人文精神、宗教信仰、艺术观和哲学观。我国传统乡镇这种独特的调节方式从理论上来看，符合低碳、生态、可持续发展的理念，其蕴含着丰富的低碳生态智慧，对于传统低碳生态智慧的当代转译有着很好的借鉴意义，在当今低碳生态城乡建设中将会更加注重以下几个方面。

3.1 因地制宜

3.1.1 基于人力资源特征的产业选择

基于我国区域差异，因地制宜地分析我国人力资源特征的产业选择的机遇。

我国西部地区拥有丰富的自然资源和独特的区位优势，但是以整体的角度进行分析，我国西部地区在人力资源方面，并不具备明显的优势。因此，这也使得西部地区乡镇的产业发展中，在必须依托当地特色资源禀赋发展的基础上还应着重考虑当时当地人力资源的融入，实现产业发展与当地人力资源特征相匹配。例如，陕西省五泉农科小镇充分发挥当地农科高校人才优势，采取农业高新技术升级传统农业的做法，在升级传统农业的同时大量增加高科技农业就业岗位，带动当地百姓由普通农民转变为"农业专家""职业农民"，并逐步开展对外农业帮扶服务。此做法的优点在于积极抓住创新发展新动能的同时又不至于排挤当地就业能力较低的劳动力，并可以发挥当地人力资源数量规模较大这一优势。

而中东部地区具有较明显的人力资源优势，东部地区人力资本外部性对经济增长的推动作用要大于西部地区，这与西部地区人力资本存量的规模较低有直接的关系。东部地区自古以来就是人口密集区，经济相对发达，教育水平相对较高，所以人力资本水平总体较高；同时，东部地区经济增长的强势极大地吸引了西部地区的人力资本，尤其是专业化人力资本从西部地区流出的更多，推动了东部地区的产业结构升级、规模经济及资源的合理配置。对于东部地区低碳发展来说，应注重低碳技术创新，发挥东部地区的人力资源优势，以创新网络建设为主要形式和有效载体发展低碳生态城乡建设。

3.1.2 基于自然环境特征的选址布局

中国幅员辽阔，地形类型复杂多样，在我国农耕社会的漫长历史之中，受人们改造自然环境的能力所限，我国传统乡镇选址布局十分讲究对自然山水环境的利用以及对自然条件的适应，居住环境依山就势，顺应地形，呈现出与自然的高度契合，可以最大限度地对山地进行利用，将更多河滩地用作耕地。同时，与水为临，距离恰当，营造良好的用水环境，注重择高、避风、躲灾、向阳、通风、防潮，以满足人居对自然环境的择地需要，而同时考虑将环境融入人的情感，强调天、地、人、情和谐交融，从而最终呈现出不同地域的传统聚落分布的环境共性。而因为宏观地理条件的复杂性与制约性，又在另一方面促成了乡镇聚落空间形态格局的丰富变化。总而言之，传统乡镇依赖山水、利用山水、改造山水，形成了内涵多元、价值珍贵、特征明显的山水环境空间。

3.2 因势布局

3.2.1 基于自然条件的空间布局

中国传统乡镇空间生长过程中，形成与自然生态环境相呼应的传统聚居模式和整体结构。中国幅员辽阔，地形地貌复杂，因此传统乡镇空间布局较为多样。

不同地区传统乡镇在不同地理环境、不同文化下空间形态各异。地形复杂多变，高程、坡度的变化往往会对村落空间形态、街巷肌理有很大影响，传统乡镇的空间布局根据各区域自然条件的差异而变化。不同地区所有大大小小的聚落在历史上维持着与自然生态之间和谐共生的关系，其中始终贯穿着"自然崇拜"的各民族宗教，起了至关重要的作用，维持了生境的神圣性。传统乡镇以辐聚及辐散的方式形成组团式、成片式等多种生长方式。作为建造在特定地表上的人工聚落，不同传统乡镇的空间建造也均会受到各自地形特征的制约与影响，

并形成村落空间差异。尽管各地区地形地势复杂，各有不同，但总体上，传统村落的空间布局形态都因势布局，因循利导，体现出一种积极利用山水环境，顺应地理环境的特征，追求"天人合一"的理念。

以西部地区为例，在整体布局层面，西部地区传统乡镇平面形态往往形成集中组团模式，结合地形、自然环境等条件，将城镇以自然地势、生态廊道或道路交通等划分为若干小组团，簇群布局，这种"低层高密度"模式为西部地区乡镇空间布局的常见形态，是低碳生态小城镇布局的理想模式。当乡镇规模较小时，多采取集中块状单中心模式，镇区公共服务设施集中布置，便于公共服务设施共享。在乡镇建筑组合布局层面，西部地区传统城镇住区多呈现组团布局，构建低碳生态型社区；而传统乡村的公共空间营建与城镇不同，它并不是为了空间而营建空间的，而是满足乡村生产生活需求的一种功能性空间表达。西部地区传统乡村由于受到地域复杂地形条件的限制，建设用地的条件较为苛刻，因此其总体布局比较紧凑密集，聚落中的公共空间多根据地形变化见缝插针地布置在聚落中无法建设的闲散用地之上以及房前屋后的顶部，多呈不规则形态，反映了传统乡村应对复杂生态环境的适应性。

中东部地区的传统乡镇同样受到自然环境的制约及文化因素等的影响，由于村落选址的不同，其所处的地形地貌也随之变化，可以分为山地、平原、丘陵以及复杂地形等类型，进而导致村落不同类型的聚落空间及街巷布局形态。山区村落布局呈自由、散落的状态，内部

联系较弱，存在一种"地缘"的关系，或者沿山脚或山麓，与山体形态相呼应及与等高线相平行。"有路便有渠"是平地村落的特色，建筑皆沿渠而建，构成线形形态。传统村落在营建时因势布局，积极利用现有山水关系，注重山水格局，遵循"枕山、抱水、面屏"山水环抱状的格局，体现了一种"天人合一"的思想观念。

3.2.2　基于人地关系匹配的产业配套

在国家整体发展环境下，我国人地关系的地域特征较为明显，中东部、西部之间产业配套也具有鲜明的差异。

西部地区是中国最干旱的地区，生态环境极其脆弱，土地资源匮乏，这也造就了西部地区独特的传统生计方式，特别是对于西部少数民族地区。我国西部地区的回、维吾尔、东乡、撒拉、保安等民族，除了从事农耕生产外，还从事商业活动，这种农商结合型的生产方式不仅有利于增加收入、提高人们的生活水平，而且具有生态学意义。

西部地区少数民族的农商结合型经济活动大致有三种类型。第一种是以农为主型。这部分人口主要从事比较精细的农业生产，对土地的依赖性很强，易于接受现代农业生产技术，具有种植蔬菜、水果等经济作物的偏好。第二种是农商并重型。这部分人口既从事农业生产又在集镇或城市开展商业贸易、手工业生产等非农业活动，一种形式是家庭劳动力中的一部分摆脱农业劳动，到集镇或城市里从事餐饮、商品零售、娱乐、电焊修理等经营活动；另一种形式是在农闲时间到集镇或城市从事一些商业活动。第三种是商主

农辅型。这部分人口虽然拥有耕地，但用于农业劳动的时间很少，通常采用雇佣劳动力或把耕地租给他人耕种的办法完成自己的农业生产。他们对集市的依赖性很强，经济收入主要来源于商业经营活动，而不是农业生产，在集镇或城市里居住和生活的时间多于乡村。

这种农商结合型生产方式的生态学意义突出表现在对人口、土地资源、生态环境三者之间紧张关系的缓解方面。当农村人口可以借助非农业劳动的形式获得另一部分生活来源时，可以有效避免开垦新的土地，从而有利于节约耕地资源，防止水土流失和土壤沙化。这种商业经济的发展有助于缓解人的生存对土地和农业的依赖性，避免了对土地的大量开垦，从而在一定程度上实现了可持续发展，为区域性的生态重建创造了有利条件。

而东部地区人口及其社会活动特别是经济活动的高速空间集聚，是造成东部沿海地区人地关系演进状态与中部和西部地区巨大差异的关键。资源环境基础在形成东部地区内部的省级及分区人地关系演进状态差异方面则扮演着相对重要的角色。东部地区自身的资源环境基础在决定省级人地关系演进状态上起着更为重要的作用。此种情况在分区时显得十分突出，尤其是在南北或北中南的分区时更是如此。例如，按南北划分时，东部地区北方诸省在耕地、矿产和能源资源三个方面占有相对优势，但在水资源和森林资源方面的劣势却十分明显。南方区的情况则与北方区正好相反，其中能源和耕地的不足尤为突出。若按北中南分区时，中部区的所有自然环境要素均无优势。此种情况使人们有理由确定，在进行

改善东部地区资源供应（特别是矿产资源和水资源供应保障）和环境保护的评价时，更多地着眼于北中南这样一个分区基础。

3.3　因材施建

3.3.1　基于乡土智慧的地方材料运用

我国传统乡镇的传统布局模式和地域乡土建筑具有应对其特殊水文、气候环境的特质，这种因地制宜、就地取材的建造手法，对平衡人居环境与自然环境之间的矛盾有重要作用，体现了良好的地域适宜性。传统乡镇在城乡建设中多推广本土绿色建材，推动当地建筑材料本土化，降低建设性碳排放，以实现乡镇低碳生态目标。

东部地区历史文化、风土民情极为丰富，传统的乡土建筑极具地域特征。在发展过程中，当地居民利用自然和顺应自然，形成了适合东部地区的营建智慧。如东部部分地区的历史移民，一方面带来了中原先进的建筑营造技术和方法；另一方面与当地土著建筑文化相互碰撞融合，改变了原本的营造技术，采用地域特有的建筑材料以适应地域新的环境生活。于是形成了具有强烈地域特色的民居营造技术和材料的使用方式。东部地区特殊的自然地理环境，使适应气候、节能环保的营造理念已逐渐成为当地民居建设发展的必然趋势。能工巧匠通过长期的实践经验总结出许多行之有效的方法，具体表现在民居的通风除湿、遮阳隔热、防灾防虫、就地取材等多个方面，基于乡土智慧的地方材料运用，是传统智慧的低碳发展建设形式。

由于西部地区山地多，平原少，大多数乡镇交通不便，加之经济发展水平受限，外地建材供应困难，而当地土壤和物种丰富，本土化建材储备较多，居民对地域乡土建材（如土、石、木等）的使用程度较高，在宗教、民俗等传统文化及朴素的自然生态观下乡镇的地域传统格局被很好地继承。这种适应当地自然环境和文化传统的乡镇建设模式和因地制宜、就地取材的建造手法，对平衡人居环境与自然环境之间的矛盾有重要作用，体现了良好的地域适宜性，利于低碳生态目标的实现，是本土营造的源泉。

3.3.2　基于气候特征的建筑技艺应用

不同地区的环境不同，在山、水、林、地等资源上有地理和气候造成的差异，各地因地制宜地采用适宜的建筑技艺进行营建，在传统的基础上，高效率、低成本的建筑技艺应用是传统乡镇低碳的营建智慧。

以西部地区为例，干旱（半干旱）是西部地区气候的最大特征之一。相对于巨大蒸发量而言，大气降水总量稀少，持续时间短促、集中。受季风影响，区域内自东向西、自南至北年降水量逐渐减少，干燥度渐大，呈现出由湿润、半干旱向干旱气候过渡的整体趋势。

从建筑气候学的微观角度看，降水量反映了一个地区的干湿程度，是确定区域雨水排水和屋面排水系统的主要设计参数，涉及屋顶防水技术、坡度、材质、几何形态等一系列具体技术问题，并直接影响到屋顶污水排放、墙面防水处理、院落雨水收集三个建筑营建因素。

对各式生土建筑而言，"排""防"两个方面的技术处理，并不单纯为了保证室内免受雨水侵蚀，具有相对良好的适宜感受，更是因为雨水容易使黏土强度显著降低，土壤膨胀乃至崩解，导致建筑安全性受损，直接影响到建筑的力学性能和使用安全性，因此必须加以防范，如下沉式窑洞由于形态特殊，通常将开凿院子、窑洞的泥土覆盖在四面窑顶上，使其略高于窑洞屋顶（窑脑）部位，同时碾平压光，以提高窑顶土壤密实度，方便雨水排放。而"集"则体现出干旱区生活中对于宝贵雨水资源的充分利用原则，在传统乡土建筑中，积极主动地使用建筑、院落设施进行雨（雪）水的收集、利用，进行被动式集水，成为西部地区应对恶劣气候的方法之一，形成了以陕北、甘南和甘肃东北部为代表的半干旱生态脆弱地区的一大建筑特色。

以中东部地区为例，其建筑往往与其建筑建造结构、建筑表现材料相辅相成，成为蕴含中国传统营建智慧的艺术。对于中东部地区来说，其季风性气候显著，夏季高温多雨，冬季寒冷干燥，雨热同期。随着纬度的增高，冬、夏气温变幅相应增大，而降水逐渐减少。东部广大地区由于受季风影响，气温年较差大，与同纬度世界各地相比，冬季气温低，夏季气温较高（不如冬季差距大）。如徽州建筑，徽州全年气候温暖湿润，是典型的温和多雨的江南气候。徽州地区降水较多，且主要集中在一月，因此空气湿度较大。徽州属于东南丘陵的一部分，四周群山环抱，境内高山丘陵之间错落着少量窄小的盆地和山间谷地，山岭、丘陵地形较多。在多山地丘陵、少农田且人口众多的情况下，形成了徽州以天井为核心的围合式院落

形式，也是决定徽州民居只能纵向向上发展索取空间的原因。因此，徽州传统民居普遍是二、三层楼房。徽州地区虽不适合农作物生长，然而大面积的山地与优质的土壤培育了大量的木材，为徽州传统民居以木构架为主奠定了基础。其温暖、湿润、多雨的气候，也是决定徽州建筑形式的因素，如开敞的厅堂、出檐较深的屋顶与天井的设置，都是为了防雨纳凉。

无论是"排""防"，还是"集"都突出体现了我国乡土建筑通过不同技术手段，对降水因素及自然气候等的适应，既有共性的规律，更有适应区域所在地的气候特点而高度灵活的处理方式和方法，形成了一个综合的应对自然气候特征的有机整体。

3.3.3 基于建筑垃圾的资源化利用

由于我国近年来城镇化进程的迅速推进，建筑工程的新建量、改建量、扩建量以及工程拆除量不断增加，产生了大量的建筑垃圾，加之处理建筑垃圾技术较为欠缺，导致城市中的建筑垃圾处理存在一定的难度，且处理后的建筑垃圾很难在城市中使用。

但是对于传统乡镇而言，其建设标准与要求相对城市较低，建筑垃圾成为传统乡镇建设的可利用材料之一。例如，一些传统乡镇利用建筑垃圾对建设场地平整、洼地压实填充，利用废弃的砖瓦、石块等建筑废料作为道路基础填料、景观小品等，这些做法一方面反映了传统乡镇居民节俭淳朴传统品质的优良传承，另一方面蕴含着低技术、低投入的人居营建智慧，对于传统乡镇的低碳城乡建设有着重要的意义。

第 4 节　小结

国民经济的持续增长是我国碳排放持续上涨的最主要因素。我国作为发展中国家，发展是第一要务，产出的持续增长是满足我国国民生存与发展的必要条件，能源消费作为维持整个经济体系运行和保障人民生存条件的一项最基本投入要素，在一定程度上反映了国家经济的活力和满足国民生活需要的能力，其给环境造成负面的影响也是在所难免的。政策当局应当趋利避害，尽可能地减少这种负面的影响。

对于中东部地区来说，其经济基础较好，能源利用效率较高，东部地区的低碳城乡建设模式一直是西部地区借鉴的经验，但其与国外相比，还有一定的差距，因此其低碳生态城乡建设发展应以低碳技术创新为核心，以低碳制度创新为基础，以创新网络建设为主要形式和有效载体发展低碳生态城乡建设。低碳技术创新主要是区域低碳生产技术创新和管理科学技术创新，在区域生产体系中，进行低碳技术创新、过程创新、组织创新、管理创新及低碳技术扩散等。区域低碳技术创新的关键是结合区域自身优势特点，选择具有技术突破潜力的产业领域，建立区域低碳技术创新、技术扩散必需的制度与文化环境。总的来说，东部地区侧重于在发展高新技术产业的同时，运用新兴技术进行传统产业改造，走新型工业化发展道路。同时，积极发展现代服务业，不断降低经济发展的能耗水平，切实推进低碳经济发展。中部地区注重加快提高经济发展的聚集水平，并通过循环经济方式，实现经济集聚区内产业之间的生态链接，这不仅有利于提高区域产业竞争能力，而且也将有利于降低经济发展的碳排放水平。

西部地区要实现低碳生态目标，其面临着生态脆弱、经济制约、空间无序、技术瓶颈、意识偏差等挑战，但对于西部地区大部分传统乡镇而言，一些传统的低碳生态城乡建设智慧仍然延续至今，对于推动当今西部地区低碳生态城乡建设尤为重要，主要体现为：①因地制宜。在宏观层面充分考虑环境、人力资源等地域特征，进行针对性的城乡空间选址布局与产业选择。②因势布局。在中观层面，将生活、生产方式与自然资源等条件结合在一起，构建低碳生态空间布局，合理协调人、土地与自然的关系。③因材施建。在微观层面，充分运用本土绿色材料，推动当地建筑材料本土化，根据地域特征运用相适宜的建筑营造技术，并推动建筑废料的资源化利用，降低建设性碳排放。总的来说，西部地区需要在生态恢复、加强汇碳能力建设的同时，着重适度引导城市经济发展，并不断降低农业生产中的能源利用和水资源占用水平，进一步增强低碳经济发展能力。

 复习思考题

1. 谈谈你对中国碳排放特征的总体认识。

2. 你认为西部地区低碳生态城乡发展与中东部地区之间会有什么不同？

3. 举例说明西部地区传统乡镇低碳生态城乡建设的相关实例。

第 3 章

低碳
生态

低碳生态
城乡规划设计
路径与方法

增加"碳汇"和减少"碳排"是实现低碳生态目标的有效途径，本章主要从这两个方面考虑，建构适宜性低碳生态城乡规划设计路径与方法。面对经济发展、人力资源品质不同的不同城乡，必须从不同层面、不同维度提出针对性的规划控制与引导措施，完善规划设计方法，确保低碳生态路径在城乡建设、管理中得以有效实施。本书将适宜性低碳生态实现路径与城乡规划编制内容进行关联性分析，融入传统乡镇的低碳生态智慧，从不同层面构建低碳生态城乡建设路径与方法（图 3-1）。

第 1 节   生态系统

生态系统是一个自然、经济、社会复合的系统。对于生态环境较为恶劣、人地矛盾较为突出的大量城乡来说，其生态空间不断被挤压，因此，我国低碳生态城乡规划应从保障生态空间总量、优化生态空间布局、提高生态系统效益三个方面合理构建生态系统，维护及改善城市的生态环境，促进自然、经济、社会的协调（表 3-1）。

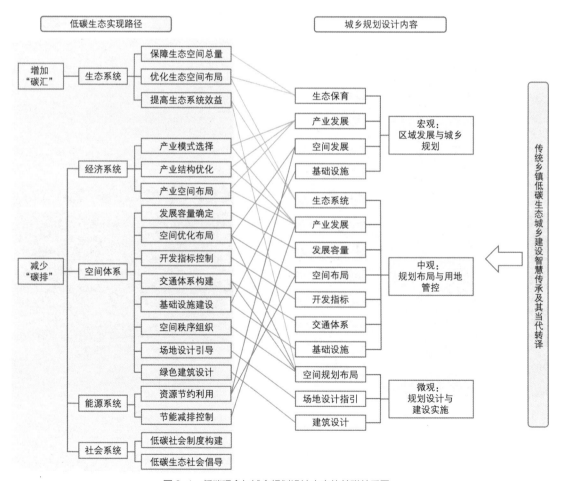

图 3-1   低碳理念与城乡规划设计内容的关联关系图

生态系统规划重点　　　表 3-1

规划内容	规划重点
保障生态空间总量	通过辨析规划范围内的主要生态空间,确定生态红线,从而进行开发建设的总量控制
优化生态空间布局	划定生态廊道,构建生态安全格局;优化绿地系统布局,保证其公平性和集约性
提高生态系统效益	维持系统的原生态,通过优化绿地组合方式和植物品种,提高绿地的生态效益

1.1　生态空间总量保障

生态空间在固定二氧化碳、释放氧气、保护生物多样性、吸收污染物等方面对维持城市生态系统稳定、提高和改善城乡生活质量具有不可替代的作用。因此,在我国土地资源短缺与城市发展扩张之间的矛盾日益突出的背景下,保证适宜的生态空间总量是实现城市可持续发展的重要前提之一。

1.1.1　划定生态红线

生态红线是具有重要生态服务功能的区域,包括调节气候、净化环境、涵养水源、保持水土、营养物质循环、保护生物多样性和美化景观等;还是具有重要生态防护功能的区域,包括洪水调蓄、防风固沙、预防侵蚀、灾害防护和海岸带防护等。生态红线的划定与保护是实现生态系统管理的重要一步,是实现生态分区保护、分级管理和分类指导的有效手段。国家提出划定生态红线,就是要加强对重要生态功能区、生态环境敏感区和脆弱区的保护,从根本上遏制生态环境的退化,以维护生态系统平衡,改善生态系统服务功能,提高生态产品供给能力。

近年来,我国开展的一系列研究奠定了生态红线保护的基础工作。比如,2000 年以来开展的"全国生态功能区划"工作,在生态现状调查、生态敏感性与生态服务功能评价的基础上,确定不同区域的生态功能,提出全国生态功能区划方案,并根据各生态功能区对保障国家生态安全的重要性,确定了包括水源涵养、土壤保持、防风固沙、生物多样性保护和洪水调蓄 5 类共 50 个重要生态功能区作为我国生态保护的核心区域。2010 年发布的《全国主体功能区规划》,按照我国国土空间开发内容,分为城市化地区、农产品主产区和重点生态功能区;按开发方式,分为优化开发区域、重点开发区域、限制开发区域和禁止开发区域。其中,重点生态功能区就是我国生态保护的关键区域,实施限制开发,而自然保护区、文化遗产和自然遗产、风景名胜区、森林公园、地质公园等,被列为禁止开发区域。这些区域都是受严格保护的区域,作为生态红线划分的重要基础。

1.1.2　确定合理总量

城乡生态空间总量越大,生态服务功能越强。因此,在提供生态空间的同时,还需要为产业、居住、交通等各方面提供建设空间。尤其对于生态环境脆弱的地区来说,可利用的土地资源有限,但在城镇化发展过程中对建设空间的需求不断增加,因此有必要在有限的土地资源内协调城乡生态空间和建设空间,确定保障生态功能发挥的合理总量,控制城乡开发建设的总量。

生态空间的合理总量主要是在固守生态红线的基础上,依据城市规划相关标准中对绿地的要求、国家相关建设标准中对绿地的要求、生态空间单位面积的生态效益发挥等几种标准统筹进行确定。

1.2　生态空间布局优化

1.2.1　构建生态安全格局

生态格局指的是生态系统的空间格局,由生态系统中某些关键地段(如具有较高物种多样性的生境类型、对人为干扰敏感而对景观稳定性影响大的单元、对历史文化保护具有重要价值的地段等)和生态廊道组成,对维护或控制区域生态过程有着重要意义。

生态节点与景观生态学中的"斑块"相对应,一般是指面积较大的、由自然生态景观覆盖的生态斑块,是物种的源和汇,同时还充当物种迁移的"生态踏板",对保护和提高生物多样性以及确保区域生态格局的连续性、完整性有着重要的作用。规划将水源涵养地、湿地、森林公园、自然保护区、山林、湖泊等生态空间划为生态节点,明确其保护范围,同时针对生态节点的类型和主要功能确定建设要求和保护措施。

生态廊道主要包括河流水系生态廊道和道路交通生态廊道两种形式。通过生态廊道串联生态节点,可以优先扩大生态空间,便于物种的迁徙和活动,有利于保护生物多样性;同时还能沟通城镇景观与自然景观,有利于改善城镇生态环境;并且在城市不同类型的用地之间

起到防护、隔离的作用。规划中应结合区域生态环境背景、当地的物种特点和城镇建设现状及发展趋势,划定生态廊道,明确各廊道的控制宽度,并针对廊道的主要功能制定廊道建设要求和措施。

1.2.2　优化绿地系统布局

1.2.2.1　体现公平性和集约性

生态空间除具有生态效益外,还具有社会效益。生态空间布局应考虑公平性,让人们尽可能平等地享受到生态空间所提供的服务功能,如一定距离内有一定面积的公共绿地,以提高生态均好性。

在公平性基础上,也应考虑生态空间的集约性,充分利用生态空间的多项功能,包括改善生态、美化环境、娱乐观赏等,达到最佳的综合效益。比如,结合城市设计的要求,在重要的视线通廊或景观节点布置公共绿地,能够增强公共绿地的景观效益;在河滨或湖滨地区适当布置休闲游乐设施,可以充分利用生态空间获得经济效益。

1.2.2.2　布局优化

城市公共绿地主要为公众提供休憩、休闲功能,兼具生态、美化、防灾等作用,因此,城市居民能方便、快捷地利用是公共绿地布局的重要标准。因此,应以可达性来评价绿地为居民提供服务的能力,并作为绿地布局优化的重要手段,可以利用《城市绿地分类标准》CJJ/T 85-2017规定的不同类型城市公园公共服务半径进行布局优化。城市公共绿地可达性研究方法还有统计指标法、旅行距离或费用

法、最小距离法和引力模型法等。

防护绿地具有卫生、隔离和安全防护功能，对自然灾害和城市公害起到一定的防护和减弱作用，因此，防护绿地应根据防护对象和污染源的不同进行布局。如针对固定点源污染，防护林带应该是以污染源为中心、在各个方向上、依据该方向上污染物落地浓度为半径布置；针对道路噪声污染源，则根据道路类型和等级沿路缘向外布置不同宽度的绿色屏障；针对水体污染，则紧邻河道、湖泊等水体一侧布局植物缓冲区域作为防护绿地，截留和去除地表及地下径流中的污染物。

城市绿地还可以通过植被的遮阴和蒸腾作用降低地面和空气温度，缓解城市热岛效应。因此，应考虑在城市建筑密集地段等热岛程度比较显著的区域布局绿地，使绿地与城市热岛相互穿插，以有效减轻城市的热岛效应，为居民提供更为舒适的生活空间。

1.3　生态系统效益提升

1.3.1　保护原生态

自然生态空间是城市不可再生的宝贵资源。在规划中，应当尽可能减少对自然生态空间的扰动，维护其自然健康状态。

城市生态系统的构建应当避免过度人工化，防止片面追求景观效果而牺牲了生态功能。在兼顾休息游憩、科研教育、美化环境等功能的同时，通过提倡种植乡土植物、保留河道自然形态、恢复河流生态坡岸等措施，尽可能维持系统的原生态，以有效提高生态效益。

1.3.2　优化绿地构成

不同的植物品种和种植结构在固碳释氧、涵养水源、净化空气、调节气温、消声滞尘等生态效益方面存在明显差异。通过优化本地植物组合方式和植物品种，能够有针对性地提高绿地的生态效益。

1.3.2.1　绿地组合方式优化

不同类型绿地的生态效益存在差异，因此在绿地组合配置时不能只关注景观效果，而应同时注重绿地生态效益的发挥。乔木林具有较大的生物量，与灌木林相比具有较强的固碳能力；植物群落的降温增湿效果与郁闭度、叶面积指数和高度存在一定的关系，郁闭度高、结构复杂的乔木林地要显著高于结构简单的灌木林地和草地；多层关系的乔灌草植物群落比结构简单的植物群落降噪效果好；常绿阔叶乔木由于叶面积大而滞尘能力强，单一草坪滞尘能力最差，而乔（落叶阔叶树）、灌、草结合的凹槽型紧密林带最利于粉尘的沉降与阻滞（图 3-2）。

根据绿地的固碳、降温增湿、降噪和滞尘等能力的综合比较可以看出，乔木林地的综合生态效益要高于灌木林地，草地的综合生态效益最低；结构复杂的乔灌草配置的绿地的综

图 3-2　凹槽型紧密林带断面示意
资料来源：张泉，等 . 低碳生态与城乡规划 [M].
北京：中国建筑工业出版社，2011.

合效益高于结构单一的绿地。因此，城市绿地中应适当增加高大乔木，采用乔、灌、草相结合的复层绿地结构，充分发挥绿地的综合生态效益。

1.3.2.2　植物品种优化

城市园林绿地及道路绿地的结构相对简单、物种组成相对单一，在生态效益发挥上明显低于城郊半自然状态的绿地，规划应综合考虑植物效能、生长条件以及区域自然环境，提出绿化植物的品种配置要求或建议。有利于消减噪声的植物包括乔木树种中的杨树、白榆、旱柳、梓树、桑树、圆柏、油松、刺槐、山桃、丁香等，藤本中的爬山虎、紫藤以及灌木中的大叶黄杨、女贞、蚊母、海桐、枸杞等；吸收二氧化硫能力较强的植物包括女贞、侧柏、圆柏、刺槐、白蜡、臭椿、龙柏、旱柳、杜仲等；吸收氮氧化物能力较强的植物包括侧柏、圆柏、刺槐、臭椿、银杏、栾树、白榆、五角枫等。

第2节　经济系统

低碳经济是以低能耗、低污染、低排放为基础的经济模式，是实现城乡可持续发展的必由之路，也是低碳生态城乡规划建设的重要内容，城乡产业是影响碳排放量的因素之一。因此，低碳经济系统规划主要从产业模式选择、产业结构优化与产业空间布局三个方面来实现（表3-2）。

2.1　产业模式选择

低碳生态发展方式要求构建生态化产业体系，依据经济学原理，运用生态、经济规律和系统工程的方法来经营和管理产业，以实现社会经济效益最大、资源利用高效、生态环境损害最小和废弃物多层次利用的目标。其基本要求是综合运用生态经济规律，贯彻循环经济理念，利用一切有利于产业经济、生态环境协调发展的现代科学技术，从宏观和中观上协调整个产业生态经济系统的结构和功能，促进系统物质流、信息流、能量流和价值流的合理运转，确保系统稳定、有序、协调发展；微观上，通过综合运用清洁生产、环境设计、绿色制造、绿色供应链管理等各种手段，大幅度提高产业资源、能源的利用效率，降低产业的物耗、能耗和污染排放。

产业发展模式是指产业（宏观的产业或某

经济系统规划重点　　　　　　　　　　　　　　　表 3-2

规划内容	规划重点
产业模式选择	产业发展由粗放型向集约型经济发展模式转变，由单向型向循环经济运行模式转变，由污染型向清洁型经济生产模式转变。重视发展地域资源特色产业，实现资源优化配置
产业结构优化	处理好产业结构与资源利用、环境保护的关系，强调资源环境约束下的产业结构门类选择，优化产业结构
产业空间布局	从环境安全、经济合理、资源循环利用等多角度综合分析产业用地合理的区位，在空间布局时强化物流的分析，同时，合理配置产业园区的各类设施，以减少能源和资源的消耗

一特定的产业）在特定的发展阶段，具有特色的发展道路和方略，包括产业组织形式、资源配置方式、产业发展策略、产业政策措施等。低碳生态发展客观上要求城乡产业由粗放型经济发展模式向集约型经济发展模式转变，由单向型经济运行模式向循环经济运行模式转变，由污染型经济生产模式向清洁型经济生产模式转变（表 3-3）。从主要依靠增加投资资金，转变到主要依靠提高生产要素的质量和使用效益；从主要依靠增加能源、原材料和劳动力的消耗转变到主要依靠科技进步、降低消耗、提高劳动者素质；从主要依靠经济规模扩展、追求产值速度，转变到依靠结构优化升级，提高产品的技术含量、附加值和市场占有率。构建生态产业链，使不同的企业联合起来形成共享资源和互换副产品的产业共生组合，从而实现物质利用闭路循环和能量多级利用，达到物质能量最大化利用和废物排放最小化的目的。

推动低碳生态型发展应当发挥城乡具体的生产要素优势，合理选择产业发展模式。低碳生态型产业要重视发展地域资源特色产业，实现资源优化配置。根据当地自然生态条件、资源特点、市场需求趋势以及人力资源品质，明确自身的发展阶段和发展条件，制定与之相适应的产业发展规划，积极发展具有地域资源特色的优势产业和产业集群，充分带动当地及周边老百姓的就业。如县域经济可围绕农业进行产业发展和产业升级，形成以农业社会化服务、农产品精深加工、野生资源开发利用、农业废弃物综合利用、农用生产资料工业化为主体的"以农为本"的生态产业构架，并以优势产业发展带动区域内相关生产部门的综合发展，加快形成具有地域资源特色的主导产业、配合资源循环利用的辅助产业以及资源型基础产业协调发展，且具有节约、环保、高效特征的生态产业体系发展模式。城乡规划要通过布局引导、交通建设、市政设施配套等手段有效地促进和保障生态型产业体系的构建与发展。

2.2　产业结构优化

2.2.1　产业结构与低碳生态

产业结构是国民经济各产业部门之间以及各产业部门内部的构成，它是区域进行资源配

发展模式转变与城乡规划的作用与途径　　表 3-3

模式转变目标	城乡规划作用	城乡规划途径、手段
由粗放型向集约型经济发展模式转变	对产业发展模式起到指导作用	规定地均投入、地均产出等引导指标
由单向型向循环经济运行模式转变	通过生态产业链的空间构建引导循环型产业园区的发展	积极创建融生态产业链设计、资源循环利用为一体的低碳经济园区，合理规划园区企业的空间布局，将原料生产企业和初级产品、中间产品、最终产品的生产企业有机组合、相对集聚；推进物质和能源流动转换，拓展园区循环经济的发展空间
由污染型向清洁型经济生产模式转变	设置产业地块的准入门槛，保证入园企业具有清洁生产的能力	配置高效共享的能源、水资源利用等基础设施体系

资料来源：张泉，等.低碳生态与城乡规划 [M]. 北京：中国建筑工业出版社，2011.

置、实现资源效益的载体，对于区域经济发展有着重要的影响。在经济体制和企业效率确定的前提下，区域经济增长的效率与发展的状况在很大程度上取决于区域产业结构的先进性和合理性。合理的产业结构是区域健康发展的前提，有利于充分利用区域资源、发挥区域优势，提高区域经济产业效益，增强区域经济实力。佩第—克拉克定理反映了经济增长与产业结构升级之间存在的内在联系：当产业结构及其变化适应经济增长的需求时，会促进经济增长，而当产业结构不合理时，将阻碍经济实现持续增长。

2.2.1.1 产业结构与资源利用的关系

从资源配置的角度来看，产业结构可以看作是资源的"转换器"。产业结构理论表明，结构决定功能，不同的产业结构状态实质上代表着不同的资源配置状态和资源利用率。

根据《中国统计年鉴（2015）》的相关数据测算，2015年西北地区一、二、三产的单位GDP能耗分别为0.29吨标准煤/万元，1.56吨标准煤/万元和0.61吨标准煤/万元，第二产业的能耗强度为第一产业的5倍多，为第三产业的2倍多。总体而言，产业结构的变化影响产业能源消费结构的变化，除第一产业比例与其能源消费比例之间的相关性较弱外，二、三产业的相关性都比较强。2015年工业部门的能源消费量占总能源消费量的72%，而工业增加值仅占国内生产总值的43%。因此，要发展低碳产业，第二产业是进行产业结构调整的重点行业，为了降低经济的能耗强度和碳排放强度，需要加快产业结构的优化升级，严格限制

高耗能产业的发展，淘汰落后产业，从产业结构上实现经济的低碳、高效发展。

2.2.1.2 产业结构与环境保护的关系

产业结构的发展变化不仅对经济增长有巨大的影响，对环境质量的影响也非常明显，这种环境污染是一种结构性污染。结构性污染是指污染的状况与经济系统中的某种结构有关，这种结构实际上是一种比例关系或分配关系，一定的比例关系或分配关系就形成了一定的污染特征，如果结构或分配关系发生变化，那么污染的特征和状况也就发生变化。所以解决结构性污染的关键是要改变经济系统中的特定结构。与结构性污染有关的结构关系主要是产业结构，一个区域内不同的产业构成形成不同的环境影响问题，如果产业结构的形成是在环境容量的约束内，则产业结构对环境质量的影响比较小，反之很有可能对环境造成不可逆转的不利影响。

2.2.2 资源环境约束下的产业门类选择与产业结构优化

在我国现阶段的发展条件下，由于经济发展的客观需求，还不能完全淘汰相对高耗能、高排放和高污染的产业门类。低碳生态视角下的产业结构调整与门类选择，应是在适宜的区域内，在充分利用本地资源的前提下，按照循环经济的发展要求，尽可能地选择与同门类、同环节的产业相比更为节能减排的产业。同时增强规模经济，使产业从附加值低的生产制造环节转向技术含量高的设计研发、销售、品牌维护等附加值高、污染少的环节。

同时，应大力发展低碳产业。所谓低碳产

业，是指任何以低碳排放或者致力于减少碳排放为特征的产业，利用低碳技术生产节能产品和新能源产品的经济形态和产业系统。低碳产业体系涵盖范围很广，几乎涉及国民经济的各个行业，包括火电减排、新能源汽车、建筑节能、工业节能与减排、循环经济、资源回收、环保设备、节能材料等。低碳产业按照能源流程可分为三个领域（表 3-4）。

　　各地区一方面要根据自然资源分布的现实条件，合理调整产业结构，积极发展具有地区资源特色的产业和产业集群，即充分考虑本地区的各种资源要素禀赋，分析社会对资源特色产业的需求结构，在此基础上科学地确定资源特色产业的种类；在整合区域资源和发挥内外比较优势的基础上，发展本地区的特色优势产业，实现区域内外大范围资源优化配置，形成专业化、规模化的产业集群，与此同时，控制现代建材异地运输的方式，以降低区域交通碳

排放。另一方面，要针对当前产业发展的结构性污染问题，按照发展循环经济的要求，加强产业结构优化调整。按照产业发展的次序和产业链条，构建产业群和生态工业园区；此外还要有计划地发展资源回收与再利用产业，将其与产业分工和规模经济发展相结合，形成废弃物质回收、运输、再利用等环节及分类明确、资源流转顺畅的产业结构体系，以此补充产业结构性缺陷，防治结构性污染。

2.3　产业空间布局

　　近年来，产业空间布局强调以开发区和工业集中区为载体集中配置，适度考虑对城乡发展的影响。在提倡低碳生态发展的条件下，产业空间的布局更强调以循环经济理论为指导，以资源的高效与循环利用为目标，以产业链和产业集群为组织模式，重在关注企业间的物流

低碳产业分类　　　　　　　　　　　　　　　　　　　　　　　　　　　　表 3-4

类别	主要产业
1. 能源的供应	（1）传统化石能源的低碳化——清洁煤产业 煤炭汽化复合发电（IGCC）、碳捕获与埋存（CCS） （2）新能源与可再生能源 太阳能、风能、水能、核能、生物质能、氢能、海洋能等 （3）能源的存储与运输 可再生能源用蓄电池、智能电网（Smart Grid）
2. 能源的消费	（1）工业节能 高效工业锅炉、炉、电机、热电联产等循环经济、节能材料 （2）交通节能 公共交通、轨道交通、新能源汽车（混合动力、电动、燃料电池） （3）建筑节能 光伏一体化建筑（BPV）、节能保温建材、节能照明、节能家电 （4）循环经济——资源综合利用的"静脉产业"
3. 围绕能源供需的服务业	（1）碳交易、碳金融 （2）节能服务——能源合同管理（EMC） （3）环保服务——工业"三废"处理

关系、循环经济关系和产居关系等要素。

产业空间生态化布局的研究可分为宏观、中观和微观三个层面，宏观层面以跨区域产业生态系统研究为主，中观层面以经济园区产业生态系统研究为主，而微观层面则是模拟自然生态构建企业产业生态系统。从城市规划的作用机制来看，中观层面的生态产业园区对低碳生态发展的运用最为全面。

2.3.1　产业布局的区位择优

经济活动与生产要素通过合理的空间流向，使土地承载的产业活动在空间布局上趋于优化。城乡规划应从环境安全、经济合理、资源循环利用等多角度综合分析引导产业或企业选择合理的区位。

传统的产业区位选择多从环境安全角度出发，要求企业环保效果的相互抵耗减小到最低限度，即布局时要以企业生产环保要求、排放物类型、排放标准等为依据，充分考虑企业之间的相互环境影响。低碳生态引领下的产业区位选择还要考虑：从土地的经济性角度出发，生产制造业应流向城市边缘的产业园区，服务业流向城市内部的中心城区集聚分布或网络分布等，使产业部门从自然分布或初始布局转向适于现代经济增长要求的合理、有序布局；从资源循环利用角度分析，企业的区位选择应考虑包括原材料提取与加工，产品制造、运输及销售，产品的使用、再利用和维护，以及废物循环和最终废物的处置等各个环节，保障产业园区系统内部资源和能源消耗最节约；从产居关系的角度出发，部分对环境影响较小的产业

类型可以适当结合就业人口居住分布进行选址，从而促进交通减量。

2.3.2　产业布局的空间秩序

在产业区位优化的基础上，企业活动、生产要素在空间上的规模化集中、有序化集聚，将推动产业用地的集约利用。生态工业园区的企业之间一般都有产业链，所以在空间布局时应强化对物质流的分析。

物质流是区域生态产业链系统的基本要素，包括企业内部物质转化、质量交换和企业间的废物交换、再生循环等。在物质流规划过程中，首先确定成员间的上下游关系，根据物质供需方的要求，运用过程集成技术，对物质交换的组成、流量和流动的路线进行调整，完成区域生态产业链的构建。同时，应尽可能考虑资源的回收利用或梯级利用，最大限度地降低对物质资源的消耗。在产业园区布局上要特别注意尽量避免或减少物流迂回、交叉，使企业间的物流线路短捷、顺畅。

2.3.3　产业布局的设施支撑

城乡规划应充分研究循环经济带来的设施需求，通过合理配置产业园区的各类设施，以减少能源和资源的消耗，提高资源和设备的使用效率，避免重复投资。例如，基础设施方面，道路交通、通信、仓储设施等应按照生态产业体系的布局进行合理规划，要满足体系内空间高度的通达性要求和各生态产业链的稳定运转要求，建立物资和能源供给系统，形成企业间联系便捷、运输成本低廉的网络系统；废物资

源化利用方面，应建立废物资源化中心，设立各种形式的资源回收处理厂，回收产业链中单个企业自身无法解决的废物，构建静脉生态产业链等。

第 3 节　空间系统

城乡空间是人类生产、生活的重要载体，是城乡规划的重要对象，从低碳生态角度，我国城乡空间布局优化应从发展容量确定、空间布局优化、开发指标控制、交通体系构建、基础设施建设、空间秩序组织、场地设计引导、绿色建筑设计等方面进行（表 3-5）。

3.1　发展容量确定

发展容量是指在对环境质量、生态系统、资源等自然要素不造成破坏的前提下一定区域所能承载的最大发展强度，主要包括区域人口

规模、建设规模和活动强度等。发展容量研究是低碳生态城乡规划的重要基础和依据。对于不同地区来说，结合其自身生态环境与资源条件特征，在发展容量分析的基础上，科学制定适宜的城乡发展规模、强度将是实现城乡低碳生态发展的重要路径之一。

3.1.1　承载力分析

区域发展容量的确定需要在其承载力研究分析的基础之上进行。国内外对于承载力的相关研究已经取得一定研究成果，并且在区域可持续发展的研究领域得到了一定程度的应用。我国的全国主体功能区规划正是在不同区域资源环境承载能力分析基础之上制定的。在区域承载力分析基础之上进行发展容量的确定，有利于引导人口分布、经济布局与资源环境承载能力相适应，促进人口、经济、资源环境的空间均衡，促进资源节约和环境保护，为探索低碳生态的可持续发展之路打下基础。

以下简单介绍几种承载力的相关研究：

空间系统规划重点　　　　表 3-5

规划内容	规划重点
发展容量确定	解释发展容量的概念；简述承载力分析方法（资源承载力、环境承载力、生态承载力、区域承载力）；发展容量的确定方法（生态足迹法、瓶颈限制因子分析法、相对资源承载力法）
空间布局优化	空间布局与生态本底相适宜；空间结构与交通系统相契合；土地利用与集约理念相吻合
开发指标控制	对于空间使用强度以及其他规划指标的控制
交通体系构建	简述绿色交通模式对于低碳生态城乡发展的重要性；明确绿色交通理念的要求；明确构建绿色交通体系的要点（提高路网建设合理性、落实公交优先原则、营造慢行友好环境、加强停车调控、交通设施生态化）
基础设施建设	基础设施的低碳化发展从分系统梳理、区域统筹布置、因地制宜地选择低碳技术、构建综合管控体系等几个方面展开
空间秩序组织	街区尺度划分需要考虑的要点；立体空间环境组织的要求
场地设计引导	结合自然环境设计、地形地貌设计、资源高效利用、景观环境设计综合展开场地设计引导
绿色建筑设计	本土绿色建筑（技术）的推广；建立并执行节能标准和制度；确立绿色建筑激励机制

3.1.1.1 资源承载力

联合国教科文组织将资源承载力定义为："一国或一地区的资源承载力是指在可以预见的时期内，利用该地区的能源及其他自然资源和智力、技术等条件，在保证符合其社会文化准则的物质生活水平条件下能维持供养的人口数量。"我们可以简单将其理解为一定时间、空间内自然资源所能支撑的一定生活水平下的人口规模。

由于自然资源在一定的时间和空间内是个定量，因而资源承载力的大小就取决于人类对资源的利用方式和手段，利用方式不同，产生的后果就不同。同时，由于资源的有限性，决定了资源承载力不可能无限大，这个阈值就是资源的最大承载能力。

在低碳生态的视角之下，区域的土地资源承载力、水资源承载力、矿产资源承载力、森林承载力等相关资源承载力研究都是发展容量确定过程中需要考量的重要因素。

3.1.1.2 环境承载力

环境承载力又称环境承受力或环境忍耐力。它是指在某一时期，某种环境状态下，某一区域环境对人类社会、经济活动的支持能力的限度。

环境承载力概念的提出是随着人类对环境问题认识的不断深入以及环境科学的发展过程中出现的，由于环境要素中的水体、大气、土壤都制定有各自的环境标准，这些标准是限制污染物在水体、大气、土壤中达到最大的限量。因此相关研究把某区域环境中水体、大气、土壤可能达到的这个限度的量值，作为该区域的环境容量，而区域的环境容量就是区域发展容

量确定过程中必需考量的重要内容之一。

3.1.1.3 生态承载力

随着人类经济发展和城市化进程的加速，资源流失与资源短缺问题日益突出，环境污染和生态破坏日益严重，制约经济持续发展的重大问题之一就是生态破坏。为此，许多科学家认为应该保持生态系统的完整性，控制人类的活动，使其处于生态系统承载能力范围之内，才能实现系统与区域的可持续发展，于是"生态承载力"的概念应运而生，即只要人类对自然系统的压力处于地球生态系统的承载力范围内，地球生态系统就是安全的，人类社会的经济发展就处于可持续的范围之内。相较于资源承载力与环境承载力，生态承载力更注重生态环境的综合要素的分析。

3.1.1.4 区域承载力

由于自然资源与生态环境之间存在着相互制约和相互促进的紧密联系，近年来，随着区域可持续发展研究的深入，相关研究领域提出了以资源环境为对象的区域承载力概念。区域承载力主要是以区域资源环境为对象，研究它同人类的经济社会活动之间的相互关系。相较于之前的几种承载力研究，区域承载力侧重将区域经济社会发展同人口、资源、生态环境紧密结合进行综合研究。可以说，区域承载力是制订区域规划、进行区域决策、实施区域管理的基本依据。

总结来说，承载力相关研究主要包括资源承载力研究、环境承载力（容量）研究等单要素分析与生态承载力研究、区域承载力研究等综合要素研究（图3-3）。

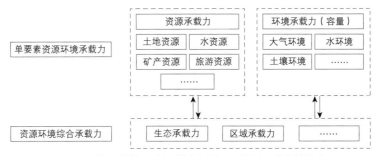

图 3-3　单要素资源环境承载力与资源环境综合承载力的关系

对于我国城乡来说，部分地区的生态环境较为脆弱，存在着水土流失、土地荒漠化、水资源短缺、森林植被破坏、环境污染加剧等问题。因此，我国城乡发展规模与强度的确定需要建立在区域资源环境承载力基础之上，从低碳生态发展的角度出发，在不同地区、不同城镇群以及各市县等多个层级综合考量，确定与自身条件相适应的发展容量。

3.1.2　发展容量的确定方法

结合承载力的相关研究，目前发展容量的研究方法有主要生态足迹法、瓶颈限制因子分析法、相对资源承载力法、状态空间法等。基于不同地区自身的特征，下面简单介绍几种承载力分析方法。

3.1.2.1　生态足迹法

加拿大生态经济学家 Willam Rees 教授及其博士生 Wackernagel 提出了生态足迹的概念，并在之后完善了其分析计算的方法。生态足迹是指在一定的技术条件下，能够持续地提供资源或消纳废物的、具有生物生产力的地域空间。

生态足迹分析的重点是生态足迹需求和供给的计算。当一个地区的生态承载力大于生态足迹时，产生"生态盈余"；当其小于生态足迹时，则出现"生态赤字"。生态赤字表明该地区的人类负荷超过了其生态容量，要满足消费需求，则需要从地区之外进口所欠缺的资源以平衡生态足迹，或者通过自身的自然资本来弥补收入供给流量的不足。

生态足迹法把资源用生物生产性土地的方式表示，并把生物生产性土地细分为化石燃料用地、耕地、草地、林地、建筑用地、水域六大类，在大类下还有更详细的分类，较好地解决了以往承载力研究中单因子的缺陷。生态足迹法本身就是基于可持续发展状况的度量，因此，它可为不同地区发展容量的确定提供可行的承载力研究。

3.1.2.2　瓶颈限制因子分析法

瓶颈限制因子是指资源环境中处于短缺状态的要素，由于其对区域的发展具有阻碍和制约作用，因此可以通过了解要素供给与需求的相对关系，制定相宜的区域调控策略。

瓶颈限制因子分析法主要是对比不同短缺要素的供给与需求关系，选择瓶颈限制因子，从而确定要素生态调控的优先等级和重点调控对象。当区域发展支持系统存在瓶颈因素时，需要进行生态调控，否则社会经济系统的增长将受到阻碍甚至面临退化的风险。瓶颈限制因子分析法分析的要素通常包括土地资源、水资源环境容量等。对于不同地区来说，建设用地供给量分析、耕地生产能力分析、水资源承载能力、大气环境承载力、土壤环境承载力将是需要考量的重点。

3.1.2.3 相对资源承载力法

相对资源承载力法是指通过选定资源承载力的理想状态作为参照区，以该参照区的人均资源拥有量为标准，将研究区与参照区的资源存量进行对比，从而确定研究区内资源可承载的适度人口数量的方法。

传统资源承载力在一定程度上将研究区域作为一个比较封闭和比较孤立的系统，并且从单一的自然资源角度考察区域内人口的承载情况。与之相比，相对资源承载力扩大了人口承载资源的范围，强调了研究区的开放性以及自然资源与经济资源之间的互补性。

总结来说，目前的承载力分析理论与方法为发展容量确定提供了较为可靠的研究方法与技术手段。但是，资源环境系统是一个综合复杂的大系统，影响区域资源环境承载力的因子很多，并且目前的承载力分析手段仍有完善的空间。因此，发展容量的确定必须用系统的、发展的观点来进行综合分析，基于不同地区自身的资源环境条件，选取最重要、最紧缺的瓶颈限制因子，然后辅助其他承载要素，从若干重要方面进行综合分析，最终科学确定不同地区的区域发展容量。

3.2 空间布局优化

缺水、气候恶劣、生态环境脆弱的自然生态环境和气候对城镇的低碳发展无疑有着巨大的影响。因此，对于城乡规划来说，低碳视角下的空间布局优化重点在于如何协调城镇建设与自然生态环境保护，在此基础上，优化调整城镇体系空间布局、城镇规模及用地布局；采用紧凑组团布局模式，强调功能混合；优化街区形态，塑造城镇微气候，以降低城镇能源供给，最终实现城乡低碳生态发展的目标。

总的来说，城乡空间布局优化应注重空间布局与生态本底相适宜、空间结构与交通系统相契合、土地利用与集约理念相吻合三个方面。

3.2.1 空间布局与生态本底相适宜

针对不同地区生态环境脆弱性特征，低碳视角下的城乡空间布局应从区域的自然生态要素入手。

首先，以生态适宜性评价为基础，构建完整的生态结构体系。通过分析土地的自然生态条件评价土地用于城市建设的适宜性和限制性特点。将建设用地生态适宜性评价作为规划用地布局的依据之一，避免因片面追求土地经济效益的最大化而对生态环境造成不利影响。在生态适宜性评价的基础之上，坚持生态优先原则，优化生态功能分区。加强生态敏感区内的自然生态要素的保护，严格禁止生态环境敏感区及脆弱区内的城镇发展建设，对现有的已遭到破坏的自然生态要素加快其恢复工作，并制定严格的立法保障和保护措施。

其次，科学引导城乡空间布局。严格控制城镇增长边界，城镇规模等级的大小应依据城镇周边生态环境承载能力确定，防止城镇"摊大饼"式地无限蔓延引起生态环境承载力超过警戒值而导致生态环境退化。在用地功能优化的过程中，合理布局各类能够发挥生态调节功能的绿地。完善地区生态结构体系构建，充分考虑生态斑块、廊道、节点等的规划布局和控制引导；改善地区局部微气候，通过合理布局绿地和通风廊道来降低城市热岛效应，促进城乡向着低碳化、生态化方向发展。

3.2.2　空间结构与交通系统相契合

城乡空间的紧凑、集约发展是实现城乡低碳生态发展的基础。尤其在地广人稀、城乡空间布局较为分散的西北地区，在优化其城乡结构的过程中，需要加强交通与城市空间结构和用地功能的协调、互动关系。

城市的结构形态是伴随着城市空间拓展、城市规模扩大、城市功能完善不断发展演变并逐渐优化的，交通在城市空间结构形成和趋于稳定的过程中发挥着重要的引导作用。

在区域层面，要以重要的区域性交通干线为依托，在保证经济社会发展、适应城市化需求、保障人居环境质量的前提下，引导人口、生产要素向交通条件好、服务配套优、经济潜力大的中心城镇集中，乡村地区也应结合交通条件、地形地貌和生活、生产需求等适度集中，形成集聚发展的城乡空间体系，控制非优势地区的空间分散建设，进一步节约土地、保护生态环境、降低行政管理成本。

在城市层面，要结合绿色交通体系建设，以适应地形地貌、提高人居环境质量、展现城市特色等原则为基本前提，优化空间结构形态，以最低的小汽车使用必要性和最短的交通距离完成必要的出行，有序调控城市土地资源利用，促进城市用地集中布局、紧凑发展，保障城市功能的高效运转和城市环境质量的改善提升。

3.2.3　土地利用与集约理念相吻合

土地利用优化需要坚持集约发展理念，除了强调交通与用地的互动反馈，也要注重用地功能的混合。在不同地区，必须因地制宜地探索具有地域适应性的土地集约利用模式。

土地混合使用通常是指三种或三种以上使用功能的结合，它们的功能和物理空间整合在一个完整的规划之内（或是一个开发地块内）。土地混合使用将提高城市土地的紧凑性与多样性，从而形成具有低碳生态特性的城市土地利用模式。通过土地混合使用实现的城市多样性是一种着眼于城市自身活力的可持续发展的城市土地利用模式。

具体来说，土地混合利用包括两个层面的含义。首先是从相对独立的城市功能组团层面考量，统筹布局生产和生活空间，使居住用地与产业用地保持合适的规模和联系，尽可能减少上下班的通勤距离、通勤时间，使生活、就业、消费和休闲等基本功能可以在组团内完成，实现相对的产居平衡，同时，城市组团间也应距离适度，并以便捷的公共交通连接，方便组团出行。其次是从较小范围用地内，将商业、办公、公寓、酒店、餐饮、文娱、公共交通、停车等多种功能混合布局，包括一部分符合低碳生态要求的产业用地，同时，日常的购物、休闲、娱乐等消费行为都可在混合用地的范围内解决，减少交通出行。总体来说，与明确的功能分区相比，混合用地是促进"交通减量、提高效率"和"创造多样性、增强活力"的有效手段。

3.3 开发指标控制

通过开发指标体系对城乡空间进行开发控制与引导是城乡规划进行规划管控的重要手段之一。其核心在于通过科学的指标体系的构建，将城乡空间的开发控制在预期的范围之内。低碳生态发展目标下的开发指标控制是低碳生态城乡规划在空间体系内的重要内容。

3.3.1 开发强度

土地资源的有限性及社会经济发展对土地持续的需求迫使人类社会必须节约用地，从而减少对土地资源的消耗，保证一定面积的自然生态空间。在城乡土地利用中，合理确定土地的开发强度能够提高土地的使用效率与经济效益，延缓城市外延扩张的速度，改善乡村土地粗放利用的现状，更好地保护农业生产及生态环境，促进生产、生活与环境相协调。

开发强度的控制与引导是合理配置城市空间资源的重要手段，是高效集约利用土地资源的重要抓手，是城市低碳生态发展的重要方面。当前，我国的土地开发强度与国内其他地区以及国外发达城市或地区相比总体上还有较大差距。具体来说存在以下问题：首先，居住用地开发强度总体上不高，以"占地规模大、开

发密度低"为特征的城郊住区开发模式更是促使了土地的粗放利用和私人机动交通的快速发展；其次，以"容积率低、建筑密度低、建筑层数低、绿地率高"为特征的工业用地低效利用现象比较普遍；此外，以划拨方式取得土地使用权的行政办公、大专院校等用地的集约利用情况不容乐观；最后，因缺乏合理的规划引导，轨道交通沿线用地的开发强度偏低，没有为公共交通提供强大的客源支撑。

传统用地开发强度的确定受经济因素影响较大，主要从区位条件、用地性质、地价差异、基础设施条件等方面进行开发强度的综合评定。在低碳生态视角下的土地开发强度需要建立在地区生态安全格局基础之上，在低碳语境下，综合考量社会、经济、历史文化、人口、城市空间景观要求等多方面要素，因地制宜地确定土地开发强度，营造复合、多样的城乡人居环境。

开发强度的确定过程中应坚持以下原则：一是统筹协调、合理确定各类用地的开发强度，其具体指标的确定要综合考虑地块区位、用地功能、交通条件、城市景观、现状特征、环境容量和公共服务设施、基础设施的综合承载力等因素，实现整体最优；二是适度提升公共交通沿线两侧用地的开发强度，在保障舒适宜居的前提下紧凑布局，有效节约利用土地，增加沿线地区人口容量，为公共交通培育客流，促进公交优先。

3.3.2 其他指标控制与引导

除开发强度相关的指标之外，还需要对其他指标的控制与引导进行补充。主要包括土地

使用、建筑建造、城市设计引导、交通体系、公共设施、市政设施、环境保护等层面。

　　具体来说，土地使用主要包括地块用地面积、用地性质、用地边界、土地兼容性等方面；建筑建造主要包括绿色建筑建设比例及建设标准等；城市设计引导主要包括建筑体量、建筑形式、建筑空间组合、环境小品设施和其他环境要求等；交通体系主要包括道路网密度、道路宽度、公共交通站点覆盖率、慢行系统覆盖率等；公共设施与市政设施主要包括设施配套标准、技术要求等；环境保护主要包括对于水资源循环利用的利用率、设施覆盖率，固体废弃物的分类率、回收率，空气质量的指标要求、达标率，环境噪声的指标要求、达标率等。

3.4　交通体系构建

3.4.1　绿色交通模式

3.4.1.1　绿色交通的内涵

　　绿色交通是以低碳生态为目标导向的交通发展理念和模式，它致力于减少交通拥堵、降低能源消耗、促进环境友好、节约建设维护费用，进而构建以公共交通为主导的城市综合交通系统。

　　狭义的绿色交通理念更加强调交通系统的环境友好性，包括注重保护环境与提升生活环境质量；而广义的绿色交通具体包括倡导公交优先发展，提升居民短距离出行，特别是自行车与步行交通出行方式的比例，构建环保节约的城市综合交通系统等（图 3-4）。

图 3-4　低碳城市交通方式优先图
资料来源：潘海啸 . 中国"低碳城市"的空间规划策略 [J].
城市规划学刊，2008（6）：57-64.

3.4.1.2　绿色交通理念对交通系统低碳化发展的借鉴意义

　　低碳理念下城市交通发展应重视减少出行次数、缩短交通距离以及最大限度地降低机动交通出行需求。而绿色交通理念重视提高城市慢行交通及公共交通的比例，进而降低了对小汽车出行的依赖，因此是利于实现节能减排的理想方式。

　　绿色交通的本质是建立城市可持续发展的交通体系，以满足人们的交通需求，特点是具有明确的可持续发展的交通战略，能够以最少的社会成本实现最大量的交通效率，与城市环境相协调，与城市土地使用方式相适应。总体来说，绿色交通对于节能减排、节约用地、促进社会公平等方面具有重要意义。

3.4.2　绿色交通理念的要求

　　要构建城市低碳可持续交通系统，既要符合城市发展的需要，也要符合城市居民生产生活的需要，同时要体现低碳发展目标的需要。遵循这一原则，在绿色交通理念指导下，城市道路交通系统发展要具备以下几个基本要求：

（1）重点提倡发展"绿色"出行方式，包括步行、自行车及公交等；以人为本，确保市民日常普通交通出行的便捷。

（2）多种手段促进机动车油耗的减少。

（3）鼓励新技术的研发与新能源的使用，最终减少尾气排放，降低交通系统的碳排放量；绿色交通系统的功能首先要满足交通的基本目的，即人和物的位移，同时它也要满足城市交通可持续发展的基本要求，引导城市用地的调整优化，以较小的成本实现全社会低碳高效的日常出行，促进城市社会经济的可持续发展。

3.4.3　绿色交通体系的构建

绿色交通体系是适应城市低碳生态发展的理想交通模式，其核心本质是建立以公共交通、慢行交通为主体的城市综合交通系统，而实现长距离、高强度的出行需求主要由公共交通承担，短距离、衔接性的出行需求则由自行车加步行的慢行方式解决，使小汽车交通不再承担主要出行功能。绿色交通体系既保证了城市交通运行的效率，又能从根本上适应资源环境约束的条件。

3.4.3.1　提高路网建设合理性

在低碳生态导向下，道路网络的三个基本属性——结构、密度、级配均应同步优化，以实现路网整体服务功能由小汽车交通主导转向绿色交通主导。在路网结构规划中，要推行"公交—慢行导向"的布局方法，以公共交通和慢行交通总体优先的要求确定路网的规模、形态、道路断面布置以及枢纽与道路网的衔接等，使路网结构与城市公交线网结构相适应；尽量采

用衔接有序、高连通度的结构形式，利于慢行交通方式使用；同时与城市形态、自然地理环境和交通需求特征相结合逐步引导适宜城市低碳生态发展的路网结构形成。在路网密度与级配设置上，应该与步行、自行车等慢行交通方式和公交线网布局的要求相适应。在城市不同地区，结合交通分区发展策略，制订相应的路网密度建设要求，对于公交和慢行优先发展地区，适度建设高密度路网。同时，从优化公交与慢行服务水平的角度出发，合理平衡不同等级道路的关系，形成从快速路到支路"逐级增加、比例协调"的路网级配，有效引导出行向公交、慢行等低碳方式转移，提升路网疏解能力和运行效率，有效缓解拥堵，降低交通能耗与排放。

3.4.3.2　落实公交优先原则

落实公交优先是构建绿色交通体系的核心。在城乡规划中，公交优先理念主要从三个方面落实。一是规划优先，在各层次规划中落实"公交优先"，包括城镇体系规划、城市总体规划、综合交通规划、公共交通专项规划、控制性详细规划等。尤其在城乡空间布局与土地利用中，必须优先考虑公共交通的发展需求，因地制宜，主动改善对公交优先的适应性，加强对公交优先的响应措施。二是路权优先，使道路资源分配向公共交通倾斜。根据公交客流情况和道路交通状况，与具体的公交方式相结合，合理确定路权优先的形式与程度，使道路网络具备保障公交优先的资源条件与技术条件。三是用地优先，保障公交场站、公交枢纽等配套设施建设的用地需求。明确政府划拨用地的责任范畴，在各层次规划中对公交设施用地进行控制与储

备，尤其应在城市控制性详细规划中确定公交设施的功能、位置、用地规模和边界，并作为强制性内容，依法进行严格的控制与管理。

3.4.3.3　营造慢行友好环境

营造慢行友好环境是构建绿色交通体系中不可或缺的重要环节。低碳生态理念倡导城市用地混合布局，创造适宜慢行的空间尺度，为大力推广慢行交通提供了新的机遇。城市慢行环境的塑造主要从两个方面体现：一是对整体慢行空间进行协调设计，创造令人身心愉悦的慢行环境；二是完善慢行服务设施配置，为步行、自行车交通提供人性化的出行服务，满足无障碍出行需求，真正体现慢行的"友好"，对慢行空间的整体塑造除注重交通性慢行空间（以服务行人、自行车为主的慢行空间）的构筑之外，还应加强对非交通性慢行空间（休闲、旅游、商业性质的慢行空间）的设计和引导，致力于创造富有生机的城市慢行街区。运用点轴结合的设计手法，将公园、绿地、广场和公共建筑作为街道特性的一部分，突出街区的功能和地域特点，塑造具有城市特色的重要慢行核，并使此类街道在城市一定区域内联结成网，打造连续慢行网络。慢行服务设施的配置应系统满足慢行的多样性需求，使慢行成为城市活动系统的重要组成部分。完善的慢行服务设施包括步行交通设施、自行车交通设施和交通稳静化设施三个方面。在城乡规划中，应对主要设施的类型和配置要求提出明确指引，落实建设要求，以提升慢行系统的吸引力。

3.4.3.4　加强停车调控

加强停车调控是构建绿色交通体系的重要助力。引导小汽车"合理拥有、理性使用"是低碳生态城市建设的基本要求，因此，停车设施规划应从传统的"需求供给型"向更为科学合理的"需求调控型"转变。在城乡规划中，加强停车调控应以促进绿色交通方式优先为出发点，通过合理的停车分区调控措施，在不同空间区域内有效平衡小汽车与公共交通、慢行交通之间的关系，反映绿色交通的优先等级和优先区域。与交通分区策略相协调，在绿色交通主导区，应限制停车供应（除鼓励停车换乘的局部节点外），形成"推动型"策略与"遏制型"策略的有机配合，促进绿色交通体系构建。

3.4.3.5　交通设施生态化

交通基础设施生态化是基础设施生态化中的一个重要组成部分，主要涉及以下几个方面。其一，合理设计道路断面，提高道路绿地率。道路作为最主要的交通基础设施之一，需要着重提高其生态化水平。在规划设计中要通过合理的道路断面设计，提高绿地在道路断面中所占的比例，从而减少交通运输中的尾气和噪声污染，通过道路断面中的绿地来调节道路上的微气候。其二，通过多元化技术提高交通基础设施的生态化水平。在交通基础设施如道路的建设中，尽量采用低噪声和透水性好的材料，减少雨水直接排入排水系统，提高城市地面的整体蓄水和渗水能力。同时，通过植被覆盖等技术，提高高架道路、轨道交通等交通基础设施的绿化覆盖率，减少交通基础设施对城市整体生态环境的破坏。其三，建立具有促进低碳交通系统形成作用的交通设施。

3.5　基础设施建设

市政基础设施是城市赖以生存和发展的物质基础，对市政基础设施进行低碳化规划、设计和建设，可以直接控制城市宏观层面的能量消耗与废物排放，从而达到节能减排、低碳循环的目的。低碳市政基础设施可以定义为：通过因地制宜地应用和建设市政先进技术，构建低碳化、生态化的市政设施系统，在市政基础设施的建设、运营和拆除的全寿命周期中，以低能耗、低污染、低排放为基础，最大限度地减少温室气体排放，向市民提供更舒适、更人性化的基础设施。对于不同地区而言，基础设施的低碳化发展可以从分系统梳理、区域统筹布置、因地制宜地选择低碳技术、构建综合管控体系等几个方面展开。

3.5.1　分系统梳理

目前，国内各个地区低碳市政基础设施的系统研究和空间规划尚处于起步阶段，均存在着零散建设、不成系统的特点，水、能源、废弃物等各子系统之间缺乏有效联系，从而导致低碳效益不明显。生态环境较为脆弱的城乡建设地区，更需要从水、能源、废弃物等系统进行整体梳理。从"零散试点"向"系统整合"演进，着眼全局，理清各类资源、能源要素的联系和循环过程，自下而上形成综合方案。突出城市规划的前瞻和先导作用，建立统一的综合框架，自上而下指导具体项目的开展。同时，在已有的常规市政系统基础上逐步优化，力求效益最大和扰动最小。

3.5.2　区域统筹布置

坚持统筹规划，分步实施，拟定由近及远的渐进式行动计划，指导低碳基础设施规划、建设工作的开展。在宏观层面，统筹区域基础设施布局，强化共建共享的理念，避免重复建设；在中观层面，强调集约高效的基础设施布局，结合地区自然条件、现状基础综合考量、统筹规划。

3.5.3　因地制宜地选择低碳技术

在基础设施的低碳技术应用方面，越来越多的低碳技术已日趋成熟，但是在不同地区，要选择适合地域特征的技术，并且注重对本土智慧与技术经验总结和优化。充分考虑现状条件的适用性、资源禀赋的可行性，避免脱离实际应用而刻板地堆砌技术。此外，基础设施是为人和城市服务的，技术的选择应重视人的使用和体验，以人的需求出发，提供最大限度的便捷和舒适。最后，技术的选择应与后期的实时操作相结合，综合考量投入和效益，兼顾示范价值和成本最优。

3.5.4　构建综合管控体系

在基础设施管控方面，构建低碳导向下可控制、可引导的低碳市政基础设施规划指标体系，并与现行规划体系结合，形成相对系统的设计指引和标准，形成分区层面的设施布局方案，并选择合适的示范区域，制定示范项目详细方案，从示范区开始逐步推广。结合各部门的行政职能和管理流程，形成行之有效的管理措施和行动计划。强调城市规划的统筹作用，在政策保障和示范引导下，持续推进低碳基础设施的建设。

3.6　空间秩序组织

在空间层面，适宜的空间尺度也是城乡重要的低碳生态发展路径之一。空间尺度主要包含两个层面的含义：从平面角度来说，主要指的是适宜绿色交通推行与微气候调节的低碳的地块划分、街区尺度；从三维空间角度来说，主要指的是立体空间环境的塑造，注重步行友好的空间尺度研究。

3.6.1　街区尺度划分

街区尺度的划分需要综合考虑多种因素，而在低碳生态的视角下，街区尺度的划分与高效集约的土地利用、生态友好的空间环境、低碳生态的绿色交通体系等因素具有更高的关联性。因此，街区尺度的划分需要满足以下三个方面：第一，满足城乡生态空间构建的要求，基于地域生态本地特征进行街区尺度的划定；第二，满足宏观层面对城市空间结构、功能分区的设想；第三，符合绿色交通体系的构建需求，与城市公共交通设施布局综合考量。

3.6.2　微风通道塑造与公共空间组织

微风通道对于减低热岛效应极其重要，而微风通道实现的途径则是对开敞空间的合理设计。城市开敞空间是城市居民日常生活、集会、交往的重要场所，其空间品质将直接影响人们对城市公共生活的参与程度，也会影响一个城市的生机和活力。

评价城市开敞空间品质的指标有很多，诸如可达性、围合感、美观性等，是否有效塑造城市微风通道与微气候也是其中重要的一项。因此，将微风通道塑造与公共空间组织进行统筹考量也是低碳生态空间秩序组织的重要内容。

3.6.3　步行友好的空间环境塑造

通过塑造宜人的步行空间，可以引导人们绿色出行。步行友好的空间环境塑造将着重关注步行空间的景观空间设计、环境设施设计并采取交通稳静化措施，以创造出人性化、舒适和丰富的交往空间。

步行空间塑造的前提是要为步行留出充分的空间。低碳理念下规划编制应当充分利用建筑后退、建筑体量等控制指标，营造利于步行的城市公共空间和城市景观。具体来说，建筑后退主要指建筑后退道路红线的距离，通过建筑后退保证必要的安全距离，并为城市公共空间和良好的步行环境留出充分的空间基础。建筑体量指建筑物在空间上的体积，包括建筑的长度、宽度、高度。建筑体量一般从建筑竖向尺度、建筑横向尺度和建筑形体三方面提出控制引导要求，一般规定上限。同样的建筑面积，不同的建筑体量大小对人产生的心理感受也不一样；同样大小的空间，被大体量和小体量的建筑围合，产生的空间效果也不同。在规划控制的时候，应当根据地块的主导用地性质，选择合适的建筑体量，营造良好的步行空间环境。

步行空间环境的进一步优化则主要包括景观空间设计、环境设施设计等层面。步行交通的景观空间设计应该注重以人为本，适应人的活动方式与审美需求，为人的各种需要提供舒适的环境。步行环境设施则主要包括广告、雕塑、街道小品、绿化、艺术铺地、步行标识、公交车站、路灯、信息亭、电话亭、邮箱、休息设施、垃圾箱以及公共厕所等。它们是步行空间的重要组成部分，应根据居民的实际需求进行人性化地规划与设计。同时，应针对不同功能街道以及满足人的基本需求，并结合相关规范及资料，提出交通性街道和生活性街道的设施设置密度建议。

3.7 场地设计引导

低碳的场地设计应该尽量满足环境特征（场地乃至地域的地理、气候）与使用者的需求，土方就地平衡，最大化节约人力、财力，最大化减少对周边环境的影响，总体上体现出一种健康、和谐、尊重自然的存在状态。基于本土建筑营建就地取土的基本原则，综合自然环境、地形地貌、资源利用、景观环境等方面对建设用地展开竖向设计研究。

3.7.1 结合自然环境设计

低碳生态视角下，场地设计首先要考虑与其大的气候环境与整体的生态环境相适应的问题。气候条件是场地极端条件的重要组成部分，一般在不同气候类型的地区会有不同的场地设计模式。气候长期影响着人们的生活习惯和生活行为，因此会对场地功能组织、空间布局、保温隔热和通风等产生影响。因此，结合气候环境的场地总体布局与设计对于低碳生态发展有重要的作用。

3.7.2 结合地形地貌设计

在实际建设中，必须对场地进行平整，在场地挖填方的设计中要充分考虑基地现状地形要素，在保证土方量就地平衡的基础上进行城镇整体层面的竖向标高调整和竖向设计，尽量减少对原场地的扰动和开挖的面积，以减轻对场地的影响，避免由于大幅度改变地形而造成的对生态环境的破坏。

3.7.3 资源高效利用

在场地设计中，土地资源方面的高效利用，不仅仅是指节省用地——提高场地中建筑密度那么简单，更意味着合理使用土地。场地设计中节地的最好途径就是尽量不占或者少占耕地，充分利用山地、丘陵地形，因地制宜，因形就势，可多利用零散地、坡地建房。

3.7.4 结合景观环境设计

场地中景观环境的设计和布局会影响场地内的小气候，地面的植被或硬质水泥地面都会对建筑的供暖和空调能耗产生影响，正确的景观设计可以大大减少能耗、节约用水，降低强风、烈日等因素带来的不利影响。此外，良好的场地景观设计也可起到塑造和展示城镇风貌与形象的作用，实现低碳生态发展与城镇风貌展示的统一。

3.8　绿色建筑设计

随着现代建筑的推广，高能耗、低效率的建筑逐渐在我国各个地区铺展开来，较大的建筑能耗也成为低碳生态发展的重大挑战之一。

绿色建筑主要是指在建筑的全寿命周期内，最大限度地节约资源（节能、节地、节水、节材）、保护环境和减少污染，为人们提供健康、适用和高效的使用空间及与自然和谐共生的建筑。绿色建筑与传统建筑相比较，具有节能等方面的巨大优势，因而具有强大的生命力。但对于经济社会发展有限的地区来说，盲目地引入国际式、高科技绿色建筑并不现实，不仅在经济成本方面的阻碍较大，盲目引入的建筑形式也会对地域的历史文脉产生一定破坏。因此，因地制宜地探索具有地域特色的绿色建筑（技术）至关重要。对于这些地区来说，建筑层面的低碳发展路径需要解决这些关键问题：建筑材料本土化、建造过程低碳化、建筑使用低碳化、生土建筑优化、装配建筑的地域化应用。

3.8.1　本土绿色建筑（技术）推广

由于生态环境脆弱、气候条件恶劣、经济发展水平落后、人力资源素质水平较低，社会经济发展落后的低碳乡镇建设面临着比其他地区更大的经济、技术、环境挑战，当前我国经济发展水平较高的中东部地区及城市多倚重于高投入、高技术的低碳路径并不适用于经济社会落后地区的乡镇，其地域特征决定着其必须选择低投入、低技术模式的低碳路径。

我国大部分地区现仍保留着具有自身特色

的地域建筑营建传统，国内的许多相关研究也发现了其中蕴含着许多低碳营建的智慧。简单总结来说，主要包括基于气候特征的传统乡土营建智慧、乡土材料及建筑废料的利用方式、生土建筑的建造技术等。

从城乡规划的角度来说，如何对低技术、低投入的本土"绿色建筑"进行适当的控制、引导，如何确定其合适的建设比例，如何继续优化其低碳效果，都将是我们在规划层面需要解决的问题。

3.8.2　建立并执行节能标准和制度

建立健全建筑节能法规体系，完善建筑节能标准体系，制定包括建筑设计、施工、验收、检测、运行的严格标准和管理规定。对于所有新建建筑必须强制执行设计标准，对于不执行标准的各有关单位，根据责任予以罚款、曝光、限制进入市场、对资质或资格进行处置、不予核准售房等各种处罚。限定各大城市完成供热体制改革的时间，采取政府投资和限期贷款贴息的方式，推进政府机关办公楼先行实施节能改造，对能耗过高的大型公共建筑要求限期完成节能改造。

3.8.3　确立绿色建筑激励机制

通过建立各类财政税收激励政策来促进本土化绿色建筑的发展。设立建筑节能改造专项基金和供热改革专项基金；建筑节能产品减征增值税，扩大墙改产品减征税范围；对大型公共建筑进行能耗定额管理，组织严格的能耗监管，规定累进的阶梯能源价格。

第4节　资源能源系统

我国幅员辽阔，自然资源丰富，但其低碳生态利用技术较为落后，合理和高效地利用资源是我国实现低碳生态城乡建设的有效路径。低碳生态城乡的能源系统体现在生态、经济、空间各层面中对资源及能源的节约使用。本节主要从资源节约利用、节能减排控制进行具体阐述（表3-6）。

能源系统规划重点　　　　表3-6

规划内容	规划重点
资源节约利用	通过体现地价规律的用地布局、集约高效利用的城乡用地整理来节约土地资源；通过制定节水目标、优化供水结构，保障节水设施、建设"海绵城市"来保证水资源的集约利用
节能减排控制	发挥新能源优势，通过新能源的生态化供应来促进节能减排

4.1　资源节约利用

4.1.1　节地

我国地域辽阔，但同时部分地区土地荒漠化、盐渍化问题突出，脆弱的生态环境限制了当地土地资源的可利用性，因此我国不同地区的规划建设对土地资源的集约利用有更高的要求。

低碳生态背景下的土地集约利用要体现效益最大化和结构合理化的目标。效益最大化取决于城市各项建设用地的合理安排及城市经济、社会与环境效益的相互协调；结构合理化是指城市各项用地比例和空间布局既能满足各项功能发展的需要，又能最大程度地实现土地的区位效益，进而促成各用地之间的高效率协同运作。

4.1.1.1　体现地价规律的用地布局

衡量土地利用经济效益的核心指标是地价。市场体系下的城市用地结构由土地地租曲线来决定。由于土地价格对城市土地利用的调控作用，地租的变化带来了城市空间结构的重整，优化了城市土地的空间布局（图3-5）。

通过对城市现状地价的典型调查和统计分析，得出现状城市地价的分布状况，以此分析城市现状用地布局中存在的土地低效使用问题，结合预测规划期内土地增值潜力和趋势得出的规划地价分区，为规划用地布局调整提供依据，使得城市建设项目规划选址时，在满足刚性要求的前提下尽可能按照土地的质量等级安排使用功能。根据优质优用原则，将产出多、占地少的项目布局在区位最佳地段；反之，对土地使用效率低、占地数量大的项目安排到地租较低的城市边缘或郊区，使用地功能与土地价值相吻合，减少土地的隐性浪费。

4.1.1.2　促进集约高效利用的城乡用地整理

城市土地整理的目的是在现有的土地基础上，优化城乡用地结构，提高土地利用率，促

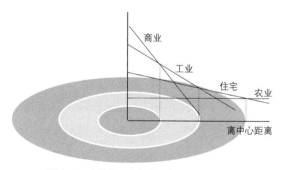

图3-5　土地地租竞标曲线与城市空间结构
资料来源：张泉，等.低碳生态与城乡规划[M].
北京：中国建筑工业出版社，2011.

进公交优先，控制城市用地的盲目扩展，改善生态环境。为实现这一目的，不同地区城市土地整理要调整用地结构，优化配置城市土地；对闲置地进行开发和权属调整；改造旧城区，盘活存量现有土地；增加城市绿地面积，优化生态环境等。一般而言，城乡土地整理的主要模式包括以下两种：

一是功能调整型：城市用地布局混乱且分散，既难以形成集聚效应，也不利于组织公共交通客流。许多行政事业单位和效益低、耗地多、污染大的工业企业占据市中心和高价位区域，长期造成"优地劣用"或"围而不用"的局面。对城市用地实施功能分区整理，需要研究梳理公交客流和促进用地集约的原则，把城市土地依据区位和价格差异划分为不同的用地小区，相关功能集聚、集中用地，利用用地性质的一致性和共享性，减少其对外部环境的负效应，从而达到集约用地的目的。

二是城乡融合型：在不少城市与乡村的结合部，往往出现农地非农化的现象，农民已经务工、经商而不从事农业生产活动，农民的住宅开始对外出租，一些没有城市房产证的房屋已经作为商业地产在开始经营，城中村星罗棋布地镶嵌在城乡结合部的若干区位，建筑物零乱，用地效率低等。因此，对城乡结合部地区的土地进行整理，规范土地权属，完善基础设施，可以使其土地资源进行有效配置。

4.1.1.3　保障公共利益的用地控制

城乡规划是重要的公共政策。因此，在土地资源的使用方面，要注意保障公共利益，维护社会公正公平。保障公共利益首先应强调保证

城乡功能的公共、公用和公益设施的空间落实，合理确定相关设施的规模和布局，并落实用地；同时要深入研究满足城市公共卫生和公共安全需要的相关要素，如绿化、日照、采光、通风、消防等，并制定详细的规定。在保障公共利益的同时，也要防范公共利益的非理性扩展和公益性用地的粗放使用，城乡规划应合理地界定公共利益的类型和范围，准确把握公益性用地的合理布局和适度规模，保障其高效运行。

4.1.2　节水

4.1.2.1　制定节水目标

城乡规划中，首先需要对水资源利用效率现状进行分析和评价，内容包括单位 GDP 用水量、单位工业增加值用水量、工业用水重复率、单位 GDP 耗水量、人均综合用水量等；其次分析规划范围的产业结构、主要行业类型等影响水资源利用效率的主要因素；最后结合规划范围的水资源禀赋分析、供水工程供水能力预测、城市发展规模、产业发展方向以及当前世界和我国用水效率的先进水平，设定规划期内的水资源利用效率目标。

4.1.2.2　优化供水结构

在供水预测时，应当改变仅考虑传统单一水源的思路，系统整合自来水、再生水、雨水等多种水源，在综合考虑再生水利用量和雨水利用量的基础上，对自来水供水量进行科学测算，合理确定供水设施规模和布局。

4.1.2.3　保障节水设施

规划应系统整合自来水、再生水、雨水等水资源一体化利用设施体系，明确再生水利用

和雨水利用设施的建设标准与要求。应通过城乡规划引导在污水处理厂建设配套再生水处理及供应设施，主要用于市政、绿化以及向污水处理厂附近工业企业供水，在水处理厂附近的工业区，可通过再生水管道向附近工业区、重点用水企业供应工业用水。在再生水服务区域内的新建建筑可通过管道接入再生水作为生活杂用水。

规划应综合考虑用地性质、建筑密度、雨水利用能力等因素，结合本地区的降雨强度与密度，引导雨水留蓄设施建设。成片绿地可利用下凹式绿地、雨水塘等进行雨水收集，回用于绿地浇洒；居住、教育科研及工业用地内主要利用雨水花园、雨水塘、地下雨水池等设施收集雨水，主要回用于地块内的绿地浇洒与道路清洁，同时可利用地表面调节局部区域环境，降低雨水外排量。在不便进行雨水收集的区域应通过渗透铺装、渗透地面等措施提高雨水下渗量，补充地下水。道路隔离绿化带及两侧绿化带可略低于路面，使部分路面雨水径流进入绿地。

4.1.2.4 建设"海绵城市"

海绵城市建设主要是构建以现代城市雨洪管理体系为核心的多目标、多专业的综合系统工程体系，以解决城市雨水系统问题及由此带来的城市环境、安全、生态等综合性问题。以"渗、滞、蓄、净、用、排"六字箴言来精炼概括海绵城市建设的多目标、多途径特征及其包含的综合系统与技术措施。从生态系统服务出发，构建多尺度的水生态基础设施，是"海绵城市"的核心。

宏观尺度"海绵"系统的构建重点是研究水系统在国土尺度和流域中的空间格局，即进行水生态安全格局分析，并将水生态安全格局落实在国土空间规划和土地利用总体规划、城市及区域的总体规划中，通过生态红线的划定，成为国土和区域的生态基础设施。

中观的城镇和乡村海绵系统，主要指城区、乡镇、村域尺度，或者城市新区和功能区的旱涝调节系统和水生态净化系统的建设。重点是有效利用规划区域内的河道、坑塘和湿地，并结合集水区、汇水节点分布，合理规划并形成实体的海绵系统，最终落实到规划设计中，在乡村及农田海绵系统的规划建设中，由于中国传统农业系统在每一个地方都有着历史悠久的乡土"海绵"遗产，包括坡塘、河渠和堰堨等，首先应该得到系统地保护和修复，避免粗暴的大型水利工程对致密的民间水利设施的破坏（图3-6）。

微观的"海绵体"必须要落到具体的场地，包括广大乡村田园上的坡塘、稳定塘、自然水渠、城市中的公园和局域的集水单元的建设，这一尺度上的工作是对一系列生态基础设施建设技术进行集成应用，包括自然和文化遗产的最小干预技术、与洪水为友的生态防洪技术、加强型人工湿地净化技术、生态系统服务仿生修复技术等，这些技术重点研究如何通过具体的景观设计使"海绵体"的综合生态服务功能发挥出来。

4.1.3 废物资源化利用

废物资源排放的温室气体在引起气候变化的作用中不容忽视。废物资源中有大量的可再生资源，回收处理不仅提高资源的利用效率，保护和改善生态环境，在碳减排方面也具有较

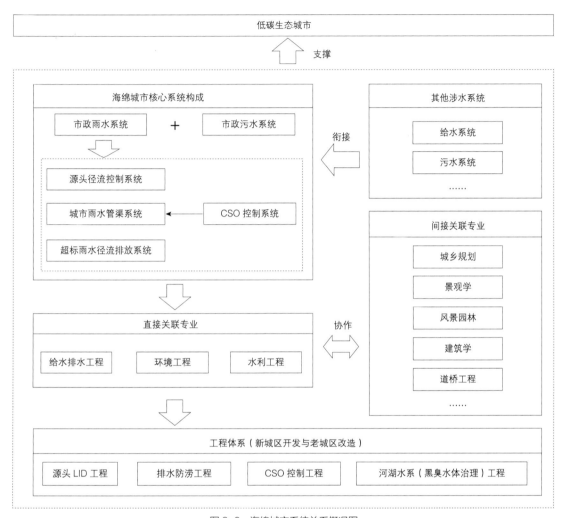

图 3-6 海绵城市系统关系概况图
资料来源：中国城市科学研究院 . 中国低碳生态城市发展报告 [M]. 北京：中国建筑工业出版社，2017.

大的贡献。

目前我国的废物资源化利用还存在较多的问题。在收集方式上，居民生活垃圾基本都是混合收集，这种收集方式一方面增加了垃圾收集和运输的数量，消耗了更多的人力、物力和财力，另一方面增加了垃圾处理的技术难度、工程投资和运行费用，不利于居民生活垃圾的减量、循环利用和无害化处理；在处理方式上，

多采用露天堆放、填埋的方式对居民生活垃圾以及各类建筑垃圾进行处理，不但占用了宝贵的土地资源，而且对环境造成了潜在的影响和危害，特别是填埋场的垃圾渗沥水，由于没有进行必要的收集和处理，导致水资源及其环境被严重污染的现象普遍存在。

在减缓我国废物资源化利用与温室气体排放上，主要对策包括生活垃圾分类回收、建筑

垃圾资源化再利用、有机垃圾堆肥、垃圾焚烧回收能源、生物覆盖及生物过滤等。城乡规划应合理制订废物资源利用目标，对废物的收集、处理设施作出科学合理的安排，实现废物资源化利用。

4.1.3.1　制订废物资源规划

规划应遵循"减量化、资源化、无害化"的处置原则，结合经济发展水平、废物资源利用现状，确定垃圾无害化处理率、生活垃圾分类回收利用率、垃圾分类覆盖率、建筑垃圾综合利用率、工业垃圾综合利用率等废物资源利用目标。在废物处理方式上，应贯彻回收再利用、再循环的处理方式，对不能回收利用的废物资源采用无害化直接处理方式。

4.1.3.2　合理布局处理设施

废物收集设施的布局应当综合考虑废物转运系统的经济运距和废物处理设施的最佳规模，以提高废物收集设施的覆盖范围、缩小废物运输的距离。收集设施随废物近、远期分类形式进行改造，近期可在原保洁车和清洁楼上改造，远期根据废物分类收集和分类运输的要求逐步更新配套设施。

废物处理设施应根据选择的废物处理方式合理布局，避免分散无序和运行低效，在有条件的区域应提倡跨行政区域统筹技术、经济、人力、自然条件等各种资源，推进废物处理的市场化，促进废物处理设施跨行政区划共建共享。

4.1.3.3　选用适宜的处理技术

废物资源的处理技术主要有资源化利用、卫生填埋、焚烧和高温堆肥四种。对于可回收再利用的弃物资源应分类处理、加工实现资源化利用，例如利用建筑废料作为道路垫层、景观小品等，对于不可回收再利用的弃物资源，处理方式应综合考虑各地经济发展水平、土地资源、产业特点、垃圾产生量以及热值等条件进行确定。具有良好的垃圾卫生填埋场址的地区，应主要采用垃圾卫生填埋方式；土地资源较少、经济较发达的地区，可优先选用生活垃圾焚烧处理；对于广大乡村，鼓励和推广建设有机垃圾就近资源化设施，对可降解有机物含量大于40%的生活垃圾进行高温堆肥处理。

4.2　节能减排控制

《中华人民共和国节约能源法》所称节约能源（简称"节能"），是指加强用能管理，采取技术上可行、经济上合理以及环境和社会可以承受的措施，从能源生产到消费的各个环节，降低消耗、减少能源损失和污染物排放、制止浪费，有效、合理地利用能源。城乡规划中的节能减排，除了产业结构、用地布局、绿色交通、绿色建筑等领域外，还应重点就新能源利用进行规划管理和调控。

4.2.1　低碳能源规划框架

城乡的低碳能源规划应以二氧化碳减排为主要目标，以优化能源结构和提高能源效率为主要途径，其中碳排放应综合国家减排要求以及城市自身的发展特点来确定，由能源效率和能源结构的计算进行修正（图3-7）。

城乡规划对于能源利用的调控内容和重点途径见表3-7。

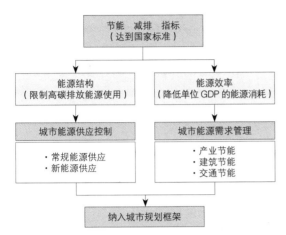

图 3-7 城市低碳能源规划示意图
资料来源：张泉，等.低碳生态与城乡规划 [M].
北京：中国建筑工业出版社，2011.

低碳能源利用在城乡规划中的内容框架 表 3-7

调控内容	重点途径
能源需求与供应规划	基于节能的能源需求预测
	强调新能源的能源供应系统
能源设施的规划与控制	能源设施的布局
	控制指标和图则
能源效益计算	能源节约
	新能源利用
	减少碳排放量

资料来源：张泉，等.低碳生态与城乡规划 [M].北京：中国建筑工业出版社，2011.

4.2.2 能源供应设施布置

按照低碳生态理念，能源设施可以分为常规能源和新能源两部分，常规能源设施主要包括电力的变电站、高压走廊控制线、集中供暖冷站以及燃气设施等，鉴于常规能源设施是传统规划的主要内容，本节主要探讨城乡规划中的新能源利用问题。

4.2.2.1 太阳能利用

太阳能热水系统是常见的太阳能利用方式，多在建筑物顶部或结合建筑南立面布置，主要类型有分散式和集中式，其中分散式用于居住建筑等，集中式在办公、商业建筑中使用较多。太阳能光伏发电系统的应用形式主要有并网发电和离网发电两种：并网发电的多为太阳能光伏发电站，一般独立建设，占地面积较大；离网发电形式多用于家庭照明用电和小型用电设施，一般结合建筑物或城市照明设施建设，如屋顶太阳能光板、太阳能路灯等。太阳能热水器和光伏发电设施的布置建议见表 3-8。

4.2.2.2 风能利用

风力发电利用主要是风力发电厂并网发电，规划中应考虑风力发电厂的布置，并考虑风力

太阳能利用方式分类及设施布置建议 表 3-8

太阳能利用方式	主要类型	适用情况	设施布置建议措施
太阳能热水	分散式	分散式用户如居住建筑等	12 层以下住宅须使用太阳能热水系统，12 层以上住宅建筑可根据建筑条件、住户需求等选择适用系统
	集中式	集中使用如商业、办公建筑等	宾馆、医院、学校等必须安装太阳能集中热水系统，其余可选择安装
太阳能光伏发电	并网式	满足大容量的用电需求	建筑一体化光伏发电，或者在较为开阔的地方发展地面并网发电系统
	离网式	满足照明灯日常用电	各类建筑如居住、公建或工厂顶部及庭院内

资料来源：张泉，等.低碳生态与城乡规划 [M].北京：中国建筑工业出版社，2011.

发电设施与土地利用的协调。对于需要进行风能利用的地方，首先应制作风力资源地图，作为风力发电规划选址的依据。在规划编制方面，应为有潜力利用风力发电的地区编制相应的专项规划，制定发展目标、空间控制和政策指引等。在空间控制方面，主要体现在风力发电设施的服务范围，如丹麦的区域规划对于风力发电划定了三种类型的地区，即禁止风力发电的地区、推荐风力发电的地区及没有明确分区的地区。

4.2.2.3 垃圾发电

垃圾中的有机可燃物所含热量多、热值高，如果措施得当，利用1吨垃圾，可获得约300~400千瓦电力，我国大部分城市生活垃圾的可燃质含量和热值基本达到可直接燃烧的水平，具备进行垃圾发电的基本条件。

而垃圾发电厂不同于一般的发电厂，不仅对技术有较高要求，对环境的要求更为严格，需妥善处理与城市的关系。规划垃圾发电厂的设置重点应是经济较发达、土地资源稀缺的地区。垃圾发电厂的选址应符合城市总体规划、环境卫生规划和城市垃圾焚烧处理工程项目建设标准等国家有关的现行标准，应考虑选在垃圾产生集中地区的合适运距内，不宜选在重点保护的文化遗址、风景区及其夏季主导风向的上风向，与居住区有一定的防护距离等。

4.2.2.4 其他新能源利用

其他新能源利用主要有生物质能等，其中农业生物质能利用可结合新农村建设，通过多渠道、多层次增加投入，不断拓展利用领域，因地制宜开展秸秆的资源化利用，普及农村沼气，优化农村能源结构，保护生态环境。

第5节 社会系统

低碳社会是指适应全球气候变化、能够有效降低碳排放的一种新的社会整体形态，是我国建设资源节约型、环境友好型社会以及实现可持续发展的最现实、最基本的路径之一。我国城乡居民大多数还处于传统社会制度当中，低碳生态意识较为薄弱，低碳社会系统规划需要对传统社会进行反思，从社会制度、生态文明建设以及消费模式等方面进行整体的构建（表3-9）。

社会系统规划重点　　　表3-9

规划内容	规划重点
低碳社会制度构建	培育低碳社会制度的文化环境，建设低碳社会制度的法律规范体系，发挥政府的主导作用，促进公众参与，建立低碳社会评价指标体系
低碳生态社会倡导	通过树立生态文明建设观，大力发展循环经济，完善生态文明建设的政策与机制，加强生态文明建设的公众参与，同时倡导低碳消费模式

5.1 低碳社会制度构建

要实现低碳生态城乡，应该侧重社会制度的低碳化与生态化，应涉及城乡经济、社会、文化、环境的整体发展。低碳社会制度构建主要包括以下几个方面：

（1）培育低碳社会制度的文化环境。文化环境是社会制度建设的软环境，对低碳社会制度的形成、完善和生效起着至关重要的作用。文化环境的培育不但为制度的构建提供合理的价值原则，而且还有助于公众形成行为意识，形成低碳生态的行为习惯。

（2）建设低碳社会制度的法律规范体系。低碳社会制度的法律规范体系的建立除了一般社会制度中的法律规范体系，还应包括以下内容：①完善技术创新相关法律规范。通过制定相关规范引导政府、企业在城市发展的关键层面进行技术创新；通过完善相关法律对知识产权进行保护，提高技术创新的积极性。②改变政府考核体系。针对低碳生态城乡的特点，改变目前以 GDP 为考核标准的考核体系，在核算经济增长指标体系中加入对资源环境的核算，建立绿色 GDP 核算制度，促使政府在引导城乡发展过程中，不再仅仅关注经济增长，而更加关注经济、自然环境、社会、文化等整体协调发展。这就需要由中央到地方政府考核体系的改变，完善相应的法律规范等。③建立排污管理制度。城市发展要实现低碳化、生态化，对城市中的排污要进行严格的控制，尤其是针对企业生产中排污的控制，因此在低碳社会制度上，必须建立排污管理制度。

（3）发挥政府的主导作用，促进公众参与。①政府是制度建设的主导力量，不仅在具体的生态环境保护中，而且在制度建设整个过程中均能够发挥主导性的作用，一方面为制度的建设提供强制性手段，另一方面提供相应的激励措施以推进低碳社会制度的创新以及对现有制度的改进和修订。因此，需要通过政府带动促进低碳社会制度的建立，同时对低碳社会制度的设计安排实行有效的评估，推进低碳社会制度的建设和发展。②积极促进公众参与：低碳社会制度的监督除了政府的强制性监督之外，还需要通过广大群众的积极参与，形成社会公

众的监督体系。一方面，公众参与能够使得低碳社会制度的建立更加人性化，更加符合公众利益；另一方面，公众参与能够让社会公众更加了解低碳社会制度，形成以社会公众为主体的监督体系，通过社会公众共同保障低碳社会制度的建立。

（4）建立低碳社会评价指标体系。低碳社会的评价指标体系是对低碳经济社会发展程度的客观评价与反映，对找出低碳生态城市存在的主要问题、提出城市发展的相关决策、确立今后发展的目标、协调城市社会系统各子系统的协调发展等具有重要的意义和作用。

5.2　低碳生态理念倡导

5.2.1　生态文明建设观

生态文明是指人类遵循人、自然、社会和谐发展这一客观规律而取得的物质与精神成果的总和；是指以人与自然、人与人、人与社会和谐共生、良性循环、全面发展、持续繁荣为基本宗旨的文化伦理形态。生态文明体现了人与自然之间的和谐、人与人之间的和谐、人与社会之间的和谐，体现于全新的发展观、幸福观、生产观、消费观等影响人类思维方式、行为模式和生活方式的观念之中。生态文明建设的主要方面有以下几点：

5.2.1.1　树立生态文明观念

生态文明的建设，首先要树立生态文明观念。要对组成社会的政府、企业个人等普及生态文明观念，切实增强"环境是最稀缺资源，生态是最宝贵财富"的意识，增强生态文明建

设的紧迫感、危机感。同时，建设生态文明建设必须以科学发展观为指导，在思想意识上实现三大转变：①从传统的"向自然宣战""征服自然"等理念，向树立"人与自然和谐相处"的理念转变；②从粗放型的以过度消耗资源、破坏环境为代价的增长模式，向增强可持续发展能力、实现经济社会又好又快发展的模式转变；③从将增长简单地等同于发展、重物轻人的发展向以人的全面发展为核心的发展理念转变。

5.2.1.2 大力发展循环经济

生态文明建设需要在经济发展中大力发展循环经济，这是建设生态文明重要的战略选择之一。传统经济造成自然资源的粗放式、高强度开采和生产加工过程污染废物的大量排放。而循环经济则倡导"减量化、再利用、资源化"，使经济系统以及生产和消费的过程基本上不产生或只产生很少的废弃物。发展循环经济有利于协调经济发展与资源环境之间的尖锐矛盾，是建设生态文明、转变经济增长方式的迫切需要，也是实现资源节约、环境友好、经济优质、社会和谐的新目标，是实现经济效益、社会效益、生态效益有机统一的新要求。

5.2.1.3 完善生态文明建设的政策与机制

建设生态文明涉及社会系统中的多个方面，需要完善多方面的政策与机制来切实推进，在相关政策制定上，需要通过完善政策形成发展中的"内部约束"力量。要综合运用价格、税收、财政、信贷等经济手段，按照市场经济规律调节和影响市场主体，实现经济建设与环境保护协调发展。

5.2.1.4 加强生态文明建设的公众参与

生态文明建设不仅依赖于政府的科学规划、政策推动、积极引导，而且依赖于公众的高度参与。在城市发展建设中，要利用社会公众的力量促进建设项目规划、设计的合理和完善，减少项目建设对社会公众生态环境、生活环境的影响，提高项目的公众认可度。涉及环境问题的重点项目，要对社会公众信息公开，让社会公众在充分了解的基础上发表观点，增强项目中生态建设措施的可行性，减少和避免社会矛盾。

5.2.2 低碳消费模式

消费模式是社会系统中的重要组成部分，低碳社会系统需要构建并确立低碳消费模式，我国的现代化建设起步晚、起点低、底子薄、人口多，近年来大众消费行为有很多不合理现象，对生态环境有明显的危害。

在实行低碳生产的同时，实行低碳消费，杜绝过度消费，是实现低碳社会的重要环节。建立低碳消费模式就是要在城乡发展中推广"绿色、自然、和谐、健康"的消费观，发展有益于人类健康和社会环境的新型消费方式，这不仅要求消费者意识到环境恶化已经影响其生活质量及生活方式，而且要求企业生产并销售有利于环保的绿色产品或提供绿色服务，以减少对生态环境的伤害。

低碳消费模式可以通过以下主要措施来实现：

（1）在交通出行消费上，大力发展公共交通和轨道交通，倡导居民更多地采用公共交通出行。

（2）在居民日常消费中，倡导居民优先选择低碳产品。

（3）在家庭生活能源消费上，倡导每个家庭尽量使用节能电器和节能灯。

（4）在日常生活中，尽量不使用一次性用品，尽量不用塑料袋。

（5）在居住方式上，提倡居住低碳建筑和公共住宅。同时，针对办公楼、宾馆、商场等大型商业建筑的能耗，公开其能源消耗情况，进行能源审计，提高大型建筑能效。

 复习思考题

1. 城乡规划有哪些低碳生态要素？这些要素在实现低碳生态城乡发展目标中的作用机制是怎样的？

2. 你认为在规划层面还有哪些路径与方法可以促进低碳生态城乡发展？

第 4 章

低碳生态

区域发展
与
城乡规划

加强城乡发展的低碳生态研究，有利于科学引导人口、产业、城镇的集聚发展，通过生态格局的高效构建、产业结构布局的调整、空间结构优化与城乡统筹以及重大基础设施的合理布局，有利于协调区域和城乡发展过程中的矛盾和问题（表4-1）。

低碳生态任务　　　　　　表 4-1

规划内容	规划任务
生态保育	通过生态功能区划定、生态红线划定，构建生态安全格局，优化生态空间结构
产业发展	明确资源优势与环境条件，引导产业结构调整和产业布局优化
空间发展	通过空间结构优化和城乡空间统筹，实现土地合理利用、交通量减少和生态环境保护
基础设施建设	强化重大基础设施共建共享，推进绿色基础设施建设

第1节　生态保育

生态环境是人类赖以生存和发展的空间，是可持续发展的核心与基础。我国人口众多，资源相对不足，生态环境承载能力弱，生态环境的形势十分严峻。低碳生态背景下，区域发展应该改变以城市、土地、经济发展为核心的规划理念，更加强调可持续、人与自然和谐的思想，加强区域生态保育。区域生态保育在规划层面主要体现在区域生态功能区划定、区域生态红线划定和区域生态安全格局构建（图4-1）。

1.1　生态功能区划定

生态功能区划是根据区域生态系统类型、生

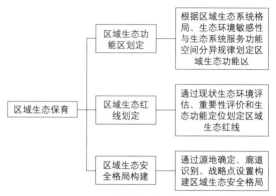

图 4-1　区域生态建设规划重点

态环境敏感性、生态服务功能重要性等特征的空间分异性而进行的地理空间分区。合理地划分生态功能区，是实现区域可持续发展的重要手段。

生态功能区划的主要方法是在确定区划目标前提下，在区域生态环境调查基础上，进行生态环境现状评价、生态环境敏感性评价和生态服务功能重要性评价，分析主要生态环境问题的现状和趋势，明确生态环境敏感性和生态服务功能重要性的区域分异规律。以此为基础，根据生态环境特征的相似性和差异性而进行地理空间分区，最后对各生态功能区命名和概述。

由于生态功能区划在划定方法上没有太大的地域差别，因此这里以安徽省生态功能区划的划定方法为例，来阐述生态功能区划的具体步骤。

 案例（4-1）

《安徽省生态功能区划》：运用 GIS 技术，
自上而下划分生态功能分区

安徽省地理条件良好，自然资源丰富，发展潜力较大，但人口和经济增长对生态系统的压力沉重，生态系统质量呈下降趋势，主要表现为：耕地利用强度大，耕地资源不足，农田生态功能衰退，农业生产对系统外投入依赖性强；森林生态系统面积虽然在增加，但资源量亏损和生态功能减弱还在延续；生境恶化导致生物多样性下降，珍稀物种濒危和消亡趋势明显；湿地萎缩和河床淤积等原因导致沿江沿淮两岸洪涝灾害严重，季节性干旱时常发生；水污染物排放量长期处于较高水平，巢湖和淮河流域水环境污染严重，已成为制约可持续发展的主要因素之一；淮北平原地区人口多，土地承载过重，资源开发利用强度大，水污染严重，已成为安徽省生态环境严重脆弱地区。

1. 安徽省生态环境空间特征分析

（1）生态环境敏感性分析

根据安徽省生态系统特征，选择土壤侵蚀、土壤盐渍化、酸雨发生、水环境污染、水资源胁迫和地质灾害等进行生态环境敏感性评价。每个生态环境问题的敏感性一般受多种因子综合影响，对各因子赋值，最后得出总值，并根据其所在范围将敏感性分为极敏感、高度敏感、敏感、轻度敏感以及不敏感 5 个级别。主要方法是利用遥感数据、地理信息系统及空间模拟等方法与技术手段绘制区域生态环境单因子敏感性图，并进一步综合成生态环境综合敏感性空间分布（图 4-2）。

（2）生态系统服务功能重要性评价

安徽省生态功能区划选择生物多样性维持与保护、水资源保护、洪水调蓄、自然与文化遗产保护、水源涵养和生态系统产品提供等服务功能，依据相应分级标准，对每一类生态系统服务功能重要性的影响因子进行赋值，得出总值，并分为极重要、重要、比较重要和一般地区 4 个等级，再将各项服务功能分布进行综合，形成全省综合生态系统服务功能重要性分布图（图 4-3）。

2. 生态功能区划

（1）生态功能分区等级与依据

安徽省生态功能区划的分区系统分三个等级，首先从宏观上参考全国尺度生态区划的三级区，结合省域气候、地理特点，划分省域尺度的生态区，并作为中国生态功能区划分区单位；然后根据生态

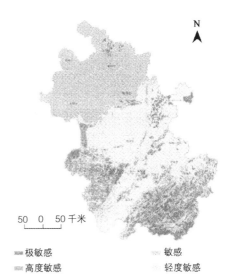

图 4-2　安徽省生态环境敏感性分析
资料来源：贾良清，欧阳志云，赵同谦，等．安徽省生态功能区划研究 [J]．生态学报，2005（2）：254-260．

极敏感　　　　　　　敏感
高度敏感　　　　　　轻度敏感

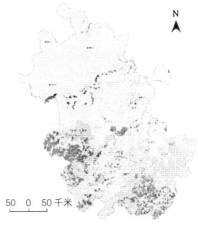

图 4-3　安徽省生态系统服务功能重要性分析
资料来源：贾良清，欧阳志云，赵同谦，等．安徽省生态功能区划研究 [J]．生态学报，2005（2）：254-260．

极重要　　　　　　重要　　　　　　比较重要

系统类型与生态系统服务功能类型划分生态亚区；在生态亚区基础上，根据生态系统服务功能重要性、生态环境敏感性与生态环境问题划分生态功能区。

安徽省生态功能区划按照不同层次的生态功能区划单位，制定不同的划分依据：

A. 一级区：以中国生态区划三级区为基础，结合研究区地貌特点与典型生态系统以及生态环境管理的要求进行调整，并考虑与相邻省份的衔接。

B. 二级区：以研究区主要生态系统类型和生态服务功能类型为依据。

C. 三级区：以生态系统服务功能重要性、生态系统敏感性及受胁迫状况等指标为依据。

（2）各级功能分区单元命名方法

安徽省生态功能区划将生态区（一级区）、生态亚区（二级区）和生态功能区（三级区）的命名规则如下：

A. 一级区命名要体现分区的地貌或气候特征，由地名＋地貌特征＋生态区构成。地貌特征包括平原、山地、丘陵、丘岗等，命名时选择重要或典型者。

B. 二级区命名要体现分区生态系统的结构、过程与生态服务功能的典型类型，由地名＋生态系统类型（生态系统服务功能）＋生态亚区构成。生态系统类型包括森林、草地、湿地、农业、城镇等，命名时选择其重要或典型者。

C. 三级区命名要体现出分区的生态系统服务功能重要性、生态环境敏感性或胁迫性的特点，由地名＋生态功能特点（或生态环境敏感性特征）＋生态功能区构成。生态系统服务功能包括生物多样性保护、水源涵养、水文调蓄、水土保持、景观保护等，命名时选择其重要或典型者。

3. 安徽省生态功能区划方案

最后按生态功能区划的等级体系，采用空间叠置法、相关分析法、专家集成等方法，自上而下

G 城市
□ 一级区
□ 二级区
▢ 三级区
Ⅰ Ⅱ…… 一级区编号
Ⅰ1-1、Ⅱ3-4…… 三级区编号

图 4-4　安徽省生态功能区划
资料来源：贾良清，欧阳志云，赵同谦，等. 安徽省生态功能区划研究 [J]. 生态学报，2005（2）：254-260.

对安徽省域进行生态功能区划分。

一级区按自然条件划分出 5 个生态区，即沿淮淮北平原生态区、江淮丘陵岗地生态区、皖西大别山生态区、沿长江平原生态区和皖南山地丘陵生态区，在明确生态区的基础上，再逐级划分出 16 个二级区（生态亚区）和 47 个三级区（生态功能区）（图 4-4）。

1.2　生态红线划定

生态红线是生态环境安全的底线，目的是建立最为严格的生态保护制度，对生态功能保

障、环境质量安全和自然资源利用等方面提出更高的监管要求，从而促进人口资源环境相均衡、经济社会生态效益相统一。生态红线的划分是在生态功能区划指导下实施生态空间保护和管控的细化，是构建生态安全格局的基础。

生态红线的划分应当依据现有自然生态环境条件，以自然生态系统的完整性、生态系统服务功能的一致性和生态空间的连续性为核心，在对区域生态环境现状评估和生态环境敏感性评估的基础上，分析区域生态系统的结构和功能，重点开展生态系统服务功能重要性评价，确定不同区域的主导生态功能，提出生态红线的分类体系。

1.2.1　生态环境评估

生态环境现状评估是划分生态红线的基础性工作。主要利用 RS 和 GIS 技术，分析和研究不同地区的自然地理条件、生态环境状况和生态系统特征，以明确区域内不同地区生态系统类型的空间分异规律和分布格局。

1.2.2　重要性评价

针对不同地域典型的生态系统，分别评价气候调节、水源涵养、洪水调蓄、环境净化、营养物质保持、生物多样性保护和科研文化等生态系统服务功能，结合自然资源开发利用和土地利用规划分析，进而综合评定生态系统的服务功能及其重要性。

1.2.3　生态功能定位

生态红线区域保护的重点是其主导生态功

能。因此，在划定生态红线之前，应依据生态系统的结构、功能特征分析和重要性评价结果，确定其主导生态功能，为生态红线区域的分类和保护奠定基础。

 案例（4-2）

秦岭北麓（西安段）生态红线划定研究：
开展生态系统服务功能重要性评价，
划定重要生态功能区红线

1. 研究区概况

秦岭北麓（西安段）地处东经 107°37′~109°48′，北纬 33°42′~34°26′ 之间，面积约 552 平方千米，占秦岭山地总面积的 1/10。在行政区划上包括西安市所辖周至、户县（现鄠邑区）、长安区、蓝田、灞桥区和临潼区。属暖温带半湿润区，年平均气温 8.7~12.7℃，霜期 10 月上旬至翌年 3 月下旬，年降水量 650~800 毫米；地貌类型有秦岭山地、沿山丘梁、黄土残垣和峪口冲积扇；植被类型有落叶阔叶林、针阔叶混交林、山地针叶林、亚高山、高山灌丛、草甸，以常绿与落叶阔叶混交林为主，由于它处于高大的山地与广阔的关中平原的过渡地带，因此这里具有丰富的自然资源和独特的生物多样性格局，其生态系统具有脆弱性和过渡性，受人为影响较大。

2. 评价指标选取

（1）生态保护重要性评价指标

生态保护重要性评价由生态敏感性和生态重要性两部分组成。生态敏感性指生态系统自身对外界压力的敏感程度，从侧面体现了区域生态系统出现生态问题的可能性。区域生态敏感性高的区域，当受到人类不合理活动影响时，就容易产生生态环境问题。生态重要性主要是指生态系统服务功能重要性，生态服务功能的变化必然会带来生态环境质量的演变，这些变化在一定程度上会对整个生态环境的安全带来影响。由此可见，从区域生态系统主导服务功能出发，明确生态服务功能及其空间差异性，认识和揭示区域生态安全格局，充分发挥区域的主导生态服务功能，将主导生态服务功能极重要区划定为生态服务功能保护红线，这应成为构建区域生态安全屏障的有力依据。参照《全国生态功能区划》中的 50 个重要生态功能区和《全国主体功能区规划》限制开发区中的 25 个国家级重点生态功能区为红线划定对象，根据秦岭北麓（西安段）的生态环境特征和面临的生态环境问题，选取水源涵养和生物多样性两个指标来评价该区域的生态保护重要性。

（2）禁止开发区指标

根据生态保护重要性及内部空间差异性，各类禁止开发区按以下原则划定生态功能红线：①国家级自然保护区核心区和缓冲区全部纳入生态功能红线；②跨省的饮用水源一级保护区全部纳入生态功能红线；③处于生态功能红线划定范围内的其他类型禁止开发区不再单独进行生态重要性评估，根据生态保护重要性评价结果划定生态功能红线。

3. 生态红线区划定

最后利用 RS 和 GIS 技术，通过生态系统服务重要性评价，结合区域相关规划，分别秦岭北麓（西安段）重要生态功能区红线和禁止开发区红线，并最终确定秦岭北麓（西安段）生态功能、红线。

1.3　生态安全格局构建

生态安全格局是指针对生态环境问题，在干扰排除的基础上，能够保护和恢复生物多样性、维持生态系统结构和过程的完整性、实现

对生态环境问题有效控制和持续改善生态空间格局。通过构建生态安全格局，可以达到对生态过程的有效调控，从而保障生态功能的充分发挥，实现自然资源和绿色基础设施的有效合理配置，确保必要的自然资源的生态和物质福利，最终实现生态安全及可持续性。

当前，生态安全格局的构建模式仍在不断完善，指标与方法不一而足。但目前多采用"源地—廊道"的组合方式识别、构建生态安全格局，初步形成生态安全格局的构建范式。生态安全格局的构建可以通过源地的确定、廊道的识别和战略点的设置来形成整体生态安全格局构建的逻辑范式（图 4-5）。

1.3.1　源地的确定

源地是指将对区域生态过程与功能起决定作用的，以及对区域生态安全具有重要意义或者担负重要辐射功能的生境斑块，识别为确保区域生态安全的关键地块。目前，生态源地识别通常基于生物多样性丰富度及生态系统服务重要性的考虑，大致可以分为两种途径：直接识别和构建综合评价指标体系识别。

1.3.1.1　直接识别

直接识别，即选取自然保护区、风景名胜区的核心区等直接作为生态源地。这一方法具有很高的便捷性，但也有其固有的缺陷。例如，自然保护区或风景名胜区的设立本身即有强烈的行政管制因素，且随着时间的推移，其内部的空间差异逐渐增强，尤其是随着旅游业在自然保护区的迅速发展，局部地区已经出现明显的生态退化、景观破碎化和生态系统服务下降等现象。此外，

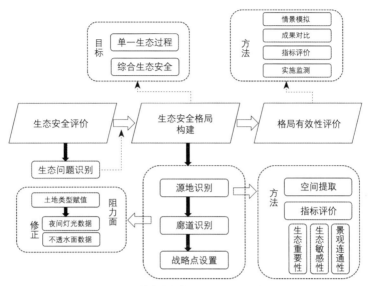

图 4-5　区域生态安全格局构建逻辑范式图

资料来源：彭建，赵会娟，刘焱序，等 . 区域生态安全格局构建研究进展与展望 [J]. 地理研究，2017，36（3）：407–419.

也有学者选择土地利用类型长期稳定且面积较大的斑块，如林地、耕地等作为生态源地，但这一做法忽略了相同土地类型的内部差异。

1.3.1.2　构建综合评价指标体系识别

指标体系的有效性是区域生态安全源地识别的核心问题之一，由于对生态安全内涵理解的不一致和区域面临生态安全问题的具体差异，不同研究方案所选取的指标大不相同。目前源地识别所采用的指标可分为生态敏感性、景观连通性、生境重要性等维度，各类指标的适用性各有优劣。其中，生境重要性指标应用较为广泛，主要关注土壤保持、生物多样性保护、水源涵养和固碳释氧等具体生态系统服务。

从发展脉络来看，自生态安全格局构建研究开展以来，生态源识别指标的筛选从最初只考虑生态用地斑块自身功能属性，到逐步关注斑块自身属性的动态变化趋势，再到强调斑块

在整个景观格局中的连通重要性等。而如今，源地的识别应当以满足人类需求作为首要目标，考虑其为人类提供有效服务的能力（图 4-6）。

 案例（4-3）

安徽沿江地带生态安全格局构建：定性生态系统结构的源地判定

安徽沿江地带生态安全格局根据区内景观的异质性、保护功能的多样性和服务对象的空间差异性，在沿江地区划出三大生态源区（图 4-7）。

其中皖南山地丘陵生态源区是沿江地区最大的生态源地，秋浦河、青弋江、水阳江、漳河等沿江河流的发源地，区内有牯牛降、板桥等国家级或省市级自然保护区和九华山国家级风景名胜区；皖西山地丘陵生态源区是皖西六大水库的汇水区和皖河的发源地，区内有鹞落坪、枯井园和

图 4-6　源地识别指标的发展历程

资料来源：李宗尧，杨桂山，董雅文. 经济快速发展地区生态安全格局的构建——以安徽沿江地区为例 [J]. 自然资源学报，2007（1）：106-113.

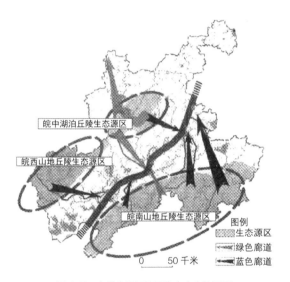

图 4-7　安徽省沿江地区生态安全格局图

资料来源：李宗尧，杨桂山，董雅文. 经济快速发展地区生态安全格局的构建——以安徽沿江地区为例 [J]. 自然资源学报，2007（1）：106-113.

天柱山国家（省）级自然保护区、风景名胜区；皖中湖泊丘陵生态源区是以巢湖为主体的水生态源地，通过长江、裕溪河水生态廊道、合铜黄绿色廊道与皖南山地丘陵生态源区相连，并向北、南、东南三个方向辐射，对皖江北岸及其腹地的开发，发挥着重要的生态保障作用。

1.3.2　廊道的识别

廊道是区域内能量和物质流动的载体，是保持生态流、生态过程、生态功能在区域内连通的关键生态组分；提取关键生态廊道，对于保障生态斑块之间的物质和能量流动的畅通，实现区域生态系统功能的完整性具有重要意义。目前，已有多种生态廊道的定量识别方法，如最小累积阻力模型、斑块重力模型、综合评价指标体系。其中最小累积阻力模型由于数据需求简单、运算效率高，并具有可视化的分析结果，已经成为识别生态廊道的主要方法，因此阻力面设置则成为廊道准确识别的关键，现阻力面的设置大多基于土地覆被类型，依据专家咨询打分直接赋值来设置。

由于土地利用方式的多样性，以及土地利用与生态过程相互作用的复杂性，基于土地覆被类型的均一化赋值，必然会掩盖同一土地覆被类型下不同土地利用方式与强度对生态阻力系数的影响差异，难以真实反映生态阻力的空间分异。另外，对于不同地类的阻力值相对大小难以形成统一范式。

囿于数据精度，城市土地覆被分类体系不可能无限细分，因此，有必要选取能够定量表征不同空间单元生态阻力差异的指数，修正基于土地覆被类型赋值的生态阻力面，其中，不透水表面指数（Impervious Surface Index，ISA）和夜间灯光（Nighttime Light，NTL）数据为该问题的解决提供了很好的途径，能够有效提升廊道提取的准确性与合理性。通过计算单位面积内不透水表面地表所占的面积比例，不透水表面指数可以定量表征自然生态流在城市景观中的可流通性，与城市地表生态过程紧密相关，能够有效度量城市生态或建设格局；而夜间灯光数据能够基于栅格连续表征地表受人类干扰的空间分布特征，是城市化水平、经济状况、人口密度等人类活动强度的综合表达，体现同一用地类型内部受人类影响水平的差异。

1.3.3　战略点的设置

阻力面在源地所处位置下陷，在最不容易到达的区域高峰突起，两峰之间会有低阻力的谷线、高阻力的脊线各自相连；多条谷线的交汇点，以及单一谷线上的生态敏感区、脆弱区，构成影响、控制区域生态安全的重要战略节点。

最后将以上各种存在的、潜在的景观组分（源点、廊道、战略点）进行叠加组合，形成特定安全水平下的生态安全格局。

 案例（4-4）

关中城市群生态安全格局构建

根据关中城市群生态服务重要性和生态环境敏感性评价结果，识别区域生态安全格局的"源地"；采用最小累积阻力模型测算源地间景观要素流通的相对阻力，建立生态源地扩张阻力面；进而识别缓冲区、源间廊道、辐射道及生态战略节点等其他生态安全格局组分，构建区域生态安全格局。具体的区域安全格局构建步骤如下：

1. 生态源地的确定

在区域生态安全格局的源地选择上，依据研究区主要生态系统服务功能与生态敏感性特征状况，结合数据可获取性、客观性等原则，在参考《全国生态功能区划》《陕西省主体功能区划》等已有研究成果的基础上，选取相关指标进行生态服务重要性及生态环境敏感性评价，以识别生态保护源地。

生态服务重要性评价：选取研究区最为重要的土壤保持、水源涵养、生物多样性维持和固碳释氧 4 类生态系统服务功能作为评价因子。其中，土壤保持通过修正的通用土壤流失方程计算潜在土壤侵蚀量与实际土壤侵蚀量的差值获得，水源涵养采用降水贮存量法估算，生物多样性维持服务采用生物多样性服务当量表示，固碳释氧由 NPP 数据表示。进而采用自然断点法，将上述服务功能计算结果分别划分为 5 级并赋值 1~5，赋值越大表示生态服务越重要；将分级后的 4 类因子进行等权叠加，对其结果仍采用自然断点法划分为一般重要、较重要、中度重要、高度重要和极重要 5 个等级，获得生态服务重要性评价结果（图 4-8a）。

生态环境敏感性评价：选取植被覆盖度、高程、坡度、土地利用类型及土壤侵蚀强度等 5 类指标作为评价因子。其中，土壤侵蚀强度用来表示研究区域生态环境最为突出的水土流失敏感性，其值基于修正的通用土壤流失方程式计算并分级得到。基于层次分析法确定的权重，对上述 5 类因子敏感性赋值结果进行加权运算（表 4-2），并使用自然断点法划分为不敏感、轻度敏感、中等敏感、高度敏感和极敏感 5 个等级，获得生态环境敏感性评价结果（图 4-8b）。

最后，提取生态服务重要性评价中高度重要及极重要级别、生态环境敏感性评价中高度敏感及极敏感级别，作为生态保护源地（图 4-9）。

图 4-8 关中城市群生态服务重要性、生态环境敏感性评价结果
（a）生态服务重要性评价结果；（b）生态环境敏感性评价结果
资料来源：杨天荣，匡文慧，刘卫东，等.基于生态安全格局的关中城市群生态空间结构优化布局 [J].
地理研究，2017, 36（3）: 441-452.

生态环境敏感性评价因子分级及权重
表 4-2

评价因子 （单位）	敏感性赋值					权重
	9	7	5	3	1	
植被覆盖度	>0.75	（0.65, 0.75]	（0.50, 0.65]	（0.35, 0.50]	≤ 0.35	0.15
高程（米）	≤ 500	（500, 1000]	（1000, 1500]	（1500, 2000]	>2000	0.20
坡度（度）	≤ 5	（5, 10]	（10, 15]	（15, 25]	>25	0.25
土地利用类型	林地、水域	草地	园地	耕地	其他用地	0.10
土壤侵蚀强度	极强烈侵蚀	强烈侵蚀	中度侵蚀	轻度侵蚀	微度侵蚀	0.30

资料来源：杨天荣，匡文慧，刘卫东，等.基于生态安全格局的关中城市群生态空间结构优化布局 [J].地理研究，2017, 36（3）:
441-452.

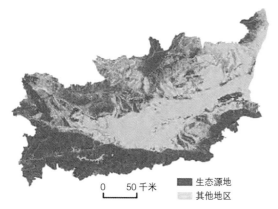

图 4-9 关中城市群生态源地分布
资料来源：杨天荣，匡文慧，刘卫东，等.基于生态安全格
局的关中城市群生态空间结构优化布局 [J].地理研究，
2017, 36（3）: 441-452.

2. 生态廊道识别——最小累积阻力面的建立

基于 ArcGIS 10.2 中 Cost-Distance 模块，采用最小累积阻力模型（Minimum Cumulative Resistance，MCR），通过计算生态源地到其他景观单元所耗费的累积距离，以测算其向外扩张过程中各种景观要素流、生态流扩散的最小阻力值，进而判断景观单元与源地之间的连通性和可达性。依据关中城市群主要生态环境特征，选取土地利用类型、地形位指数、土壤侵蚀强度三个因子作为阻力因子，分别设置相对阻力值，并基于层次分析法确定的权重，加权求和计算生态源地向外扩张的累积

模型阻力因子权重及其分类结果　　　　　　　　　　　　　　　　　表 4-3

阻力因子	权重	相对阻力值						
		0	10	30	50	70	90	100
土地利用类型	0.3	林地	水域及湿地	草地	耕地	其他用地	—	建设用地
地形位指数	0.3	—	0.891~1.406	0.699~0.891	0.502~0.699	0.290~0.502	0.119~0.290	—
土壤侵蚀强度	0.4	—	微度侵蚀	轻度侵蚀	中度侵蚀	强烈侵蚀	极强烈侵蚀	—

资料来源：杨天荣，匡文慧，刘卫东，等．基于生态安全格局的关中城市群生态空间结构优化布局 [J]．地理研究，2017，36（3）：441-452.

耗费阻力（表 4-3）。其中，各因子相对阻力值越大，则生态源地向外扩张的阻力越大；反之越小。

3. 区域生态安全格局构建

在生态源地扩张阻力面建立的基础上，通过分析其阻力曲线与空间分布特征，识别生态源地缓冲区、源间廊道、辐射道及关键生态战略节点等其他生态安全格局组分，构建关中城市群生态安全格局（图 4-10）。其中，生态源地缓冲区根据最小阻力值与其面积的关系曲线，基于阈值限定划分得到，结果包括高、中、低三级不同安全级别；源间廊道与辐射道分别依据生态源地之间、以生态源地为中心向外辐射的低累积阻力谷线得到；关键生态战略节点则主要是阻力面上相邻两生态源地间等阻力线的切点及源间廊道与等阻力线的交点。

第 2 节　产业发展

改革开放以来，我国产业发展水平显著提高。随着全球气候变化加剧，传统的产业结构已经无法支持经济的健康低碳发展，产业结构的调整势在必行。研究表明，各地区产业结构的变化对其碳排放量的影响并不同。这要求人们必须根据国情合理地选择主导产业，加快产业结构

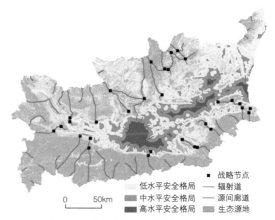

图 4-10　关中城市群区域生态安全格局示意
资料来源：杨天荣，匡文慧，刘卫东，等．基于生态安全格局的关中城市群生态空间结构优化布局 [J]．地理研究，2017，36（3）：441-452.

图 4-11　区域产业发展重点

的调整。我国传统产业结构面对以重化工产业为主导、产业能源结构以化石燃料为主、能源利用效率较低和碳交易市场机制不成熟等一系列问题，直接导致低碳经济无法健康发展。因此，在低碳生态背景下，我国产业发展需要重视地区产业结构、产业宏观布局与碳排放、生态环境的关系，构筑低碳生态型产业体系（图 4-11）。

2.1 产业结构优化调整

通过对区域三次产业结构的调整与产业内部结构的升级可以改变地区经济增长方式，进而实现减少社会经济发展过程中碳排放的目标，对地区的低碳生态建设会产生重要的影响。

2.1.1 三次产业结构比例合理调整

第三产业具有低能耗、高产出特点，第三产业占比不仅能反映该地区所处的经济发展阶段及其经济发展水平，也能反映该地区低碳产业的发展情况。我国各地区低碳发展水平差异大，三次产业结构总体呈现"二三一"的结构形态，且第二产业中资源能源产业比重大，加工度低、消耗高、污染重。因此在开放经济的条件下，应充分利用不同地区在自然资源、劳动力、资金方面的比较优势，建立区域间协调并符合区域特色优势的产业结构，合理调整区域的三次产业的比重以及主导产业的方向，逐渐实现三次产业结构向"三二一"结构转变。目前，我国已经开始将产业结构研究方法付诸中东部部分地区城市的规划实践当中，其方法值得西部地区借鉴。

 案例（4-5）

《江苏省沿江城市带规划（2003—2020）》：
采用资源环境支撑能力分析倒逼产业结构调整

沿江城市带规划加强对产业发展条件、现状问题、制约因素的深入研究，以资源环境为约束条件进行了量化分析，对区域整体与长远发展的核心问题提出了战略性决策（图4-12）。

水资源利用各方面，规划按照现状沿江地区水资源利用效率和江苏省沿江开发总体规划，预测沿江开发地区2010年和2020年的总用水量将分别达到461亿立方米和1195亿立方米。在现状引江工程条件下，即使平水年沿江地区所有可供水量（329亿立方米）全部用于沿江开发地区，也不能满足其用水需求，因此必须大力提高沿江开发地区的水资源利用效率，同时加强长江引水工程建设。土地资源方面，按照沿江开发地区现状工业用地的平均产出效益，根据经济规划指标，其需要工业用地面积总量2010年和2020年分别约为2398平方千米和6220平方千米，是现状工业用地面积的近3倍和7倍。按现状工业用地地均产出效益，则2020年苏南东部、苏南西部和苏中地区分别占各自土地总面积的43%、22%和24%，这既不符合土地资源集约、高效利用的原则，也是当地的土地资源能力不可承受的。环境容量方面，按照沿江地区现状单位GDP和单位工业增加值污染物排放量，到2010年和2020年沿江开发地区废水排放总量、COD排放量和SO_2排放量将达到现状沿江地区的1.04倍和2.7倍，其中工业废水排放量、COD排放量和SO_2排放量将达到现状沿江地区的1.06和2.7倍。而无论是水环境还是大气环境，现状已有相当一部分地区均未达到功能区划标准，长江已经出现了大面积的岸边污染带，若污染物排放量继续大幅度增加将导致区域生态环境质量进一步恶化；比较沿江地区碳氧平衡现状与惯性增长的碳氧平衡预测，沿江开发地区自我维持碳氧平衡的能力不足，随着区域经济的发展，区域绿色植物吸收二氧化碳量、生产氧气量与区域二氧化碳排放总量、消耗氧气量的差距将逐渐增大，区域碳氧平衡对沿江开发以外的区域生态系统将产生较强的依赖性，

基于现状工业用地效率的工业用地需求
（平方千米）

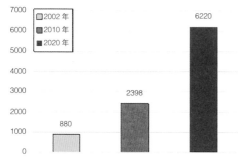

基于现状用水效率的水资源需求
（亿立方米）

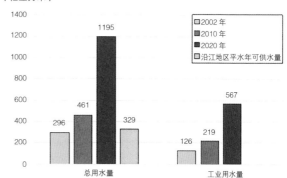

基于现状能源效率的需求总量
（万吨标准煤）

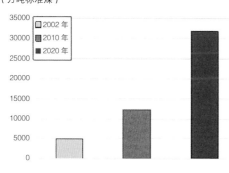

基于现状排放强度的主要污染物排放总量预测
（万吨）

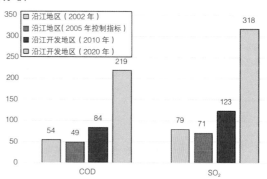

图 4-12　基于现状发展水平的土地资源、水资源、能源和污染排放预测

注：沿江开发地区即有长江岸线的 21 个设市城市，包括南京、镇江、常州、扬州、泰州和南通 6 市的市区，以及句容、丹阳、扬中、江阴、张家港、常熟、太仓、仪征、江都、秦兴、靖江、如皋、通州、海门、启东 15 个市的行政区域，总面积 24632 平方千米；沿江地区即考虑沿江城市带和沿江经济区域、行政区域的完整性和系统性，确定为南京、镇江、常州、无锡、苏州、扬州、泰州和南通 8 市市域范围，总面积 42313 平方千米。

资料来源：张泉，等 . 低碳生态与城乡规划 [M]. 北京：中国建筑工业出版社，2011.

且燃料燃烧的二氧化碳排放量和耗氧量所占沿江开发地区二氧化碳排放总量和耗氧量份额最大。

按照现状资源利用效率，无论是水资源、土地资源、岸线资源、能源供给，还是环境容量，沿江开发地区都将无法支撑产业发展实现预期目标。基于以上分析，规划进一步提出：提高三产比例，优化二产结构，通过退二进三、退二优二等举措，逐步淘汰高能耗、高碳排的企业；发展低碳产业，有效降低能源消耗，减少耗氧和排碳，有利于维持碳氧平衡；应用新技术、新设备，降低单位产值能耗。

2.1.2　产业内部结构低碳转型升级

为了实现各地区的低碳生态发展，需要调整各产业内部结构，由传统的"高碳排、高能耗"向"低碳排、低能耗"转变。

2.1.2.1　合理分配农业内部各产业的比重，重视农业发展的碳汇功能

农业不但能为工业制造业提供初级原材料，为服务业提供物质基础，而且还能够发挥碳汇功能来减少地区碳排放量，因此，农业的发展

在控制碳排放方面有重要作用。

在城镇化大力推动下，我国的生态环境日趋脆弱，因此更应重视一产的低碳效应，应该合理分配农林牧副渔的比重，加速植树造林步伐，增强森林草原的碳汇功能，同时适度缩减种植业以及畜牧业规模，转为扩大林果业规模。以新疆地区为例，作为西北五省的种植业大区，需要结合现代农业技术来突破以往的农业发展模式，一方面加快种植业低碳技术的发展，另一方面逐步扩大循环经济的规模，最终达到减少经济生活中碳排放的目的，保持地区生态系统的良好发展。

2.1.2.2 优化和调整二产的内部结构，加快二产的低碳化进程

当前形势下，快速推进城市化进程仍然是我国发展的方向，由于工业与地区碳排放量的关联性最强，政策制定者应当制定适当的政策措施减少工业部门的碳排放量。针对青海省、新疆地区、宁夏地区的风力大、日照时间长等特点，在这些省区可以积极发展风能、太阳能等清洁能源，逐步降低煤炭在能源中的比例，加强能源产业结构调整。同时通过淘汰落后工业产能、提升工业生产技术、提高低碳产业的准入门槛、限制高碳排放产业、发展循环产业也是降低工业部门的碳排放的重要手段。

2.1.2.3 转变政府的政策倾向，注重三产的低碳效应

三产发展状况能够反映出地区经济发达程度和产业结构优化程度，在国民经济中二产快速发展的过程中，三产产值也在大幅度地增加，甚至逐渐成为一些东中部省区的主导产业。当今，世界经济已经步入了"服务经济"的时代，多数发达国家服务业都达到三个70%（即服务业占GDP的70%左右，GDP增长的70%来自服务业的增长，服务业吸纳了70%的就业人口），尤其是在现代服务业发展上，早在20世纪末，欧美等国家的现代服务业增加值就占到第三产业的80%以上。而我国则远低于这一水准，因此大力发展服务业依然在经济发展中占有重要地位。由于新兴服务业相对于传统服务业具有显著的低碳效应，发展新兴服务业更符合现代经济的发展趋势，政府部门不但要注重三产比重的提升，更要重视三产内部结构的优化。因此应加快改造升级传统服务业，降低能源消耗，朝低碳方向发展；其次应强调新兴服务业与一产、二产的融合，逐渐增加新兴服务业产值在三产中的比例。

 案例（4-6）

《甘肃省循环经济总体规划（2009—2015）》：构建循环产业结构体系

甘肃是典型的西北欠发达省份，近年来虽然经济发展较快，但仍处于全国落后水平。在产业结构上呈现非常明显的"高耗能、高污染、低水平"的工业结构特征，经济发展对资源特别是不可再生资源的依赖性极强，资源和环境压力巨大。2007年，甘肃省被确定为全国第二批循环经济试点省份，并出台了《甘肃省循环经济总体规划（2009—2015）》，把循环经济理念贯穿到农业、工业以及第三产业的发展过程中，着力构建资源节约型、环境友好型的产业体系。

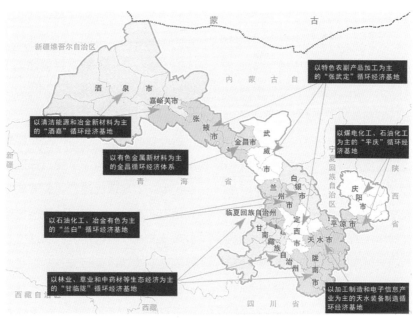

图 4-13　甘肃省循环经济基地
资料来源：甘肃省循环经济总体规划（2009—2015）.

《甘肃省循环经济总体规划（2009—2015）》围绕把甘肃建成国家循环经济示范区的目标，重点打造 16 条循环经济产业链，重点培育 100 户骨干企业，重点改造提升 36 个省级以上开发区，逐步形成覆盖全省的各具特色的七大循环经济专业基地（图 4-13）。

规划提出依据甘肃省农业生产分区，结合当地的农业生产条件和主导产业优势，构建了河西荒漠绿洲农业循环经济模式、陇东陇中黄土高原干旱半干旱区农业循环经济模式、甘南临夏高寒阴湿区农业循环经济模式和陇南山地湿润半湿润区立体农业循环经济模式 4 种循环经济模式，并打造农副产品加工循环经济基地；通过调整产业结构、推行清洁生产、开展园区建设以及打造工业循环经济基地来发展循环工业体系；并提出甘肃省将围绕完善再生资源回收利用体系、推进可持续消费、构建节约型政府以及建设循环型社会等方面开展循环经济三产体系建设。

2.2　产业布局宏观引导

产业布局是指产业在一定地域范围内的空间分布和组合，是产业结构在地域空间上的投影，对城乡空间结构调整具有重要支撑作用。在一定的生产力发展水平和一定的社会条件下，通过科学布局产业和生产要素，发挥各地优势，合理利用资源，实现资源在空间上的最优配置和最大效益，使产业活动取得预期的经济效果。因此，各地区发展必须与宏观产业布局相协调，通过对区域产业布局进行宏观引导，从而加强区域的可持续发展能力。

2.2.1　统筹兼顾，合理配置

在区域层面，产业布局的目标是使产业分布合理化，要实现整体综合利益的最优，而不仅是局部地区利益的最大化。因此，在产业布局过程中要坚持从全局的角度出发，统筹兼顾、全面考虑、合理配置。一方面，要根据区域整体经济的发展目标，全面地安排各地区的功能，明确各地区在区域整体经济发展中的角色和地位，实现局部利益服从整体利益。不能为追求片面的经济效果而损害区域整体经济利益，出现产业结构性矛盾突出、产业趋同现象严重、区域内竞争混乱、产业布局分散等现象。另一方面，在区域整体规划的基础上，结合本地区的具体条件，确定地区的专业化方向和优势产业，安排好本地区的产业布局，发挥地区的产业优势。

2.2.2 因地制宜，分工协作

伴随着经济全球化的国际形势，世界化的大工厂格局逐渐形成，部门间的分工不断深化，地区间的生产专门化不断得到加强。社会化大生产的发展以及科学技术的进步要求劳动力在广阔地域上进行精细的分工和协调合作。各地区在产业选择时要结合自身不同的自然、经济、社会条件，因地制宜地选择地区优势产业，发挥各自的地区优势，形成专业化的产业部门，突出地区特色产业优势。并围绕专业化的生产部门布局与之相关联的辅助性产业部门，形成

先向和后向产业关联，促进产业之间、企业之间的协调合作，形成合理的地区产业结构，从而确保专业化生产部门的良好运作，更好地发挥地区优势产业的主导带动作用。

目前，我国各地区优势产业差异明显。对于西部地区来说，优势产业主要集中在石油加工、炼焦、核燃料加工业、开采业等资源型产业。中东部地区优势产业主要集中在计算机及其他电子设备、电气机械及器材制造业、仪器仪表及文化、办公用机械制造业、文教体育用品制造业等技术型行业，从现有的形式看，全国已经初步具备了水平分工的条件，但从整体上来看，各地区产业同构化现象较为严重。因此，综合来看，我国未来的产业分工格局应该以东部发达地区为基础，不断向西北内部水平分工转换。

第 3 节 区域空间发展

区域空间在很大程度上影响着城镇与城镇之间的产业、交通、经济等联系，在低碳生态背景下，通过对各地区区域空间结构优化与城乡空间进行统筹，有利于引导区域城镇空间的集聚发展与集约经营（图 4-14）。

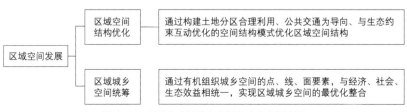

图 4-14 基于生态承载力的城乡产业空间布局

3.1　区域空间结构优化

在区域空间结构的演化过程中，空间结构的变化都是由经济、人口、社会及环境系统的变化引起的，其作用机制是通过自组织和他组织的耦合作用来实现的：人口系统中的人口自由流动和经济系统中的土地经济制度等将通过实现区域空间要素质量的增长和空间单元功能的形成来对空间地域的收缩和扩张进行影响，进而实现人口和经济系统对区域空间结构演化的自组织作用过程；而社会系统和环境系统中的基础设施作用及生态约束增强将实现城镇体系空间结构的优化和重组，进而实现社会系统和环境系统对区域空间结构演化的他组织作用。因此，对于区域空间结构的优化，主要是考虑土地、交通、生态等因素分别对于区域空间结构的影响，其区域低碳生态的空间结构应该是对于三者以及其他影响区域空间的因素综合考虑最优的结果。

3.1.1　基于土地合理利用的空间结构优化

在区域空间低碳生态发展过程中，考虑到土地的合理利用应该区分都市发展区以及生态农业发展区，实行分区发展的战略，以建立一个适度集中、有机分散、全层扩展、网络一体的组团式空间结构，从而实现区域城镇空间的有机整合和有序发展。都市发展区通过引导区域的建设向都市组团区集中，实现城市建设空间向优势区位的集聚，调整优化用地功能结构，充分发挥土地资源效益，适当提高开发建设强度，提高土地复合利用水平，遵循聚集发展、

节约土地的原则，达到发展的集约化和优质化以及整体的均衡发展，最终实现区域的建成空间资本利用效率的最大化；而生态农业发展区原则上以生态和农业功能为主，除个别基础较好的城镇外，不鼓励大规模的建设，引导和鼓励农村居民点的适当外迁和归并，使之向生态承载力大的地带集聚，向交通干线集聚，向自然条件优越的地区集聚，保护自然资源和生态环境。将城镇建设活动集中在都市发展区内，在农业生态区内严格控制开发建设活动，保证紧凑的都市发展区结构，以及严格控制的农业生态区，是"双管齐下"的限制碳排量的手段。

我国各地区普遍存在城乡用地粗犷，各种占地和浪费土地、生态用地破坏的现象。低碳生态的区域总体空间结构应该按照土地合理利用的要求，着力构建分散与集中发展相结合、多中心网络型的区域总体空间结构。

3.1.2　基于交通减量的空间结构优化

随着城镇化进程加快，人口加速向城镇转移，城镇向周边区域蔓延，使得城镇内部功能发生转变，城镇人口的生活、就业范围扩大，城镇间联系密切。因此，在区域规划中常采用简单的卫星式向心结构的多中心城镇空间组织形式（图 4-15）。

再加上由于区域乡镇的发展多依托公路网络（图 4-16a），在这样的结构下人们的出行将更多地趋向于有利于小汽车的方式，从而使得交通出行随机地分散在整个区域空间内（图 4-16b），呈现一种无序状态，这也将易于最终转变成为小汽车主导的高能耗空间发展模

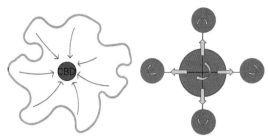

图 4-15a　区域向心模式　　图 4-15b　区域向心规划结构
资料来源：潘海啸，汤諹，吴锦瑜，等 . 中国"低碳城市"
的空间规划策略 [J]. 城市规划学刊，2008（6）：57-64.

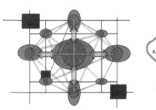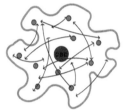

图 4-16a　实际的区域散布　　图 4-16b　区域内的
　　　　　空间布局　　　　　　　　无序的出行
资料来源：潘海啸，汤諹，吴锦瑜，等 . 中国"低碳城市"
的空间规划策略 [J]. 城市规划学刊，2008（6）：57-64.

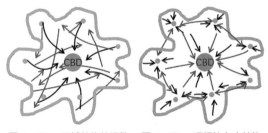

图 4-17a　区域结构的调整　　图 4-17b　理想的有序结构
资料来源：潘海啸，汤諹，吴锦瑜，等 . 中国"低碳城市"
的空间规划策略 [J]. 城市规划学刊，2008（6）：57-64.

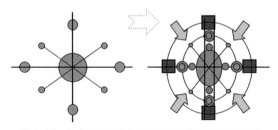

图 4-18　从多核卫星状到公交走廊模式的区域空间结构
资料来源：潘海啸，汤諹，吴锦瑜，等 . 中国"低碳城市"
的空间规划策略 [J]. 城市规划学刊，2008（6）：57-64.

式。区域空间规划的低碳生态就是引导区域的交通出行由这种无序状态向更加有序的方向进展（图 4-17）。

因此，在区域发展过程中，通过构建轨道交通、高速路、快速路、骨架型主干路共同构成复合交通走廊，其中轨道交通、高速路、快速路提供长距离、点到点的快速交通服务，骨架性主干路提供中长距离、面到面的交通服务。这种以 TOD 模式主导的"圈层 + 轴向"的生态化、集约型城镇空间拓展格局（图 4-18），既提高了居民日常的通勤出行效率和抑制了钟摆式的交通生成，又易于在主城与组群、组群与组群之间组织形成聚合型公共走廊，同时在组群内部也能保证居住组团与产业组团之间通过步行、骑车、公交等便捷联系，有利于整个区域的低碳、高效运营。因此在区域低碳生态发展的目标下，各地区的城镇区发展模式应该是结合轨道或区域公共交通导向的走廊式发展模式，通过空间整合与控制小汽车的使用，从而达到低碳节能的目标。

 案例（4-7）

《浙中城市群规划（2008—2020）》：
TOD 模式与串珠状发展空间

《浙中城市群规划（2008—2020）》通过构建大区域、省域和城镇群内部的轨道交通和高速公路、城际快速道路等形成的综合交通网络体系，进而形成"一个核心区域、两条发展带、三个城镇集群、两个支撑网络"的 TOD 空间发展框架（图 4-19），快速公交环线将所有现有重要的开发节点串联起来；未来的重要开发节点也将在公交环线上安排，形成有重点的串珠状发展空间，对促进公交效率的提高、浙中城市群的融合发展，将有着极其重要的作用；同时，有重点的串珠状发展空间框架，是一种开放性、弹性的结构，具有极强的生长性与适应性。

案例（4-8）

《关中—天水经济区发展规划（2009—2020）》：建设综合交通网络，以交通干线辐射引导空间发展

《关中—天水经济区发展规划（2009—2020）》提出加强交通运输体系建设，提高综合运输能力；充分发挥各种运输方式的优势，扩大规模、完善网络、优化结构，建设现代化综合交通网络；加快铁路客运专线、煤炭运输通道、关中城市群城际铁路以及西安铁路枢纽建设，构建以西安为中心的发达的铁路网络；加快陕甘两省高速公路网和连接中心城镇及资源富集区、通达县乡（镇）村的道路建设，提高公路等级和通达能力。

《关中—天水经济区发展规划（2009—2020）》在综合交通网络构建的基础上提出核心城市和次核心城市依托向外放射的交通干线，加强与辐射区域的经济合作，促进生产要素合理流动和优化配置，带动经济区南北两翼发展。以包茂高速公路、西包铁路为轴线，向北辐射带动陕北延安、榆林等地区发展；以福银高速公路、宝鸡至平凉、天水至平凉等高速公路和西安至银川铁路为轴线，向西北辐射带动陇东平凉、庆阳等地区发展；以沪陕、西康、西汉等高速公路和宝成、西康、宁西铁路为依托，向南辐射带动陕南汉中、安康和甘肃陇南等地区发展。进而构建以西安（咸阳）为核心，以宝鸡、铜川、渭南、商洛、杨凌、天水等次核心城市为节点，依托陇海铁路和连霍高速公路形成以西部发达的城市群和产业集聚带为轴的"一核一轴三辐射"的空间发展结构（图4-20），形成轨道交通引导的紧凑型城镇空间。

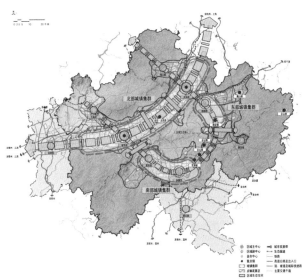

图4-19　浙中城市群规划结构图
资料来源：金华市人民政府，浙江省住房和城乡建设厅，2011.

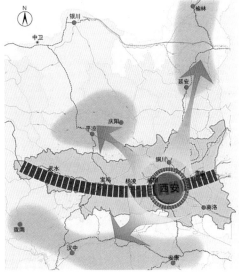

图4-20　关中—天水经济区空间结构图
资料来源：陕西省发展和改革委员会.

3.1.3 基于生态保护的空间结构优化

在低碳生态城乡发展的要求下，实现经济效益、社会效益、生态效益等的统一，实现资源的最大化利用，保护和优化自然生态环境，维护生物系统的多样性，是保持并提升区域生态资本的重要措施。因此，在区域低碳发展的过程中，以生态隔离各城市组团，在景观尺度上构建和发展景观生态廊道和网络以增加各生态斑块的连接性，实现人居环境在自然生态基底中的有机生长，是区域空间结构演变的必然阶段。

区域空间结构在低碳生态的目标要求下，将由自组织模式转向由自组织机制与生态约束互动优化的空间结构模式，形成新的集中化城镇和斑块—廊道—基质的网络化生态格局，形成有效的图底关系，实现区域空间的有机生长。具体的低碳生态转型表现在：在传统发展模式下，区域空间结构是呈中心地结构体系的，随着距离中心城市的远近，城镇规模呈等级结构，而在低碳生态约束的作用下，区域发展将在地域生态基底（包括地形、植被、海域和生态系统结构）得到充分尊重和保护的基础上，生态保护区面积进一步扩大和原生态化，城市建成区实现合理经济规模、合理生态规模基础上的组团化，组团间实现良好的生态隔离，组团内部与生态基底有机协调，区域的城镇群体空间形成以生态廊道为阻隔的组团状的空间结构。

我国目前的生态安全格局空间布局不尽合理，国家重点生态功能区主要分布在西北、西南与东北地区，这些区域人口相对较少，经济发展相对落后，而我国社会经济发展较快的中东部地区重点生态功能区分布少，生态支撑不够。由此可以看出，基于生态保护的空间组织十分重要，因此我国的生态空间结构应该在地域生态基地的保护基础上，构建景观生态廊道和网络，以地区生态承载力控制各城镇的规模，形成自组织机制与地域生态约束相互优化的空间结构模式。

 案例（4-9）

《昌吉回族自治州城镇体系规划》：
生态规划与城镇体系规划融合

规划首先从研究内容、基本方法、理论基础及主要作用四个方面对生态规划与传统的城镇体系规划进行了比较研究，分析出二者之间的关系（表4-4）。

在此基础上将城镇体系规划中的生态规划分为三个层次。首先，通过生态规划目标的空间指向，全面掌握城镇体系内生态发展现状，通过调查社会、经济、产业发展动态，进行城镇体系生态适宜性和生态管制分区分析，为城镇体系空间管制提供参考。其次，通过城镇体系发展潜力分析确定其发展的潜力的大小，避免随意开发建设。在确定综合发展条件后，与生态管制分区进行叠加分析，以此确定城镇体系整体的空间管制分区，并对各分区进行管制要求规划。最后，经过城镇等级规模结构规划、城镇职能结构规划及空间结构规划对城镇体系进行布局优化规划，将生态规划核心理念融入城镇体系规划中，并将规划体系编制工作归纳为六个核心步骤（图4-21）。

以上述方法为基础，昌吉回族自治州（简称"昌

城镇体系规划和生态规划比较 表 4-4

名称	研究内容	基本方法	理论基础	主要作用
城镇体系规划	涉及城镇产业结构、设施配置、电力、燃气、供水等多方面的、以经济增长为主的宏观规划	以线性、非线性规划方法，多方案比较，优化法等静态的理想构图与设计	以中心地理论、增长极理论等传统的经济增长观为理论基础	致力于追求体系整体最佳社会经济效益，其作用主要体现在区域统筹协调发展上
生态规划	在生态适宜的前提下、城镇生态承载力的范围之内，对城镇进行规划	以 ArcGIS 的空间分析、多解方案的预景模拟等技术的多目标、动态规划	以现代生态学思想、生态城市等循环经济的可持续发展理论为基础	提倡生态、环境与社会、经济的协调统一的可持续发展
比较分析	生态规划对土地进行生态适应性分析，要求城镇体系的未来发展要在生态承载能力范围内进行	生态规划的方法趋于定量分析，更加科学、合理、适应现阶段发展要求	突出把生态原理和生态经济共同作用于城镇体系规划	城镇体系规划在统筹城镇协调发展中可以包含生态文明思想、生态规划方法等内容

资料来源：李晓丽.城镇体系规划中生态规划方法研究——以昌吉州为例 [C] // 中国城市规划学会.新常态：传承与变革 2015 中国城市规划年会论文集（07 城市生态规划）.北京：中国建筑工业出版社，2015：14.

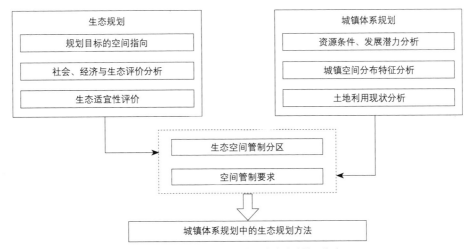

图 4-21 城镇体系规划中的生态方法体系构建
资料来源：中国城市规划学会.新常态：传承与变革 2015 中国城市规划年会论文集（07 城市生态规划）.
北京：中国建筑工业出版社，2015：14.

吉州"）城镇体系规划针对区域各城镇自身发展对整个城镇体系生态、环境造成的干扰和破坏，建立生态环境、自然资源循环发展体系及高效运行的生态调控系统，最终实现昌吉州城镇体系"三大"效益高度统一的可持续发展。

规划首先对昌吉州土地利用现状与城镇体系现状问题进行了分析，再通过对区域进行生态适宜性评价分析（图 4-22），以生态适宜性评价栅格与综合评价值对区域进行生态管制分区规划，将昌吉州整个区域划分为五个生态管制分区（表 4-5）。进而根据昌吉州生态适宜性评价结果、生态管制分区、昌吉州综合发展条件，从优化配置、合理保护昌吉州城镇空间资源的角度，划分城镇体系空间管制分区（图 4-23）。最后经过城镇等级规模结构规划、城镇职能结构规划及空间结构规划对城镇体系进行优化布局规划（图 4-24）。

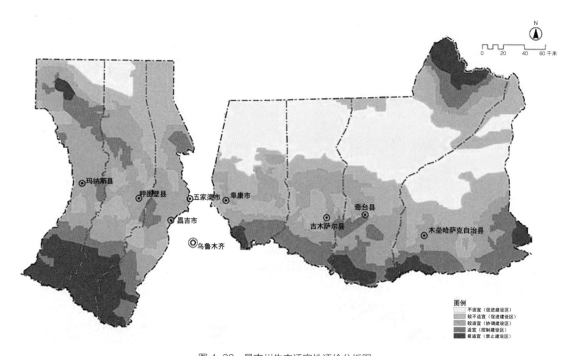

图 4-22　昌吉州生态适宜性评价分析图

资料来源：李晓丽 . 城镇体系规划中生态规划方法研究——以昌吉州为例 [C] // 中国城市规划学会 .
新常态：传承与变革　2015 中国城市规划年会论文集（07 城市生态规划）. 北京：中国建筑工业出版社，2015：14.

昌吉州生态管制分区分值及所占比例　　　　　　　　　　　　　　　　　　　　　　表 4-5

生态管制分区	分值	栅格数（个）	区域面积（平方千米）	占总面积的百分比（%）
不适宜自然区	1.49~2.244	3721	14884	20.22
较不适宜自然区	2.244~2.623	5001	20004	27.18
较适宜自然区	2.623~3.022	5184	20736	28.17
适宜自然区	3.022~3.484	3383	13532	18.38
最适宜自然区	3.484~4.59	1112	4448	6.05

资料来源：李晓丽 . 城镇体系规划中生态规划方法研究——以昌吉州为例 [C] // 中国城市规划学会 . 新常态：传承与变革　2015 中国城市规划年会论文集（07 城市生态规划）. 北京：中国建筑工业出版社，2015：14.

3.2　区域城乡空间统筹

在低碳生态背景下，区域在城乡发展过程中要实现经济效益、社会效益和生态效益的统一，达到资源的最优配置，这就要求有机组织城市及其腹地的各种点、线、网和面状要素，实现城乡空间的最优化整合。具体表现在以下几个方面。①点状要素有序组合：强调通过城乡整体最优和功能互补，实现核心城市和节点城镇有序组合，使各节点的联动辐射效应和带动力增强，避免核心城市的单极扩张，实现核心城市和小城镇的共同发展。②线状要素升级：

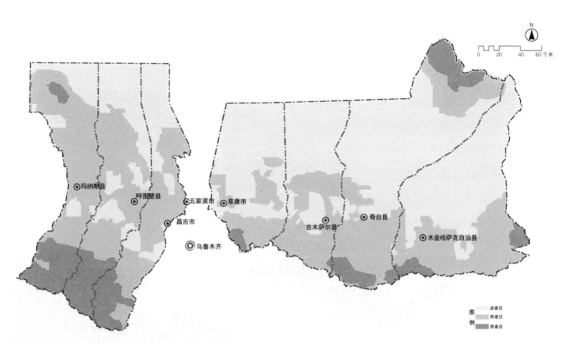

图 4-23　昌吉州城镇体系空间管制规划图

资料来源：李晓丽 . 城镇体系规划中生态规划方法研究——以昌吉州为例 [C] // 中国城市规划学会 .
新常态：传承与变革　2015 中国城市规划年会论文集（07 城市生态规划）. 北京：中国建筑工业出版社，2015：14.

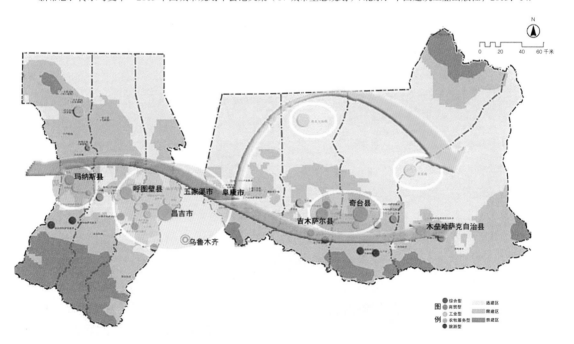

图 4-24　昌吉州城镇体系空间结构规划图

资料来源：李晓丽 . 城镇体系规划中生态规划方法研究——以昌吉州为例 [C] // 中国城市规划学会 .
新常态：传承与变革　2015 中国城市规划年会论文集（07 城市生态规划）. 北京：中国建筑工业出版社，2015：14.

实现区域通道的网络化发展，建立一种机会均等的水平联系为主的网络联系体系，有利于城乡之间要素的双向流动。③面状要素重构：城乡互动过程中要强调城市及其腹地是一个整体，其空间发展方向要与更高级的经济地域系统的经济联系方向相统一。

在低碳生态发展的思想指导下，各地区要加强城乡建设的整体协调，在各个城镇群范围内综合考虑和权衡城乡空间构建的点、线、面要素与经济、社会、生态建设等的关联，促进资源利用的最大化和人居环境的共建。

 案例（4-10）

青海海东地区重点地带城乡空间规划：基于生态功能分区的城乡空间构建

在资源、生态、经济矛盾不断凸显的现实背景下，规划通过提取生态功能分区下的城乡点、线、面要素建立一种生态友好型的新型方法以指导城乡空间健康有序发展。通过对西北生态脆弱区的青海海东地区典型城镇带地区自然生态本底和区域生态安全格局的分析，运用基于生态功能分区的城乡空间布局方法（EZSC），构建适合西北典型城镇带持久发展的城乡功能空间，以有效控制开发建设活动，指导城乡空间的可持续发展。

1.基于生态功能分区的城乡空间构建（EZSC）方法

生态功能分区为城乡开发建设提供了依据，生态分区中的水源涵养保护区、洪水调蓄功能区、自然生态保护区、防灾减灾协调区、防风固沙林木区均属于禁止开发区，这些片区内禁止任何大规模

的建设行为，需要划定明确的生态保护线，进行严格的控制管理。生态廊道协调区、农产品供给区和畜牧产品供给区是限制开发区，可以进行适当的开发建设，但是也要进行控制管理，减少对生态环境的破坏。城镇建设区和乡村建设区属于优先开发区和重点开发区，是区域开发建设的重点，集聚了研究区域大部分优势资源，是地区发展的增长核心，并不断产生极化效应，吸引周边地区人口、技术、资源向中心汇集，不断强化着中心向型的空间结构。

基于生态功能区分，提取生态功能分区视角下的城乡空间要素：

（1）城乡空间要素之点

从区域角度来看，水源涵养保护区、农产品供给区、城镇建设区和乡村建设区在城乡空间上表现为点状或者斑块状，其中城镇建设区还可以分为一级建设区、二级建设区和三级建设区，乡村建设区分为中心村和一般村。农产品供给区有两种情况，一种是以现代高新技术为支撑的现代农业示范园，这类属于点状要素，而另一种为广大乡村地区的农产品种植区，此类表现为面状要素。建设区这类点状要素是区域经济增长极，是促进地区发展的引擎核，根据不同的吸引辐射能力形成有序的规模等级点群，这些增长点在空间上相互作用、相互关联，最终形成了城乡空间的点群结构。

（2）城乡空间要素之线

生态廊道协调区、洪水调蓄功能区、城镇建设带在空间上表现为轴线布局，具体包括交通走廊、基础设施走廊、游憩休闲廊道、生态景观廊道、调蓄功能带、城镇连片发展带。廊道即城乡空间的骨架，组织引导地区的空间布局，联系城乡各功能片区、指引空间发展的方向，是地区发展新的增长轴。

（3）城乡空间要素之面

畜牧业产品供给区、防灾减灾协调区、自然生

态保护区、防风固沙林木区、农产品供给区在空间上呈面状分布，各自承担不同的功能，对城乡空间进行功能分解。畜牧业产品供给区主要为城乡提供畜牧产品，农产品供给区主要提供粮食、蔬菜等基本生存产品，自然生态保护区、防风固沙和防灾减灾协调区则主要保证地区生物多样性、减少水土流失以及减少自然灾害的发生率。合理分区布局是地区快速发展的基础，是城乡健康有序发展的基本要求。

基于生态功能分区对城乡空间要素进行提取，得到城乡空间的点群结构、轴带结构和面状结构，通过对三种空间结构的叠加整合，最终得到城乡空间结构。最后基于自然生态的角度从地形、地貌等自然要素，地质灾害、生物多样性等生态安全要素，人口密度、开发密度、经济水平等社会经济要素出发，对地区生态基础进行分析评价，综合诊断区域生态安全格局，按照分类、分级、分区的原则划分生态功能区，之后根据不同生态功能区的特征、功能、形态，将其与空间结构三要素进行对应，整合城乡空间点群结构、轴带结构和面状结构，最后将三者叠加处理得到城乡空间结构即生态功能分区导向下的城乡空间结构（图4-25）。

2. 青海省海东地区基于生态功能分区的城乡空间构建

青海省海东地区是西北生态脆弱区，生态环境问题较为突出，且城乡空间结构较为松散，破碎化严重，空间布局缺少对生态要素的考虑，人地矛盾进一步加重。

规划基于生态功能分区的点、线、面三要素相互作用、相互叠加形成城乡空间结构的方法，点群按照统筹兼顾、核心带动、均衡发展的思路，构建6核10辅的城镇中心体系；依托湟水、黄河、交通走廊，将区域点状要素连接起来，增强点与点的关联性，提高区域关联度，构建区域三主二副轴线格

局；基于片区的生态主体功能将区域分为自然保护区、防风固沙区、农产品供给区、畜牧产品供给区和人居保障优化区。之后对研究对象的点、线、面要素进行空间叠加分析，形成了海东地区重点地带"五核、三带、三片区"的城乡空间结构（图4-26）。

这种城乡空间结构的规划方法是基于生态功能分区与城乡空间的对应关系，强调生态优先的空间规划秩序，运用基于生态功能分区的城乡空间布局方法，构建适合区域可持续发展的城乡功能空间，这种方法对于西北生态环境脆弱区具有现实意义，为协调区域生态安全与城乡空间关系提供了新的思路。

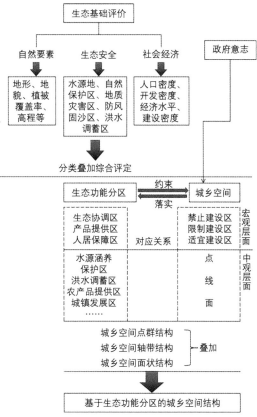

图4-25 基于生态功能区分区的城乡空间构建方法
资料来源：张沛，杨欢，孙海军.生态功能区划视角下的西北地区城乡空间规划方法研究——以海东重点地带为例[J].现代城市研究，2013，28（7）：30-36.

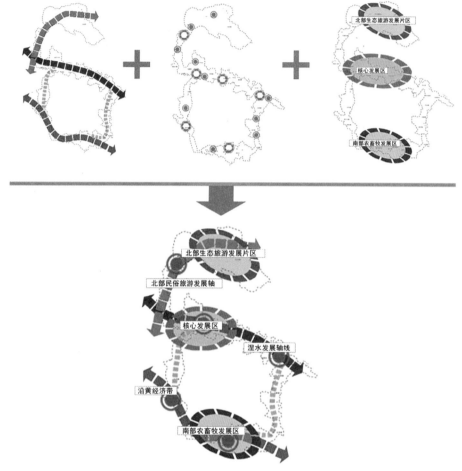

图 4-26　海东地区重点地带城乡空间结构

资料来源：张沛，杨欢，孙海军.生态功能区划视角下的西北地区城乡空间规划方法研究——以海东重点地带为例 [J].

现代城市研究，2013，28（7）：30-36.

第 4 节　基础设施建设

基础设施是区域发展的基石，是城乡一体的纽带、市际互动的桥梁、城市群协同发展的保障。在城乡低碳生态建设背景下，区域基础设施资源集约利用与共建共享以及建设低碳基础设施，是实现地区城乡低碳生态建设的重要路径（图 4-27）。

4.1　基础设施共建共享

基础设施共建共享是在对区域经济、社会、城市发展和环境保护需求进行分析论证的基础上，对区域内的重大交通、环境和市政基础设施进行科学布局、统筹建设和高效利用的过程。通过编制与基础设施统筹协调的区域规划、建立突破行政区的基础设施管理模式是保障区域

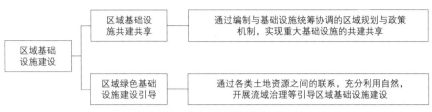

图 4-27　区域基础设施建设规划重点

发展突破行政界线束缚、优化资源配置、避免重复建设的有效举措，有利于重大基础设施的节约建设与高效经营。

4.1.1　编制与基础设施统筹协调的区域规划

随着交通和通信联系的日益发达，不少基础设施和大型公共设施的服务半径已经超出城市或区域的范围。在"规模门槛"规律约束下，如果允许各主体（城市或区域）从自身利益出发，囿于自己的属地范围内进行基础设施建设，将降低设施的利用效率，造成成本的上升和资源的极大浪费，所以应从协调发展的角度编制区域规划，规划重点是将城市的总体发展目标、策略、城镇体系对各级城镇的原则要求、基础设施布局框架在区域空间规划范围内进行具体的空间落实。区域规划应该通过区域交通、给水、排水、电力、通信设施的整体协调和相关城镇总体规划的有机结合，从基础设施共建共享的角度提出区域交通线路改线、区域集中供水和污水处理方案，实现区域基础设施配置的最优化。例如对于西部地区具有丰富太阳能资源的新疆、甘肃等地区，区域用电需求较小，能源利用率低，可以采用跨区输送的方式，在实现资源优化配置的同时也推广可再生清洁能源的利用。

案例（4-11）

《陕西省生态城镇带规划（2015—2030）》：区域水资源宏观调控

《陕西省生态城镇带规划（2015—2030）》针对陕西省区域水资源短缺的问题，提出要加强区域性水源工程的宏观调控，通过延安黄河引水工程、榆林黄河大泉引水工程、枣林坪黄河引水工程、府谷县引黄应急供水工程、榆佳工业区供水工程、吴堡县城乡综合供水工程、黄河碛口水利工程等区域调水工程，平衡沿黄地区城乡发展的用水需求。通过分质供水、雨洪利用、污水处理、再生水利用等方式，促进水资源综合、循环、高效利用。

4.1.2　建立突破行政区各自为政的新型管理模式

城镇密集地区城乡空间高度交织、社会经济联系高度密集，但同时也出现了行政体制高度分割，经济社会发展的区域矛盾与利益冲突严重。各地在产业发展、大型基础设施建设及土地开发等方面互不协调、互为掣肘的问题将进一步成为制约区域整体优势发挥和竞争力提升的"瓶颈"。各地区要实现区域共建共享基础设施，就是要从区域整体协同的角度出发，突破行政区各自为政的传统管理模式，建立城镇联盟、城乡协调的区域和谐发展机制，推进区域一体化建设。

案例（4-12）

《珠三角城镇群规划》：
突破行政边界协调分区建设

珠三角现状环境基础设施建设主要由城镇政府组织管理，缺乏统筹协调。如各镇分别建设垃圾处理设施，大部分是简单填埋处理，环境二次污染严重；分散建设污水处理厂，使污水处理厂数量过多，造成大量的上游排污口、下游取水口现象。各城市都认识到环境基础设施需要在区域内通过建设和使用，但由于建设资金、协调机制、处理费用等原因而无法实现。《珠三角城镇群规划》提出基础设施协调发展应按照区域、环境、资源相协调的原则，划分合理的协调区域，确定相应的协调措施；结合实际情况，突破行政界线，相对集中建设，使设施达到经济、合理规模。规划并针对流域、市区和市域层面提出不同类型的协调分区内容建议。

4.2　绿色基础设施建设引导

绿色基础设施将传统的基础设施的概念延伸到绿色空间体系，与"海绵城市"充分利用自然实现雨洪资源化利用的理念一样。绿色基础设施作为城乡与区域的自然生命支持系统，通过结合自然系统的一系列技术和措施，模仿自然水循环系统过程，达到改善环境质量和提供公共设施服务的目的。

区域尺度的绿色基础设施是城市自然生态的基质和母体，承担着多种自然过程，为城市提供自然供给和净化系统。其规划的主要任务是根据当地自然地理条件、水文地质特点、水资源禀赋状况、降雨规律、水环境保护及内涝防治要求等，研究水系在区域或流域中的空间格局，把握区域水生态特征，维护区域水循环过程，构建区域生态安全格局，建设大型防洪设施，完善"海绵城市"建设所涉及的水源保护、洪涝调蓄及水质管理等功能，维系蓝绿生态格局的完整性和稳定性。其主要的规划策略与方法是识别基础要素、划定生态控制线与开展流域治理，其中前两项与区域生态保育方法大致相同，在此不再复述，本节主要对于流域治理的具体方法进行介绍。

在开展流域治理方面，应加强区域水安全的统筹能力，协调上游地区经济发展与水生态环境保护的关系，对威胁水生态安全的企业进行严格控制，严防上游地区水源的污染影响下游地区用水安全；结合绿色基础设施推进绿色生态水系工程建设，突破传统以截洪沟、截洪隧洞建设为主的快排模式，开展流域综合治理。针对受山洪威胁、集雨面积大的上游地区，建设水库、山塘等滞蓄设施，实现雨水自然积存，中下游地区利用湖泊、湿地等调蓄自来水，实现对雨洪资源的利用；重视河湖水域与周边生态系统的有机联系，通过逐步改造渠化河道、恢复已覆盖的水体开展生态修复，建立丰富的物种群落，提高生物多样性。

案例（4-13）

《广州市水功能区划》：构建"数字水网"体系

广州市构建了"数字水网"体系，明确了市域范围内现状共有 1333 条宽度在 5 米以上的河涌，长约 5360 千米，水库有 358 座，主要人工湖有 11 个，全市域水面率达 10.2%。水系规划按照"协调、地域、公共、经济、安全"的原则，形成"一江两片、北树南网、点线结合、干支分层"的水网结构和"北拦南蓄"的排涝格局，通过"多层次、成网络、功能复合"的水系建设，促进市域水系、绿道、山林和湿地的融合发展，构筑"水脉相连、水绿交融、水城共生"的岭南生态水城。

规划到 2020 年广州市水面率达到 10.5%，骨干河涌密度达到 0.28 千米 / 平方千米；坚持分流域治理的指导方针，对于北部山区丘陵"树枝状"水系，根据地形适当开展湖库建设工程，增强对上游来水的拦蓄功能，提高水面率，增加非汛期区域可利用的水资源量；对于南部平原呈"网状"分布、间距较小的水系，加强河道间的连通，疏浚断头河涌，对难以疏浚连通的河道新开联系河涌，优化区域水资源分配、提高区域水安全能力。水功能区划采用两级体系，一级区强调政策引导，分为保护区、保留区、开发利用区和缓冲区；二级区强调功能分区，分为饮用水源区、工业用水区、农业用水区、渔业用水区、景观娱乐用水区、过渡区及排污控制区。

由于我国水资源、水环境与水安全、生态等问题较为严重，因此绿色基础设施对于城乡建设的生态、社会、经济等方面有着更为重要的意义。但由于其大部分地域经济落后的特征，绿色基础设施没有得到广泛的推广，因此，在绿色基础设施技术逐渐成熟的基础上，我国需探索一套低投入、高效率的绿色基础设施技术与方法，逐渐运用到城乡建设中去。

复习思考题

1. 分析在区域发展与城乡规划中实现低碳生态的路径有哪些？
2. 结合一个区域规划案例，论述如何推进低碳生态任务？

第 5 章

低碳生态

规划布局
与
用地管控

本章主要从中观规划布局与用地管控层面展开讨论,包括城镇总体规划与控制性详细规划两个方面,中观层面应该按照节约型城乡建设要求和集约发展、生态友好等原则,在生态保护与建设、产业布局、发展容量、空间布局、交通体系、基础设施、开发指标等方面具体贯彻落实低碳生态发展要求(表5-1)。

第1节　生态保护与建设

进行低碳生态规划时,应在经济活动、自然环境、生态适应性分析的基础上,划定生态缓冲体系和保障体系,构建科学的生态安全格局;在充分分析城镇水资源、土地资源、绿地资源的前提下,进行生态斑块、廊道和基质的选择,合理确定城镇的重点生态斑块、次级生态斑块和生态廊道,均衡绿化布局,优化绿化结构,搭建覆盖整个城镇的绿地生态网络。同时,规划应在充分考虑生态功能、绿地可达性、固碳释氧要求、物种栖息地保护和生态环境建设的前提下,进行热岛效应分析,合理确定绿化总量,均衡绿化布

局,优化绿化结构,鼓励立体绿化,确定生态建设的目标和实现途径(图5-1)。

1.1　生态管控

我国各地区应遵循生态优先、尊重自然、因地制宜和适度发展的原则,把生态放在最优先考虑的位置,在确保生态系统健康的基础上谋求发展。首先,必须充分考虑用地的适宜性,

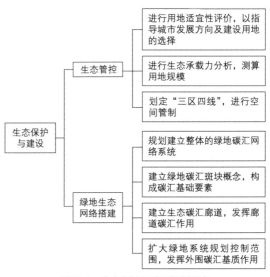

图5-1　生态保护和建设规划重点

规划布局与用地管控层面的低碳生态任务　　　　表5-1

规划内容	规划任务
生态保护与建设	实行生态管控,搭建城市生态绿地网络
产业布局优化	产业布局的宏观引导,产业布局的生态调控
发展容量确定	预测人口容量,控制建设规模,划定空间增长边界
空间布局优化	构建低碳空间结构,通过"低碳单元""低碳街区"和"低碳地块"进行分层级控制
绿色交通体系构建	划分交通分区,优化路网结构,落实公交优先、慢行友好的低碳出行模式,合理布置公共停车场
绿色基础设施体系构建	构建绿色水基础设施,建立低碳能源应用系统,促进基础设施集约高效利用
开发指标控制	通过低碳控制体系的构建、优化和低碳指标分类进行开发控制

同时加强生态承载力分析，以生态承载力倒导建设规模，基于生态承载力、生态安全格局和生态适宜性等现状分析，为建设规模预测和用地选择做前期论证，进而在"三区"（禁建区、限建区、适建区）基础上，划分"四线"（红线、绿线、蓝线、黄线）和空间增长边界。

1.1.1　用地适宜性评价

通过生态敏感性、生态安全格局分析等找出适宜建设用地，以指导城市发展方向及建设用地的选择。技术方法上主要是从地质、地形、地貌、历史保护和防洪等因素出发，综合分析规划地区的生态敏感性、生态安全格局，从而划分禁建区、限建区与适建区。城市建设优先选择适建区，适度利用有条件的限建区，禁止使用禁建区。

1.1.2　生态承载力分析

在总体规划前期进行生态承载力的专题研究，多从水资源与土地资源两个角度测算一个城市所能容纳的人口，依据人口测算所需的用地规模。

1.1.3　"三区四线"空间管制

在"三区"（禁建区、限建区、适建区）基础上，划分"四线"（红线、绿线、蓝线、黄线）和城市增长边界。其中，绿线和蓝线分别是对城市主要绿地和水系的控制线，城市增长边界则是针对城市建成区扩张划定一条不可逾越的"红线"。

1.2　绿地生态网络搭建

我国各地区正在经历着快速城镇化的过程，对于自然开发的力度逐渐加大，导致了城镇绿地破碎化的问题，这些破碎的绿地由于相互之间缺少了生态联系，失去了整个系统的生态支持而逐渐被蚕食，从而减弱了生态环境的稳定性。构建我国绿地生态网络需要将破碎的绿地以廊道的形式重新连接，保护其中具有重要生态价值的斑块，进而使整个覆盖在绿地生态网络中的城乡恢复生态活力。

在一般的绿地生态网络规划中，通常需要重点考虑斑块、廊道和基质。绿地生态网络规划需要在基质的基础上构建整个网络，利用廊道连接绿地斑块，斑块、廊道和基质互相连接交错而形成生态网络，提供物质循环，构建成稳定的自循环系统，从而达到生态网络构建的最终目的。

1.2.1　规划建立整体的绿地碳汇网络系统

绿地碳汇系统的网络由两个基本的功能单元组成，即节点和连接，两者通过结构组织成为一个整体。城市总体规划在满足绿地指标的同时，应考虑将零散的绿地斑块联系起来，并与城市外围生态环境沟通，将碳汇斑块抽象为节点，生态碳汇廊道抽象为连接，城市绿地碳汇网络系统最终构成了一个由绿地斑块—生态碳汇廊道—外围碳汇基质所共同沟通的、相互联系并具有一定结构的整体城市绿地生态碳汇系统。

1.2.2 建立绿地碳汇斑块概念，构成碳汇基础要素

绿地斑块的概念与碳汇作用的培育相结合，最终形成绿地碳汇斑块的概念。城市总体规划应注重研究绿地碳汇斑块的面积、形态、数量及空间特征，有针对性地发挥其不同的碳汇功能，例如大的绿地碳汇斑块可以作为城市氧源地，提供游憩功能的同时涵养城市水源，并构成地区物种地。而规模较小的绿地碳汇斑块可以通过物种与景观的异质性，补充并扩大城市生态物种规模。

1.2.3 建立生态碳汇廊道，发挥廊道碳汇作用

对于中小城区的老城区或是高度城市化片区，由于发展的压力或是已建成区改造的难度，以致无法提供足够绿地碳汇斑块的情况下，依托占地相对较小的线性绿地碳汇廊道可以对城市整体绿地碳汇系统进行强化与补充，并能以廊道通风的形式维持城市碳氧平衡。同时碳汇廊道还起着联系沟通碳汇斑块与外围生境的作用。绿地碳汇廊道由于自身特征属性的不同，可分为不同的功能类型，具体规划时会有交叉，同时可依据不同标准进行划分，但应强调不同功能类型的绿地碳汇廊道应该针对性地设计其宽度，以保证其碳汇、生态、游憩等功能的发挥。

1.2.4 扩大绿地系统规划控制范围，发挥外围碳汇基质作用

常规的城市总体规划对于城市绿地系统的规划，往往忽略对城市外围生态环境的控制与

保护。事实上，城市外围生态基质是建立城市碳循环系统的重要环节，是吸收城市温室气体排放的重要组成部分，特别是中心城区被外围山区林地环绕的中小城市。另外，城市与郊区有着紧密的联系，彼此在经济与生态建设方面有着重要的互补作用，是一个统一的生态系统。因此城市总体规划应扩大对城市外围生态基质考虑范围，并建立城市外围碳汇基质的概念，通过生态碳汇廊道的沟通与城市碳汇斑块联系起来，一同构成城市绿地碳汇系统。

 案例（5-1）

甘肃省清水县生态廊道构建研究：
"最小阻力模型 + 网络分析法"构建生态廊道

1. 清水县概况

清水县位于甘肃省天水市东北部，陇山西麓，东与陕西省陇县、宝鸡市相连，西靠天水市秦安县，南接天水市麦积区，北与张家川回族自治县毗邻。清水县境内山峦起伏、地形复杂，县域内主要有陇山、盘龙山、笔架山、高峰科梁等山脉，素有"陇右要冲、关中屏障"之称。

2. 清水县生态廊道构建

根据生态廊道构建方法的理论研究，结合对清水县生态廊道建设的可行性分析，展开清水县生态廊道的构建，其中包括以最小累计阻力模型的潜在生态廊道识别和基于网络分析法的核心生态廊道网络布局两个内容。

（1）以"最小阻力模型"的潜在生态廊道识别

在识别潜在生态廊道过程中，首先展开生态源的识别。通过对清水县不同类型绿地斑块的辨析，

图 5-2 清水县生态源分布图
资料来源：李欣格 . 甘肃省清水县生态廊道规划设计研究 [D]. 西安：西安建筑科技大学，2018.

最终确定 258 个生态源，这些生态源主要以林地斑块和草地斑块构成，集中分布在县城东南的山门镇、秦亭镇、草川铺镇、白沙乡等地（图 5-2）。

其次，在以土地利用类型为阻力面的基础上，增加自然环境属性阻力面和人类建设活动阻力面，总共形成 3 大类 20 小类阻力面，并综合层次分析法

和熵值法确定每一个阻力（图 5-3）。然后利用 GIS 技术平台中的加权总和功能，按照"按层次叠加，由小到大"的原则，为阻力因子赋予相应的权重并进行空间叠加，最终生成复合型的阻力面（图 5-4）。

基于识别出的生态源与复合型的阻力面，利用 GIS 技术平台的成本距离分析，可以模拟并识别出

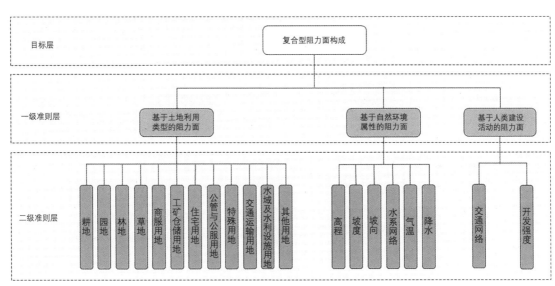

图 5-3 复合型阻力面构成
资料来源：李欣格 . 甘肃省清水县生态廊道规划设计研究 [D]. 西安：西安建筑科技大学，2018.

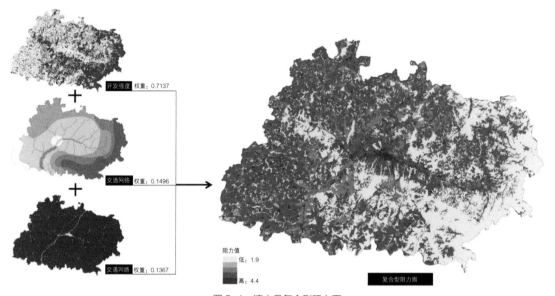

图 5-4　清水县复合型阻力面
资料来源：李欣格．甘肃省清水县生态廊道规划设计研究 [D]．西安．西安建筑科技大学，2018.

潜在的生态廊道，为之后生态廊道网络的搭建提供依据（图 5-5）。根据梳理后的生态廊道结果，可以看出清水县生态廊道共有 118 条。从廊道类型上来看，大部分生态廊道沿主要河流或由林地和草地组成。

（2）基于网络分析法的核心生态廊道网络布局

由于潜在生态廊道的数量及类型众多，不仅难以在短时间内完成 118 条潜在生态廊道的建设，而且需要耗费巨大的人力、物力、财力。因此需要从潜在生态廊道中选取连接重要生态源、连接生态源数量较多、廊道长度较长的生态廊道作为核心生态廊道。为了使选取出的核心生态廊道依然可以发挥整个生态廊道所具有的整体效益，且自身形成完整、连续的生态网络系统，需要利用网络分析法对选取出的生态廊道展开多种搭建方案的设计，对比和分析不同方案的网络结构特征数据，最终确定最优的生态廊道网络布局方案。这种利用数量较少的廊道构建起较为稳定的生态网络系统的生态廊道构

建方式，不仅可以发挥生态廊道的综合效益，同时可以提高生态廊道建设的可实施性。

基于此，需要对生态源的重要程度进行排序，确定哪些生态源是起到关键作用的关键点生态源，哪些生态源是一般性节点生态源。综合考虑生态源的规模和功能，从识别出的 258 个生态源中筛选出规模大于 10 平方千米的林地斑块、规模大于 5 平方千米的草地斑块作为关键点生态源，保留一级水源保护区、城市的公园及景区等绿地斑块作为关键点生态源。同时，考虑到清水县水系较多的特征，将河流交汇处的生态源也纳入关键点生态源中，最终筛选出 34 个关键点生态源，并将其抽象为点展开生态廊道网络布局实践分析（图 5-6）。利用识别出的潜在生态廊道连接关键点生态源，展开不同目标下的生态廊道网络布局规划设计，通过分析网络结构特征指数，最终确定最优化的生态廊道网络布局模式。

综合考虑关键点生态源的重要程度、吸引力、生态源之间的距离、建设成本以及可达性等内容，

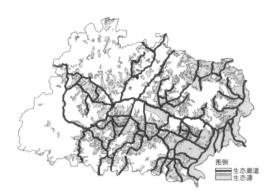

图 5-5　清水县生态源和潜在生态廊道分布图
资料来源：李欣格 . 甘肃省清水县生态廊道规划设计研究 [D].
西安：西安建筑科技大学，2018.

图 5-6　清水县关键点生态源分布图
资料来源：李欣格 . 甘肃省清水县生态廊道规划设计研究 [D].
西安：西安建筑科技大学，2018.

参考网络搭建的几种模式，展开生态廊道网络的多方案设计。在设计过程中，暂不考虑生态廊道的宽度，将潜在廊道的走势以直线的形式连接关键点，用直线表示搭建的生态廊道。经过反复比较和推敲，最终形成四种不同类型的生态廊道网络设计方案（图 5-7）。

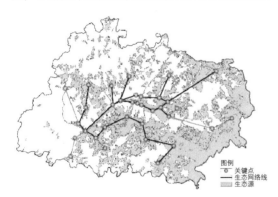

方案一：路径最短的连接方式

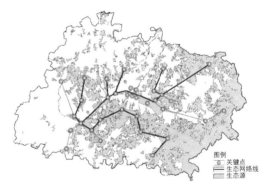

方案二：城区形成环路，外部最短连接

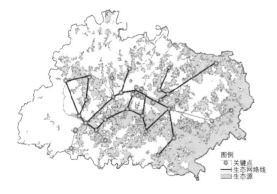

方案三：外部形成环路，城区最短连接

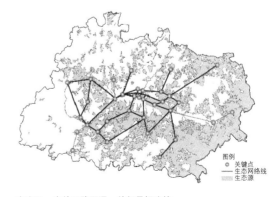

方案四：内外环路互通，外部最短连接

图 5-7　清水县生态廊道网络多方案示意图
资料来源：李欣格 . 甘肃省清水县生态廊道规划设计研究 [D]. 西安：西安建筑科技大学，2018.

清水县生态廊道网络多方案   表 5-2

设计方案	节点数（个）	廊道数（条）	廊道总长度（千米）	研究区域总面积（平方千米）
方案一	34	33	16.40	2012
方案二	34	34	17.47	2012
方案三	34	37	19.04	2012
方案四	34	48	25.12	2012

资料来源：李欣格.甘肃省清水县生态廊道规划设计研究[D].西安：西安建筑科技大学，2018.

四种生态廊道网络方案的设计侧重点不同，无法主观判断方案之间的优劣性，但网络结构作为网络方案的特征表现，是评价网络优劣的关键内容，通过对比不同方案的网络结构特征指数，从客观上可以辅助完成多个生态廊道网络布局方案的比选，为之后生态廊道网络的优化提供依据。

分别统计四个方案的节点数、廊道数、廊道总长度以及研究区域面积等反映网络结构特征的数据

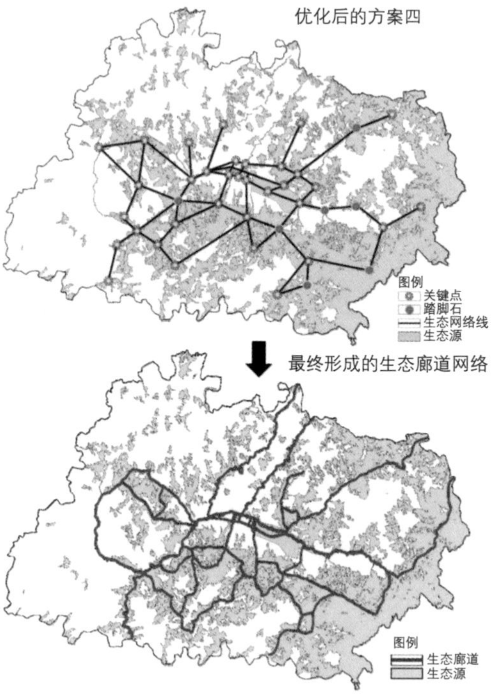

图 5-8   基于完善后的方案四生成的清水县生态廊道网络图
资料来源：李欣格.甘肃省清水县生态廊道规划设计研究[D].
西安：西安建筑科技大学，2018.

（表 5-2），通过对比不同方案的网络结构特征指数，可以看出：方案一的廊道数量最少、廊道总长度最短、形态最为简单；方案四的廊道数量最多、廊道总长度最长、形态最为复杂，最终确定以方案四为基准展开更深程度的生态廊道网络建设（图 5-8）。

从最终确定的生态廊道可以看出，清水县的生态廊道主要由县城外围的林地斑块和草地斑块、联系城市内外的河流水系和道路以及城市内的公园绿地等构成，呈现圈层式的空间结构层次。这三个层次的生态廊道通过水系、道路连接在一起，加强了城市建成区内生态斑块与城市外围自然生态斑块的联系、孤立斑块与生态斑块或廊道的联系，保障了生态廊道之间的连通性，共同构成完整、有机的生态廊道网络。

第 2 节   产业布局优化

在中观层面，产业规划布局是城乡规划的重点内容之一，合理的产业布局有利于提高地区资源综合利用效率和经济效益，促进各地区经济社会的协调有序发展，从而取得社会、经济和生态效益的统一。我国各地区应该通过城乡产业布局的用地选择与内部调整，推动整个国民经济的协调、持续与快速发展（图 5-9）。

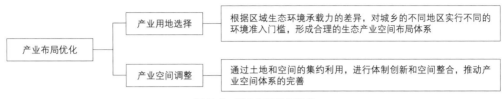

图 5-9　产业布局优化重点

2.1　产业用地选择

区域产业分工使区域的产业体系在空间集团内有机分散，这样既不会导致核心区由于产业升级和制造业大量转移而造成的产业空心化现象，又能使次级核心和边缘区的制造业、农业得到优质的产业服务，如技术支持、金融保障、保险服务、进出口服务和信息咨询等。在低碳生态要求背景下，各地区应该根据区域生态环境承载力的差异，对城乡的不同地区实行不同的环境准入门槛，形成合理的生态产业空间布局体系：在城乡发展的核心区要提高产业的准入门槛，以各类生态型产业为主；在城乡的次级发展中心，作为核心区的主要辐射区域，主要发展低污染产业；在边缘地区主要发展一般型产业，产业准入门槛较低，但是要加快技术升级改造，尽可能减少环境污染。

 案例（5-2）

基于生态承载力的贵港市产业布局优化研究

从水资源承载力、土地资源承载力、矿产资源承载力、环境容量、生态功能区划等方面对贵港市的生态承载力进行了分析。在此基础上，在 "3S"

技术支持下，充分利用贵港市地形、地貌、土壤、植被覆盖度、土地利用等基础数据与图件，对贵港市生态环境现状、生态环境敏感性、生态系统服务功能的重要性等进行评价，并形成一系列比例尺为1：20万的评价图。在评价的基础上，利用 GIS 技术，将评价结果形成的专题地图进行叠置，以地理空间异质性为基础，根据地貌类型、生态服务功能重要性和生态环境敏感性的一致性进行生态功能区的划分。在此基础上，结合贵港市城市发展战略及产业发展规划，形成最终生态功能区划方案，将贵港市划分为三类生态功能分区：生态调节功能区、产品提供功能区、城镇与工业发展功能区（图 5-10）。

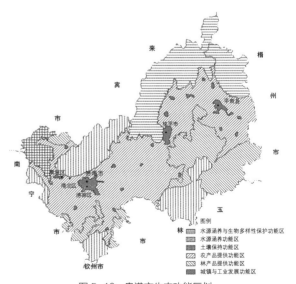

图 5-10　贵港市生态功能区划
资料来源：王维，江源，张林波，等.基于生态承载力的成都产业空间布局研究 [J]. 环境科学研究，2010，23（3）：333-339.

生态调节功能区主要包括水源涵养功能区、土壤保持功能区、生物多样性保护功能区等区域。该类功能区在维持生态平衡、保障区域生态安全等方面具有重要意义，需要加以重点管理和保护。

产品提供功能区主要包括提供农产品、林产品等功能的区域。该类功能区具有重要的社会经济服务功能，为社会生活和经济发展提供原料，对保护自然、稳定生态、促进人和自然和谐相处等方面也具有重要作用，需要合理管护和经营。

城镇与工业发展功能区主要是指居民点、工业区及其他以开发建设为主的城市发展功能区，包括中心城市、重点城镇等。该类功能区为人类社会经济活动中心，在维持人类的正常社会生活和经济发展方面起重要作用，人口密度、建筑密度和经济密度都很高，在长期的人为干扰作用下，环境质量有所下降，需加强管理和环境治理。

最后，从工业布局与结构优化的生态承载力约束因子考虑，依据资源承载力、环境容量的估算结果，桂平市、平南县的生态承载力对工业布局的支撑能力比较强，但应优先考虑区位条件和经济条件，再结合生态承载力的支撑情况进行工业布局。贵港市中心城区位于港北区港城镇，区位优势及经济优势明显，因此港城镇为优先考虑布局工业的区域，另外桂平市、平南县中心城区也应考虑布局工业发展区，覃塘区位于上游，不宜重点布局工业；结合生态功能区划，这些区域均位于城镇与工业发展功能区，可以布局工业产业；从环境容量上看，结合环境质量现状，各区域环境容量均未超载，但港北区的鲤鱼江水质较差。综合考虑，确定贵港市工业布局：重点布局在港北区港城镇、港南区八塘镇、桂平市西山镇、平南县丹竹镇和上渡镇。

2.2 产业空间调整

我国各地区产业布局的空间调整战略是以满足产业功能需要为出发点，以推进产业发展中各种空间问题的解决为宗旨，以土地和空间的集约利用为原则，以体制创新和空间整合为手段，推动产业空间体系的完善。具体来说，不同地区应依据当地的优势资源条件和发展潜力，以产业集中布局为原则将若干具规模的产业区进行产业整合，即要将各类产业及其生产、流通、消费有机结合，根据生态经济学原理把多个企业相互结合形成有一定的物质循环、能量流动、信息传递和价值增值等内在联系的群体，建设生态产业区，综合、循环利用各种资源。

 案例（5-3）

沈北新区低碳产业空间布局：基于碳足迹分析的低碳产业空间布局优化

沈北新区的碳排放强度位居沈阳市之首，区域内传统型产业较多。其二氧化碳排放源包含原煤、电、液化石油气、汽油等。原煤在所有碳排放源中占最大比例，主要来源于工业能耗。

规划首先对沈北新区产业碳足迹进行了计算，计算出了沈北新区各片区的碳排放总量和各产业片区单位面积的碳排放量，并采用GIS对现状产业布局进行了模拟（图5-11）。

规划进而通过两个主导方面——自然条件和社会条件进行约束和调控，通过这两个约束条件，形成理想模式的用地功能最优模型。

自然条件：沈阳属于温带季风气候，夏季主导方向为东南风，冬季主导方向为西北风，因此规划时将各类用地竖向平行布置。

社会条件：基于产业发展指导政策，通过计算城市功能空间紧凑度指标，排除其他因素对城市环境的影响，从产业碳源空间布局的适宜性、不同类型的城市形态和土地利用强度三方面对环境的影响进行评价。

通过分析，规划形成理想状态下的用地功能

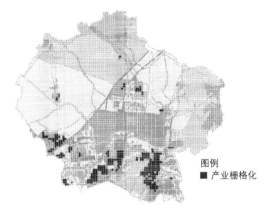

图 5-11 沈北新区现状产业布局模拟
参考文献：周诗文，石铁矛，李绥．基于碳足迹分析的沈北新区低碳产业空间布局研究 [J].沈阳建筑大学学报（社会科学版），2017，19（5）：466-470.

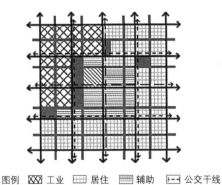

图 5-12 用地功能最优模型
参考文献：周诗文，石铁矛，李绥．基于碳足迹分析的沈北新区低碳产业空间布局研究 [J].沈阳建筑大学学报（社会科学版），2017，19（5）：466-470.

最优模型（图 5-12），以达到生态效益最佳。

在风向等自然条件、产业发展指导政策等社会条件的约束下，以及理想模式下的最优模型指导下，调整整体布局，经过 GIS 分析，在产业空间布局紧凑度指标的约束下，可得到调整后的栅格化图（图 5-13），从而进一步指导工厂位置的调整。

第 3 节　发展容量确定

生态脆弱区是我国重要的生态安全屏障，其生态的敏感性和环境的脆弱性决定了我国城镇低碳生态规划须根据当地的资源环境和生态承载力来制定计划，要改变过去仅从城镇发展需要方面考虑资源配置的做法。编制规划的时候，要对当地的土地资源、水资源、能源等基本要素进行综合分析，研究合理的城镇人口和建设用地总量控制规模。总而言之，我国低碳生态城乡规划的核心决策准则应该是"生态环境承载力决定发展规模"（图 5-14）。

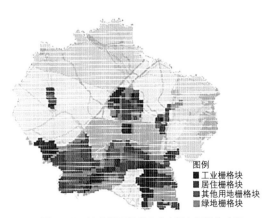

图 5-13 沈北新区低碳产业空间布局优化方案
参考文献：周诗文，石铁矛，李绥．基于碳足迹分析的沈北新区低碳产业空间布局研究 [J].沈阳建筑大学学报（社会科学版），2017，19（5）：466-470.

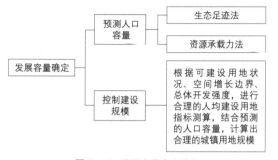

图 5-14　发展容量确定重点

3.1　人口容量预测

我国各地区城镇在进行低碳生态规划时先以主动式常规的人口测算法建构城镇人口规模基准模型，以界控式（基于生态足迹和资源承载力）算法建构城镇人口规模的修正模型，最终确定合理的人口容量。

3.1.1　生态足迹法

生态足迹在城镇化过程中是指城镇发展带来人口所消费的所有资源和吸纳这些人口所产生的所有废弃物所需要的生物生产总面积（包括陆地和水域）。生态足迹分析法将地球表面的生物生产性土地分为化石能源用地、耕地、草地、林地、建筑用地、水域这六大类进行核算。它基于六项基本前提：对六类相互排斥的生物生产性土地通过均衡因子和产量因子进行调整后汇总在一起并采用标准化面积表达结果，考查对象一般以行政区划为界，时间核算单位为一个年度。

运用生态足迹理论对区域的人口规模进行预测是在充分考虑区域的生态环境容量的基础上，通过推导生态承载力、生态足迹、生态盈亏三者关系，建立人口规模的预测模型。该模型的分析技术路线如图 5-15 所示。

案例（5-4）

汉中市人口规模预测：
生态足迹法进行人口规模预测

该人口规模预测利用陕西省汉中市 2008 统计年鉴上各类用地面积及各类用地消费项目产出的原

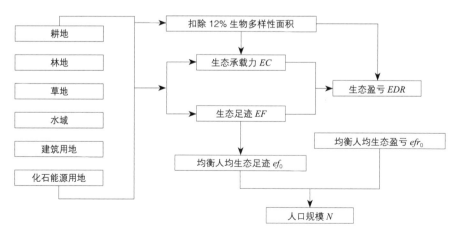

图 5-15　基于生态足迹方法人口预测的分析技术路线
资料来源：叶祖达，龙惟定. 低碳生态城市规划编制——总体规划与控制性详细规划 [M].
北京：中国建筑工业出版社，2016.

始数据，计算出 2008 年汉中市生态承载力、生态足迹与生态盈亏等指标，并根据三者关系，得出汉中市 2025 年的人口规模。

1. 生态承载力计算

区域的生态承载力是指上述各类生产性土地的总承载力，这一指标衡量的是自然界为人类社会所能提供的生态服务量。其具体计算公式如下：

$$EC=\sum_{j=i}^{6}B_j=\sum_{j=i}^{6}b_j\times r_j\times y_j \quad (5-1)$$

其中：

EC 为区域生态承载力；j 为土地类型；B_j 为第 j 类土地消费项目折算的生态承载力；b_j 为第 j 类土地的面积；r_j 为第 j 类土地的均衡因子；y_j 为产量因子。

根据上式，计算出汉中市域的生态承载力，见表 5-3。

2. 生态足迹计算

生态足迹主要由三部分组成：生物资源的消费、能源的消费和贸易调整部分。

各消费项目的人均生态足迹的计算公式为：

$$A_i=C_i/Y_i=(P_i+I_i-E_i)/(Y_i\times N) \quad (5-2)$$

其中：

i 为消费项目类型；A_i 为第 i 种消费项目折算的人均生态面积（公顷／人）；C_i 为第 i 种消费项目的人均消费量；Y_i 为相应生物生产性土地生产第 i 种消费项目的世界年平均产量（千克／公顷）；P_i 为第 i 种消费项目的年生产量；I_i 为第 i 种消费项目的年进口量；E_i 为第 i 种消费项目的年出口量；N 为人口数。

汇总各消费项目的人均生态面积，即人均生态足迹，其计算公式为：

$$ef=\sum r_j\times A_i$$
$$=\sum r_j(P_i+I_i-E_i)/(P_i\times N) \quad (5-3)$$

i=1，2，3，…，n

j=1，2，3，…，6

其中：

ef 为人均生态足迹（公顷／人）；r_j 为均衡因子。

地区总人口（N）的总生态足迹为：

$$EF=N\times ef \quad (5-4)$$

根据以上公式，计算出汉中市的生态足迹见表 5-4。

汉中市生态承载力分析　　表 5-3

土地类型	面积（公顷）	人均面积	均衡因子	产量因子	生态承载力（公顷）	人均生态承载力
耕地	299056	0.078823	2.8	1.49	1247662	0.328851
草地	69000	0.018187	0.5	2.19	75555	0.019914
林地	1900000	0.500791	1.1	0.8	1672000	0.440696
水域	65330	0.017219	0.2	1	13066	0.003444
建筑用地	60400	0.01592	2.8	1.49	251988.8	0.066418
化石能源用地	0	0	1.1	0	0	0
总供给面积	3260271					0.859323
生物多样性面积	391232.6					0.103119
生态承载力	2869039					0.756204

资料来源：甘蓉蓉，陈娜姿．人口预测的方法比较——以生态足迹法、灰色模型法及回归分析法为例 [J]．西北人口，2010，31（1）：57-60.

<table>
<tr><td colspan="4" align="center">汉中市生态足迹分析　　　表 5-4</td></tr>
<tr><td>土地类型</td><td>需求面积
（公顷）</td><td>均衡因子</td><td>均衡面积
（公顷）</td></tr>
<tr><td>耕地</td><td>0.725518</td><td>2.8</td><td>2.031452</td></tr>
<tr><td>草地</td><td>0.14015</td><td>0.5</td><td>0.070075</td></tr>
<tr><td>林地</td><td>0.009073</td><td>1.1</td><td>0.00998</td></tr>
<tr><td>水域</td><td>0.183593</td><td>0.2</td><td>0.036719</td></tr>
<tr><td>建筑用地</td><td>0.000185</td><td>2.8</td><td>0.000518</td></tr>
<tr><td>化石能源用地</td><td>0.079434</td><td>1.1</td><td>0.087378</td></tr>
<tr><td>人均生态足迹</td><td colspan="3" align="center">2.236121</td></tr>
</table>

资料来源：甘蓉蓉，陈娜姿.人口预测的方法比较——以生态足迹法、灰色模型法及回归分析法为例[J].西北人口，2010，31（1）：57-60.

由表 5-4 可知，汉中市的人均生态足迹为 2.236121 公顷。

3. 生态盈亏计算

生态盈亏即生态承载力与生态足迹之间的差值，以 EDR（Ecological Deficit Reserve）表示生态盈亏，其计算公式为：

$$\begin{cases} EDR=N \times edr \\ EDR=EC-EF \end{cases} \quad (5-5)$$

其中：

N 为人口数（人）；edr 为人均生态盈亏（ghm²/人）；EC 为生态承载力，EF 为生态足迹。

当区域生态足迹超过了生态承载力时，EDR 为负，称为生态赤字（ED）；当区域的生态承载力超过了其生态足迹时，EDR 为正，称为生态盈余（ER）。

由于汉中人均生态足迹为 2.236121 公顷，人均生态承载力为 0.756204 公顷，所以生态赤字为 1.479917 公顷。

4. 人口规模预测

根据人口容量同生态盈亏间的关系，将式（5-1）、式（5-2）代入式（5-3）中，进行转换，得出基于生态足迹的人口容量计算模型：

$$N=\frac{EC}{ef_0+edr_0} \quad (5-6)$$

其中：

N 为人口容量（人），EC 为区域生态承载力，ef_0 为均衡人均生态足迹（ghm²/人），edr_0 为均衡人均生态盈亏（ghm²/人）。

该人口预测取人均生态足迹为均衡人均生态足迹；由于汉中市林地生态盈余较多，为 0.430716 公顷，且同时由于林地对化石燃料产生的二氧化碳的吸收强于其他 4 类用地，因此将其确定为影响未来汉中市经济和环境协调发展的关键用地，用以均衡化石能源用地产生的生态足迹。所以至 2020 年，在保持汉中市林地生态盈余的基础上，将 0.1 公顷/人的林地专门用于二氧化碳的吸收，即生态赤字上升至 1.579917 公顷，汉中市将仍保持现有的生态优势和生态条件不变，达到均衡状态。经计算，汉中市 2025 年人口规模为 450 万。

生态足迹法的优点在于能将生态环境、资源状况纳入人口规模影响因素范围，且避免了传统资源环境承载力预测方法中的主观成分，能较为合理地预测出区域某个时段的最大人口规模，但由于区域的生态自然环境是动态变化的，未来资源环境承载力无法精确估计，所以现有的生态足迹预测法还是一个相对静态的预测方法。

因此在应用生态足迹法进行人口预测时，一般要和规划用地调整相结合，通过调整"碳汇""碳排"用地比例，以保证生态足迹与生态承载力相平衡或生态盈余。

3.1.2 资源承载力法

目前主要的预测方法有土地承载力法、水资源承载力法、能源承载力法、经济承载力、人均道路承载力法、生态承载法和绿地承载法等预测方法，每一种方法都有其各自的使用条件和特点，在应用时应该依据各地区城乡的自身发展条件来进行选取。一般情形下，资源承载力预测法可作为城乡人口预测的备选方法来对预测的城乡人口规模进行反向验算，但各地区城乡由于生态环境限制，其自身发展条件中或多或少都存在着某一方面的限制性因素，应该选取相应的方法进行预测。例如：

（1）受限于自然环境，城乡建设用地有限的地区，可以考虑使用土地承载力预测法；

（2）水资源十分紧缺的地区，可以考虑使用水资源承载力预测法；

（3）生态环境负荷压力很大的地区，可以考虑使用环境容量预测法。

 案例（5-5）

古邳镇人口规模预测：
基于资源环境承载力的小城镇人口规模预测

土地的人口承载力取决于两个变量，一是预测年末的城镇建设用地规模，这个规模可能来自土地开发潜力的绝对约束，也可能是受土地开发控制等人为制约的结果；二是预测年末的人均建设用地标准，该指标应结合现状、根据土地开发潜力、按照国家有关标准，或参考其他城市的相应指标来确定。根据建用地潜力和有关人均用地标准预测人口规模，预测公式为：

$$P_t = L_t / I_t \qquad （5-7）$$

其中：

P_t 为预测目标年末人口规模；L_t 为根据土地

开发潜力确定的预测目标年末城镇建设用地规模；I_t 为预测目标年宜采用的人均建设用地指标。

古邳镇地处黄河故道冲击坡地，镇域北部为低山丘陵坡地，东部为低洼平原，南部为古黄河滩地，地势为西北高东部低。黄河大堤海拔 31 米，民便河沿岸东部为黄墩湖低洼区（黄墩湖滞洪区），海拔 21.4 米，西部标高为 25 米。镇区在发展过程中受到滞洪区、黄河滩地和丘陵山坡地的影响，城镇拓展空间不足，对城镇用地的扩展有一定的制约性。

通过对古邳镇的自然生态、地质构造、地形地貌条件、用地类型及水源保护等方面的分析，确定建设门槛，然后在空间上加以综合，形成对城镇建设的生态适宜性分析与自然系统的适宜性分析结果。

以现有镇区空间为源点，以建设的适宜性程度为发展的阻力值，进行镇区扩展空间扩散的阻力分析。同时，充分考虑镇区的建设现状、黄墩湖滞洪区的影响因素和镇区的未来发展及现有工业用地在空间、规模、发展属性等方面的协调关系，在此基础上确定镇区的用地扩展方向。

通过对用地建设条件和发展方向的分析、确定综合考虑古邳镇社会经济发展、生态环境保护以及历史文物保护等多方面的具体要求，并充分认识现实发展环境中的诸多不确定因素，同时，将满足近期建设与远期发展目标相结合，使规划具有适当的弹性和应变能力，适应市场经济和城镇形态发展的需要，综合确定镇区在规划目标年的可建设用地规模为 458.15 公顷。

镇区现状人口为 14009 人，现状建设用地为 171 公顷，则现状人均建设用地约为 122.71 平方米。

按照 2007 年颁布实施的《镇规划标准》GB 50188—2007，考虑现状指标，其人均建设用地指标宜按表 5-5 中第四级确定。

人均建设用地指标分级　　　　　　　　表 5-5

级别	一	二	三	四	五
人均建设用地标准（平方米）	50~60	60~80	80~100	100~120	120~150

人均建设用地指标　　　　　　　　表 5-6

现状人均建设用地水平（平方米/人）	人均建设用地指标级别	允许调整幅度（平方米/人）
≤ 50	一、二	应增加 5~20
50.1~60	一、二	可增加 0~15
50.1~60	二、三	可增加 0~10
80.1~100	二、三、四	可增、减 0~10
100.1~120	三、四	可减少 0~15
120.1~150	四、五	可减少 0~10
>150	五	应减少至 150 以内

资料来源：王浩，江伊婷.基于资源环境承载力的小城镇人口规模预测研究 [J]. 小城镇建设，2009（3）：53-56.

对已有的村镇进行规划时，其人均建设用地指标应以现状建设用地的人均水平为基础，根据人均建设用地指标级别和允许调整幅度确定，并应符合表 5-6 的规定。

综合考虑以上相关规定标准和现状建设情况，确定规划目标年宜采用的人均建设用地指标为 100~120 平方米 / 人，因此规划目标年人口预测为：

以低指标为基准：$P_t=L_t/I_t$=458.15 公顷 /100 平方米 / 人 =45815 人；

以高指标为基准：$P_t=L_t/I_t$=458.15 公顷 /120 平方米 / 人 =38179 人；

在现有的可建设用地条件下，土地的人口承载规模在 3.8 万 ~ 4.6 万人之间，考虑到人均建设用地标准取值的地区差异性，综合确定镇区的人口规模为 4.5 万人。

3.2　建设规模控制

根据城镇可建设用地状况、空间增长边界、总体开发强度，进行合理的人均建设用地指标测算，结合预测的人口容量，计算出合理的城镇用地规模。其中空间增长边界的划定是控制城市建设用地规模、限制城市无序扩张的主要方法之一。我国大部分城镇依然处于快速城镇化阶段，需要在守住生态安全底线的基础上，给予城镇适当的规模扩张空间，使城镇可以承载经济社会快速发展带来的产业繁荣与人口增长。

 案例（5-6）

榆林市城乡规划区城市开发边界划定：
快速城镇化地区的城市开发边界划定方法

面对工业化与现代化的快速推进，榆林老城区已无法承载产业发展诉求，趋紧的土地供应制约了产业发展，导致老城区城市功能与产业溢出效应明显，城区周边的拓展用地与各类新区迅速展开建设。

相较于 2006 年第四轮城市总体规划，现状建成区新增拓展建设用地共计 33 平方千米，新增各类新区建设用地共计 276 平方千米，故既有规划拼合的建设用地总规模为 405 平方千米（图 5-16）。

榆林市的城市空间限制性评价采用生态敏感性分析方法（图 5-17），借助 GIS 技术，选取与生态安全格局构建主要相关的六大因子作为敏感性评价的一级指标。建立敏感性评价模型，分别对各项单因子进行敏感性评价，并叠加为规划区生态敏感性综合评价，将规划区从生态角度划分为高敏感地区、较敏感地区、次敏感地区、低敏感地区及不敏感地区，并划定榆林城乡规划区生态底线，作为划定城市开发边界的限定性要素予以考虑。

之后将规划拼合基底与生态敏感性评价相叠加，形成基于生态敏感性评价的分区建设方案（表 5-7）。规划拼合条件下，各片区建设优先选择生态不敏感与低敏感地区，小规模利用生态次敏感区，在允许条件下使用生态较敏感地区推进生态旅游业，严格禁止侵占生态高敏感地区。

最后确定榆林规划区既有规划拼合的建设用地总面积为 405 平方千米，以既有规划拼合图为基底，综合考虑生态敏感性、用地适宜性、"两规"图斑差异、城市发展规模与空间形态，缩减、优化、调整既有规划拼合基底的用地规模及空间布局，最

图 5-16 既有规划拼合基底图
资料来源：沈思思，陈健，耿楠森，等 . 快速城镇化地区的城市开发边界划定方法探索——以榆林市为例 [J]. 城市发展研究，2015，22（6）：103-111.

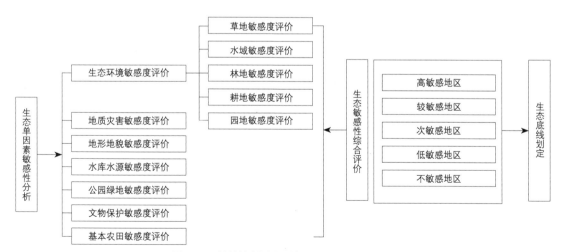

图 5-17 榆林城乡规划区空间限制性评价技术方法
资料来源：沈思思，陈健，耿楠森，等 . 快速城镇化地区的城市开发边界划定方法探索——以榆林市为例 [J]. 城市发展研究，2015，22（6）：103-111.

基于生态敏感性评价的分区建设方案（单位：平方千米）   表 5-7

地区	生态不敏感地区	生态低敏感地区	生态次敏感地区	生态较敏感地区	生态高敏感地区
空港新区	32.36	20.57	1.43	2.08	1.79
芹河新区	21.49	8.35	0	0	1.34
横山工业区	48.87	44.09	0	0	2.48
高新拓展区	16.33	6.56	0	0	0
横山三产服务区	11.05	3.35	0	0	0
横山中小企业创业园	7.98	1.08	0	0	0
西南新区	44.93	19.12	0	0	0
高新区	7.99	2.45	0.18	0	0
老城区	23.34	11.65	9.71	7.05	0.15
东沙新区	9.31	9.19	1.74	0	0

资料来源：沈思思，陈健，耿楠森，等.快速城镇化地区的城市开发边界划定方法探索——以榆林市为例[J].城市发展研究，2015，22（6）：103-111.

终落实城市开发边界.其划定的总体思路是按照"一城四区"的城市空间格局，重点发展建设条件较为成熟的老城区及高新区，延续现行总体规划向西发展的思路，积极推动西南新区的建设。

第 4 节   空间布局优化

当前，以低碳生态的视角反思我国城镇空间布局，主要存在以下几个方面的问题：一是城镇空间形态与当地自然条件、气候环境未实现有效互动，缺乏对生态环境的保护与利用；二是空间结构、用地布局与综合交通未实现有效互动，交通引导发展的理念未得到有效落实；三是功能分区相对单一，潮汐性的上下班交通给城市交通带来巨大压力。在低碳生态规划编制过程中，要充分认识交通导向与发展的关系，提倡用地适当混合布局，合理构建城市形态，努力达到生态适宜、交通减量、土地节约的低碳生态目标（图 5-18）。

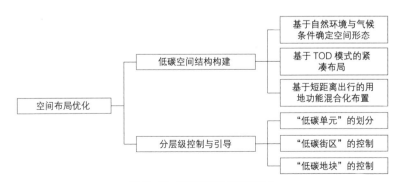

图 5-18   空间布局优化规划重点

4.1　低碳空间结构构建

4.1.1　基于自然环境与气候条件确定空间形态

现阶段我国生态环境脆弱，冬季严寒而干燥，夏季高温、降水稀少，因此在进行规划布局时应尽可能地利用本地自然生态环境与气候条件，对绿地、水系、风环境、水环境等叠加进行模拟分析，确定通风走廊及干道系统的走向、街区的形态等，通过利用绿廊、水系、道路等线形要素，形成多中心网络式空间形态，在网格中可以填充乡村、农田、绿地等大片开敞空间，在丰富景观的同时调节微气候，缓解热岛效应。

案例（5-7）

西安市风道规划建设：
依据风环境确定城市空间形态

西安市位于东南沿海湿润气候向西北内陆干旱气候的过渡带上，兼有两种类型气候特征。因受局部地形主导因素强烈影响，属暖温带半湿润季风气候。

梳理西安市主城区（建成区及城乡过渡地带）风象（风向、风力等）条件。北部，自"泾渭分明"处逆渭河河道向西偏南方向行风；西北部，自草滩经汉长安城遗址向西南方向行风；东北部，沿骊山、洪庆原向沪灞河道行东风；东部，沿洪庆原、白鹿原间灞河谷行西北风；西南部自沣河流域、户县向高新区、电子城行西南风；南部与东南部，风力集中带、廊并不明显，区域内多行南风与东风；中心城区，为外围各方向来风的汇集交错区域（图 5-19、表 5-8）。

由于西安城市历史格局、现代路网结构以及各时期规划建设结果的限制，使得城市中心城区（二环路以内区域）道路红线宽度较窄，建筑物布局过密，同时又缺乏与大区域常年高频风向走向相一致的各类廊道，从而导致外围风较难集中性、有依循地吹入城市内部。

西安市主城区空间形态的调整，应在保障风口地带能够顺畅衔接大区域风源地来风的基础上，依托城市现有格局、结构和各类廊道分布状况、兼顾

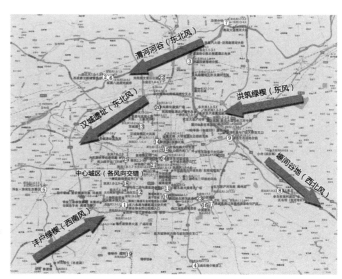

图 5-19　西安城市风道重点区位风向、风速空间分布记录图
资料来源：薛立尧，张沛，黄清明，等 . 城市风道规划建设创新对策研究——以西安城市风道景区为例 [J]. 城市发展研究，2016，23（11）：17–24.

盛行风向及日常风力，规划梳理出"道路搭架、绿带织网、水系交错"的"城市呼吸系统"（图 5-20）。

规划将西安风象条件与城市道路并行的绿化带、相互连接的开放空间序列、遗址边缘的带状滨水公园、穿越城区的长距离主干道、专有化对外交通运输干线、日常通勤与公共空间复合地带等相结合，形成"三纵三横、接通南北、贯穿东西""水切城边流、绿漫市中淌"的城市空间形态。

西安城市风道重点区位风象测量数据统计表　　　　　　表 5-8

序号 *	测量点位置	风道体系组成部分	测试数据				
			风速（米/秒）	蒲福风级	风向	气温（℃）	时间
1	丈八东路陕西省游泳跳水馆大门	丈八—太白风口	1.3~1.7	1~2	西南	37	13：43
2	西咸秦汉新城管委会楼前广场	草滩—汉城风口	1.0~1.5	1	西北	31	15：27
3	浐灞国家湿地公园（南门）	新筑—浐灞风口	1.3~2.4	1~2	东北	33	09：32
4	杜曲东侧少陵原上	杜陵—曲江风口	0.7~1.0	1	西北	38	14：09
5	沣东沣河生态景区	一级（区域级）城市风道	1.5~2.3	2	西北	38	16：15
6	草滩八路渭河横桥	一级（区域级）城市风道	3.6~4.5	3	正东	35.6	18：28
7	泾河渭河交汇处（泾渭分明景区）	一级（区域级）城市风道	1.5~4.3	2~3	东偏北 10°	33	15：45
8	灞上鱼庄	一级（区域级）城市风道	1.5~2.7	2	西北	32	09：35
9	灞桥生态湿地公园	二级（区域级）城市风道	1.0~2.4	1~2	东北	34	12：20
10	雁塔东路—大唐不夜城	二级（区域级）城市风道	1.6~3.3	2	南偏西 10°	34	13：40
11	小寨东路—大雁塔北广场	二级（区域级）城市风道	1.0	1	南偏西	34.5	13：50
12	太白南路与科技二路交叉点	二级（区域级）城市风道	1.8~3.0	2	南风	30	09：36
13	汉城湖	二级（区域级）城市风道	1.8~2.4	2	东北	36.8	17：52
14	未央路—龙首北路	二级（区域级）城市风道	1.1~1.3	1	北风	28	10：34
15	自强东路大明宫遗址公园丹凤门广场西侧	二级（区域级）城市风道	1.0~2.3	1~2	西北	29	10：02
16	中国唐苑	一类风道景区	0.9	1	西北	32.4	10：30
17	绕城高速以南雁鸣湖湿地与浐河	一类风道景区	1.1~2.0	1~2	北、西南、南	34	12：54
18	唐延路绿带延平门广场	一类风道景区	1.0~2.1	1~2	西风	36	14：20
19	香积寺　潏河	二类风道景区	0.8	1	西南	38	14：50
20	未央路张家堡广场	二类风道景区	1.0~1.2	1	北风	33	11：20
21	钟鼓楼广场	二类风道景区	1.0~2.0	1~2	东北	33	11：06
22	尚苑路文景山小山丘	潜在风道景区	1.4~2.8	1~2	东偏北 21°	30	13：42
23	公园南路	潜在风道景区	<1.1	1	东南	29	17：15
24	市体育场篮球场	潜在风道景区	1.0~1.5	1	东北	27.5	10：14
25	西二环开远门天桥	潜在风道景区	1.0~1.7	1~2	南风	34.5	14：34

* 对应图 5-19 序号

资料来源：薛立尧，张沛，黄清明，等 . 城市风道规划建设创新对策研究——以西安城市风道景区为例 [J]. 城市发展研究，2016，23（11）：17-24.

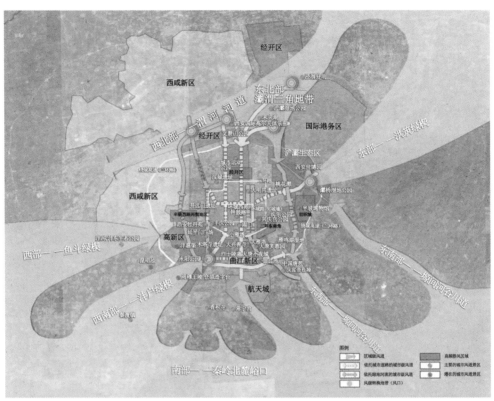

图 5-20　西安城市风道体系及风道景区空间分布图
资料来源：薛立尧，张沛，黄清明，等. 城市风道规划建设创新对策研究——以西安城市风道景区为例 [J].
城市发展研究，2016，23（11）：17-24.

4.1.2　基于 TOD 模式的紧凑布局

　　紧凑的用地布局可以大大减少对道路交通，尤其是对私人轿车的依赖，从而减轻道路交通压力，降低对石油等资源的消耗，减少碳排放；有助于减少城镇对周围生态环境的影响，降低人类活动对"碳汇"资源的影响；同时学者们认为，相对提高城镇的空间密度、功能组合和物理形态的紧凑程度，有利于实现资源、服务、基础设施的共享，减少重复建设对土地的占用，降低城市能源和资源成本，从而提高城镇发展的可持续性。

　　城乡空间的紧凑、节约发展是通过交通减量实现交通减排的基础，是体现低碳生态的重要方面。因此，各地区低碳生态规划要充分发挥交通的引导作用，纳入 TOD 模式（公共交通引导城市发展）的考虑，依托公共交通走廊作为城市发展的方向，优化空间结构形态，以最低的小汽车使用必要性和最短的交通距离完成必要的出行，有序调控城市土地资源利用，促进城市用地集中布局、紧凑发展，保障城市功能的高效运转和城市环境质量的改善提升。

4.1.3　基于短距离出行的用地功能混合化布置

　　城镇用地的多样化和多种功能的有效混合化能减少长距离的交通需求，节省交通时间，减轻交通基础设施负担，从而减少城镇碳排放。用地功能的有效混合可以在减少城镇总体碳排放的同时鼓励城镇居民乘坐公共交通。

若要实现城镇用地功能的有效混合，就要在城镇规划中打破传统方式。将城镇的居住、工作、休憩用地在社区层面进行合理的混布，特别是在交通枢纽周边地区 500 米范围内鼓励土地混合使用，进行综合式、立体式开发，使各用地间交通在步行和自行车以及公共交通范围内，从而减少机动车特别是小汽车的使用，达到节能减排效果（图 5-21）。

案例（5-8）

《昆明呈贡核心区控制性详细规划》：用地功能合理混合，实现以小街区、混合开发为主的城市形态

昆明呈贡新区公交引导开发规划在 TOD 模式的基础上，将用地功能进行合理混合，实现了新区以小街区、混合开发为主的城市形态。

呈贡新区位于昆明市主城东南部，规划控制面积 160 平方千米，城市建设用地 107 平方千米，2015 年人口预计将达到 60 万人。呈贡核心区位于呈贡新区的中部，规划总用地面积 1203 平方千米，规划人口规模 25 万人。

核心区规划功能定位是以 TOD 模式为开发理念，以小街区为单元，提倡用地的混合开发，以商业、金融、办公、文化和居住为主要城市功能，带动城市其他地区多元化均衡发展，使之成为昆明乃至西南地区的"城市商务核心区、城市形象展示区、高级人才集聚区和低碳社区示范区"。

规划改变了原有城市沿用传统巨型街区的设计理念，将彼此分割的城市格局，采用公交先导和公交中心的理念，改造成小街区、混合开发为主的城市形态（图 5-22、图 5-23）。提炼的低碳城市规划六项原则在新规划中充分融合，以创造多功能混合的宜居城市。这六项原则分别是多功能的小型街区、慢行专用道、单向二分路和减少宽度的主干道、适合步行的邻里社区、可步行到达的公园、以公交为导向的发展。

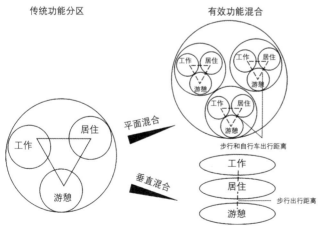

图 5-21　城市土地功能分区与功能混合
资料来源：张常新，罗雅丽. 基于低碳生态理念的城市土地利用模式优化途径 [J]. 生产力研究，2012（7）：135-136，159.

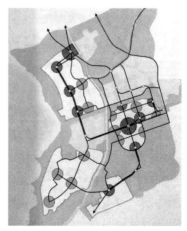

图 5-22　呈贡新区用地规划图
资料来源：中国城市规划学会，北京大学规划设计中心，2014.

图 5-23　呈贡新区核心区用地规划图
资料来源：昆明市规划局，美国能源基金会，卡尔索普事务
所，等．呈贡核心区控制性详细规划 [Z].2013.

低碳单元尺度规模　　　　　表 5-9

组团名称		尺度 （半径：米）	规模（面积： 平方千米）
经典理论单元	田园城市单元	1200	4
	邻里单位	400	0.6
	TOD 单元	600	0.84
典型城市组团	巴黎德方斯 CBD	400	1.6
	纽约曼哈顿下城	500	2.1
	新加坡 CBD	400	1.5
	北京国贸 CBD	1000	3.99
	深圳福田 CBD	1000	4.14
轨道交通开发 影响范围		500~1200	0.8~4.5
人性化尺度的 合理区		400~800	0.5~2.0

资料来源：周庆．基于 TOD 模式的绿色城市组团设计策略
研究 [J]. 城市发展研究，2013（3）: 30.

4.2　分层级控制与引导

　　城乡的空间布局包括整体空间结构以及总
体布局，也包括街区层面对用地的管控。为使
城乡的空间布局实现低碳生态，采取分层级的
控制方法，结合城乡交通系统和城乡绿地系统
对城乡用地进行划分，在城镇层面形成"低碳
单元"，街区层面形成"低碳街区"，每个层面
都有每个层面的管控目标，逐层落实，逐步推进。

4.2.1　"低碳单元"划分

　　"低碳单元"作为城乡的一个基本的以步行
和非机动车交通为主要交通出行方式的社会活动
单元，其中包含有居住生活、商业服务、文化娱
乐和工业生产等多项城镇功能，并且这些功能在
一定范围内是一种高度平衡的状态。低碳单元内

部的商业服务设施能满足人们日常生活的需求，
并且提供有充足的就业岗位满足人们工作的需求。

　　低碳单元的规模取决于人们日常工作和生
活所能接受的极限范围。合理的尺度规模不仅能
够充分发挥低碳单元各项设施和优势资源的辐射
带动作用，而且可以有效提高低碳单元的运行效
率，提升低碳单元的整体综合效益（表5-9）。

 案例（5-9）

　　武乡县城新区控规："低碳单元"划分

　　1. 现状分析

　　（1）自然条件

　　武乡县城新区三面环山，内有浊漳北源穿城
而过，山清水秀，为新区的建设提供了良好的本底
条件。同时，新区西侧为大面积的生态湿地，为新

区提供了天然的大氧吧，为新区整体景观的提升和生态系统的改善起到了重要的作用。

（2）区位条件

武乡县城新区的西边界为"太长（太原—长治）高速公路"，并且在新区设置有高速公路下线口。极大地增强了武乡新区对外联系程度，加大了新区的辐射带动能力。同时，新区现状还有若干条通往周边乡镇的过境道路，使得新区能很好地辐射周边乡镇。

2. 低碳单元划分

通过对区域现状自然、区位等条件综合分析进行区域低碳单元的划分（图5-24）。

（1）依托西侧生态湿地形成公共型的低碳单元

武乡县城新区控规中对于西侧的生态绿地没有进行有效的控制。主要原因是生态绿地不属于城市规划建设用地，因此不在控规控制范围之内。从新区整体空间环境来看，西侧的生态绿地是老城区和新区的中间隔离地带，同时又是高速下线口进入新区的入口门户空间，对新区整体形象的提升具有重要的作用。

（2）浊漳北源南北两侧各形成一个一般型的低碳单元

浊漳北源是武乡县城新区的主要河道，把整

个新区划分为南北两个地段。这两个地段是武乡新区的主要城市建设地区，也是人们日常生活的地区。考虑浊漳北源的分割，以及南北两个地块均满足低碳单元规模的要求，因此，在浊漳北源两岸分别形成一个一般型低碳单元。

4.2.2 街区层面："低碳街区"控制

4.2.2.1 低碳街区类型划分

"低碳街区"是"低碳单元"内部功能相对明确的空间单元，依据不同地块的主导用地性质，分为"生活型低碳街区""生产型低碳街区""科教型低碳街区""公共型低碳街区"和"综合型低碳街区"。

（1）生活型低碳街区

生活型低碳街区是以居住用地为主的城市功能单元。单元内部配套完善的公共服务设施，满足居民日常生活的需求。

（2）生产型低碳街区

生产型低碳街区主要以工业用地和物流仓储用地为主，主要是解决城市居民的就业问题。同时配套相应的居住和公共服务设施。

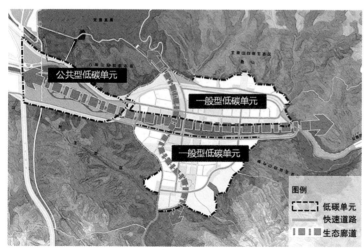

图 5-24 武乡新区低碳单元控制
资料来源：吴元华.武乡县城新区控规中的低碳思考[D].西安：西安建筑科技大学，2013.

（3）科教型低碳街区

科教型低碳街区主要是针对城市的职教园区等用地，以科研办公用地为主，同时配套相应的居住和商业服务设施，以满足科教活动的需求。

（4）公共型低碳街区

公共型低碳街区主要是指城市的大型商业商务办公综合区、公共活动中心区等。主要是满足城市商业商务活动和大型公共活动需求，同时提供一定的以第三产业为主的就业岗位。

（5）综合型低碳街区

综合型低碳街区主要指有两个或两个以上主导功能混合的低碳街区类型。例如，居住和科教的混合、居住与工业的混合等。此类低碳街区功能的混合度较其他低碳街区的高。

4.2.2.2　低碳街区规模控制

关于街区地块尺度的讨论一直众说纷纭，TOD 社区理论建议社区的尺度为 400 米；芦原义信在《街道的美学》中建议社区尺度的最大

值不应超过 500 米。传统的城镇是以人的活动为中心、按照人的基本尺度构建的。从步行距离影响分析来看，街区规模受到最大步行距离的约束❶。有调查研究发现，人作为步行者活动时，其愿意接受的最大步行距离是 500 米，而最适宜步行的距离为 150 米，一般心情愉快的步行距离为 300 米，由此街区尺度的合适范围在 150~300 米，适宜的街区长度与服务设施点的辐射半径应控制在 500 米以内。

从中西方古代传统城镇的街区尺度来看（表 5-10），古代西方城镇街区尺度较小，街道网多顺应地形起伏自由生长，并无定法，但多数边长不超过 100 米。古希腊街区大小约为 35~50 米 ×50~300 米；古罗马街区尺度通常介于 70 米 ×70 米与 150 米 ×150 米之间；古埃及卡洪城的街区尺度大致为 15 米 ×70 米。我国古代采用"坊"为规划用地单位，"坊"的大小不一，尺度一般较大。在北宋时，为促进城市经济贸易的发展，采用了和西方一样尺度

中西方古代街区尺度对低碳生态街区尺度的启示　　　　表 5-10

代表地区 / 城镇			街区尺度（米）	街区面积（公顷）	启示
西方	古希腊	米列都城	35~50×50~100	0.18~0.5	这些代表了传统城镇的街区尺度。我国从一开始尺度就比较大，北宋时相对较小
		普南城	47×35	0.17	
	古罗马	庞培城	97×38	0.37	
		罗马改建	100×100	1.0	
	古埃及	卡洪城	15×70	0.11	
我国	隋唐	长安	26.7、34、49.2、52.2、76.1		
	北宋		尺度相对较小的街坊		
	元大都		500~700×900~1000	68	

资料来源：黄梅 . 基于建筑材料本土化的甘南低碳生态小城镇规划研究 [D]. 西安 . 西安建筑科技大学，2014.

❶ 人是 1~2 米高的、步行约 5 千米 / 小时的生物，适宜的步行环境距离为在 5 分钟以内到达，因此适宜的街区长度与服务设施点的辐射半径应控制在 500 米以内。参见：王志高 . 构建适宜绿色出行的城市 [R]. 青岛：中国城市规划年会，2013.

相对较小的街区发展模式，且街区单元由封闭型转向开敞式"街坊制"，从而极大地带动了城市经济文化的繁荣发展。这充分说明尺度较小的街区在促进城市活力方面具有先天优势。

低碳生态城镇的街区尺度以是否适合步行或自行车等绿色出行方式为评判标准，当街区尺度在 200 米 ×200 米左右时，对于步行速度来说是比较适合的。根据国外典型生态街区的小规模、小尺度、高密度、低强度特点，以绿色街区尺度❶的基本单元和最小单元为依据划分弹性的路网结构，一般街区最小单元在 70 米 ×70 米到 100 米 ×100~200 米之间，基本单元在 200 米 ×200 米到 400 米 ×400~600 米之间。街区最小单元用地面积一般在 0.5~2 公顷，基本单元在 4~24 公顷不等❷。

根据低碳生态城镇空间布局模式、路网结构及土地利用要求，依据使用需求、公服半径范围、混合社区与密集街道网络原则，合理确定街区尺度规模。现代城市交通发达，在进行"低碳街区"划分时，在满足总体规划对城市功能分区规定的前提下，可依托公交站点的布置，综合考虑城市主干道、河流水系、自然山体等因素进行划分，在"低碳街区"内进行用地布局时充分考虑功能混合，通过用地兼容性的控制，使"低碳街区"形成一个功能相对完整的空间单元，减少长距离交通运输需求。"生活型低碳街区"以小学为单位；"公共型低碳街区"以能够规模开发为依据；"科教型低碳街区"以能够规模开发为依据；"生产型低碳街区"以实现产业最小开发规模为依据；城市其他区的"低碳街区"以能够规模开发为依据（表 5-11、图 5-25）。

城市"低碳街区"规模表   表 5-11

低碳街区类型	划分依据	一般规模（公顷）
生活型	以小学为单位	10~50
公共型	以能够规模开发为依据	10~50
科教型	以能够规模开发为依据	10~50
生产型	以实现产业最小开发规模为依据	50~100
综合型	以能够规模开发为依据	10~50

资料来源：吴元华.武乡县城新区控规中的低碳思考 [D].西安：西安建筑科技大学，2013.

低碳街区类型	生活型	公共型	科教型	生产型	综合型
低碳街区规模（公顷）	10~50	10~50	10~50	50~100	10~50
模式图	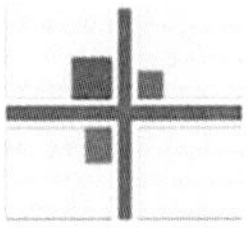			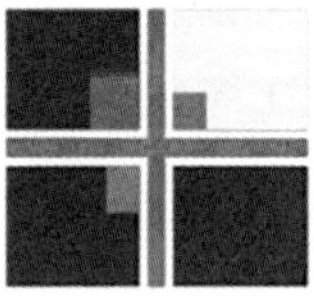	

图 5-25　低碳街区土地利用模式
资料来源：吴元华.武乡县城新区控规中的低碳思考 [D].西安：西安建筑科技大学，2013.

---

❶ 绿色街区尺度的基本单元和最小单元是根据欧洲城市的"窄路密网"模式，结合国内外典型生态城的路网结构总结得出（如天津中新生态城、唐山曹妃甸国际生态城、瑞典马尔默生态城、瑞典哈马碧生态城等），这一区间值是步行环境和街区活力最具代表性的街区尺度，是生态城绿色街区尺度的研究基础。
❷ 综合研究国外典型生态街区的建设实践（如英国萨顿市贝丁顿社区、美国 COTATI COHOUSING 社区、丹麦哥本哈根市迪塞科尔德生态村、丹麦阿胡斯市安德山木芬德特生态村等），根据街区的规模、容纳人数和建筑开发量总结得出。

因此，在进行"低碳街区"划分时要在满足总体规划对城市功能分区规定的前提下，依托公交站点的布置，综合考虑城市主干道、河流水系、自然山体等因素进行划分。在"低碳街区"内，在进行用地布局时充分考虑功能混合，通过用地兼容性的控制，使"低碳街区"形成一个功能相对完整的空间单元，减少长距离交通运输需求。

案例（5-10）

昆明呈贡低碳示范区规划：
低碳生态的街区尺度与街区开发

在呈贡新区核心区内，52.9% 的街区边长为（75~115）米 ×（96~125）米，面积为 0.7~1.35 公顷；37.1% 的街区边长为 125~165 米；10% 的街区边长为 180~200 米。

结合呈贡新区核心区内的实际项目，选取呈贡新区核心区规划中尺度最小的以及所占比例最多的街区尺度（75~115）米 ×（96~125）米（图 5-26），分别在作为住宅、商业、幼儿园、公园等功能开发时进行分析验证。另外，还分析了街区规模约为 3 公顷时作为中学校园开发的情况。

住宅街区：当住宅街区规模为 1~1.5 公顷左右时，街区用地可以满足容积率为 2.5~3.5 时的开发，住宅建筑临街布置，1~2 层建筑为商业用途，街区内部形成院落（表 5-12）。

商业街区：商业街区规模约为 1 公顷时可满足商场及办公楼的开发，主要有两种布局方式：一是商业建筑沿街呈周边式布局，中间围合为院落，且可以形成连续一致的街墙；另一种是商业裙房集

中布局在街区中部，街区临街的一侧则可为城市提供开敞空间（表 5-13）。

幼儿园街区：街区规模约为 0.4~0.8 公顷即可布置 12~18 班的幼儿园，但在呈贡新区核心区规划中，幼儿园与住宅布置在同一个街区内（表 5-13）。

中学街区：中学需要 3 公顷左右的方形街区，才可满足规范对学校功能的配置要求，包括教学楼、行政办公楼、运动场等（表 5-13）。另外，除了学校外，医院对街区规模的需求也需要 3 公顷左右。

公园街区：面积约为 1 公顷的街区型公园尺度宜人，四周街道可增强公园的开放性以及公园之间的联系性，公园周边四个街区的临街建筑也会加强公园的围合感（表 5-13）。

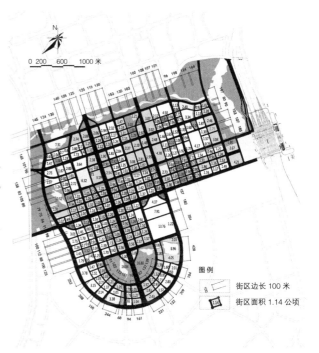

图 5-26　呈贡新区核心区街区尺度
资料来源：申凤."密路网，小街区"规划模式在昆明呈贡新区核心区的适用性研究[D].昆明：昆明理工大学，2014.

住宅街区开发 表 5-12

平面图	效果图	指标与评价
		住宅街区① 用地：11115 平方米 容积率：2.5 绿地率：25% 建筑密度：35% 商业 / 住宅：10% ：90% 建筑高度：60 米
		住宅街区② 用地：11115 平方米 容积率：3.0 绿地率：25% 建筑密度：35% 商业 / 住宅：10% ：90% 建筑高度：60 米
		住宅街区③ 用地：13023 平方米 容积率：3.5 绿地率：25% 建筑密度：35% 商业 / 住宅：15% ：85% 建筑高度：60 米
		住宅街区④ 用地：16590 平方米 容积率：3.0 绿地率：25% 建筑密度：35% 商业 / 住宅：15% ：85% 建筑高度：60 米

资料来源：申凤 ."密路网，小街区"规划模式在昆明呈贡新区核心区的适用性研究 [D]. 昆明：昆明理工大学，2014.

商业、学校、公园街区开发　　　　　　　　　　　　　　　　表 5-13

平面图	效果图	指标
		①商业街区 用地：11115 平方米 容积率：6 绿地率：15% 建筑密度：65% 商业 / 住宅：60% ：40% 建筑高度：99 米
		②商业街区 用地：11115 平方米 容积率：6 绿地率：25% 建筑密度：45% 商业 / 住宅：80% ：20% 建筑高度：117 米
		③ 12 班幼儿园、住宅街区 用地：4052.4377 平方米 容积率：左 0.8，右 2.8 绿地率：25% 建筑密度：左 30%，右 35% 商业 / 住宅：左 10% ：右 90% 建筑高度：左 12 米，右 60 米
		④ 36 班中学街区 用地：33357 平方米 容积率：0.8 绿地率：30% 建筑密度：35% 商业 / 住宅：10% ：90% 建筑高度：24 米
		⑤公园街区 用地：11090 平方米 容积率：0.02 绿地率：75% 建筑密度：2%

资料来源：申凤."密路网，小街区"规划模式在昆明呈贡新区核心区的适用性研究 [D]. 昆明：昆明理工大学，2014.

案例（5-11）

甘南低碳生态小城镇规划：基于建筑材料本土化的城镇空间形态布局及街区尺度控制

通过对甘南典型小城镇卓尼县城柳林镇及木耳镇的分析，在对城镇的用地布局、街区的建筑形态进行优化调整过程中，总结出一定地域范围内的绿色街区形态模式语言。

结合地形条件、生态环境、用地功能关系，将城镇以自然地势、生态廊道或道路交通等划分为若干小组团，簇群布局，这种"低层高密度"集中组团模式为小城镇空间布局的常见形态，是低碳生态小城镇空间布局的理想模式。城镇空间形态及相应的土地使用、住区环境、配套设施布局如图5-27所示。

基于"建筑材料本土化"的城镇布局形式较为传统，建筑尺度减小；在城镇原有道路系统上，结合滨河绿化、商业休闲带、传统街巷空间、山体步道及绿化开敞空间等形成慢行交通，路网密度增大，城镇街区模块减小，街区尺度会相应地减小。如木耳镇，其本土化传统街巷的空间街区规模尺度一般在0.8~2公顷，街道长度在100~200米之间，其间设有诸多休闲广场等缓冲空间（图5-28）。

4.2.2.3 低碳街区控制体系

基于低碳生态视角提出对低碳街区的控制体系。

（1）用地布局优化

传统控规的空间结构通常延续总规确定的结构，强调严格的功能分区和空间轴线关系，而在TOD主导下的城市空间结构呈现的应该是一种组团串珠状的形态，用地布局呈现的也是沿公交站点布置城市公共开敞空间和街区公共服务设施的布局模式。

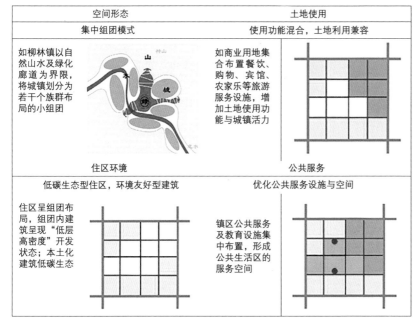

图5-27　基于建筑材料本土化的城镇空间布局
资料来源：黄梅.基于建筑材料本土化的甘南低碳生态小城镇规划研究[D].西安：西安建筑科技大学，2014.

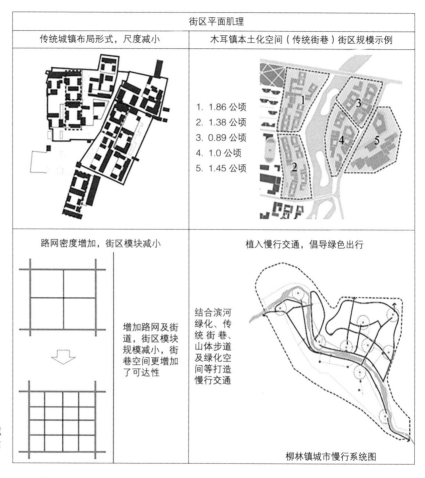

街区平面肌理	
传统城镇布局形式，尺度减小	木耳镇本土化空间（传统街巷）街区规模示例

1. 1.86 公顷
2. 1.38 公顷
3. 0.89 公顷
4. 1.0 公顷
5. 1.45 公顷

路网密度增加，街区模块减小　　　　　　植入慢行交通，倡导绿色出行

增加路网及街道，街区模块规模减小，街巷空间更增加了可达性

结合滨河绿化、传统街巷、山体步道及绿化空间等打造慢行交通

柳林镇城市慢行系统图

图 5-28　基于建筑材料本土化的城镇街区尺度变化
资料来源：黄梅 . 基于建筑材料本土化的甘南低碳生态小城镇规划研究 [D]. 西安：西安建筑科技大学，2014.

（2）配套设施控制

传统控规配套设施指标基本上是采用传统的"千人指标"和服务半径控制的方法，低碳视角下配套设施的控制是以减少机动车出行为目的，通过配套设施的控制形成一个以步行和非机动车交通为主导的空间单元——低碳街区。

（3）整体开发强度控制

低碳街区的控制为控规开发强度的控制提供了一个全新的视角，其实质是在传统的从总体到地块的控制方法的基础之上增加了低碳街区层面的指标控制。通过在街区层面控制总体开发量，将总规确定的人口容量在低碳街区层面进行第一次的分配。

（4）用地兼容性控制

控规兼容性的确定应当以低碳街区为控制单元，对每个低碳街区内的兼容性加以控制，而不是针对每个具体地块的控制。

4.2.3 "低碳地块"控制

地块控制作为控规最直接最规范的控制内容，在控规当中多是以法定图则的形式直观地落实控规各主要控制要素的指标，主要包括土地使用、建筑建造、设施配套、行为活动控制等方面。低碳理念下的地块指标的控制除了传统控制指标之外，还应当增加低碳城市的相关控制指标。"低碳地块"的控制具体内容见开发指标控制章节。

第5节　绿色交通体系构建

我国大部分城乡已进入城镇化与机动化的快速发展时期，在进行道路交通规划时大都搬用国外的规划方法，单纯依靠道路网扩容和道路面积增加来解决道路供给和交通需求之间的矛盾，这样的规划方法不但无法有效解决交通问题，还加大了当地交通运输的"碳排放量"。因此，城乡应该从低碳生态的规划角度出发，提出构建绿色交通体系，划设交通分区，制定差异化的交通发展策略，优化路网建设，调整道路结构、密度，减少个人机动车辆的使用，落实公交优先、慢行友好的低碳出行模式（图5-29）。

5.1　交通分区划设

城乡空间不同的功能差异带来用地的非均质发展，非均质化的土地利用带来城乡不同区域交通需求的差异性，加之我国部分地区城镇经济发展水平有限，在一时间内无法将一些高技术、高投入的绿色交通设施进行全城投放布点，因此进行城镇交通规划时划设交通分区是十分必要的。通过划定城市交通政策分区，对不同城乡区域提出交通发展策略和目标，使交通分区能够从空间上落实绿色交通与土地利用发展的适应性。针对城乡不同功能地段，提出对绿色交通体系构建的宏观指引，从而确立绿色交通对城乡低碳生态发展的引导地位。

交通分区的合理划分方法主要是结合城乡现状及规划土地利用状况、部分区域的交通设施约束、公共交通发展模式及公交走廊布局、枢纽布局、城乡功能分区及用地开发强度引导以及一些特殊区域，如景区、环境敏感地区等交通影响因素，将各因素进行定量化并进行聚类分析，最后结合城乡区域交通条件约束划分

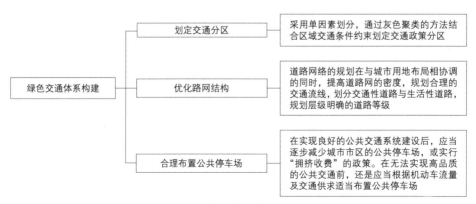

图5-29　绿色交通体系构建重点

城乡交通政策分区，强化绿色交通在特定区域内的优先地位，明确对小汽车交通的政策约束，为绿色交通体系提供足够的空间和适宜的环境。

案例（5-12）

南通市城市交通政策分区划分：采用单因素划分，然后通过灰色聚类的方法结合区域交通条件约束划定城市交通政策分区

南通市在划分城市交通政策分区时，首先采用单因素划分，然后通过灰色聚类的方法结合区域交通条件约束划定城市交通政策分区。在灰色聚类分析中，选用城市用地开发强度引导、交通需求特点、公交服务水平、城市功能分区特点四类因素指标，将各因素进行定量化并进行聚类分析，最后结合城市区域交通条件约束划分城市交通政策分区（图5-30）。其中，灰色聚类分析中的指标计算在城市交通小区划分的基础上进行。

结合城市用地布局，划分城市交通政策分区，通过政策分区引导城市土地利用和交通政策制定，明确不同区域的道路网供给水平、公共交通发展、停车设施配给等规划要求，为下层次规划提供支撑。南通市中心城区划分为120个交通小区，规划的数据分析是基于交通小区划分的基础上。

1. 单一因素划分

（1）按照开发强度引导划分

根据功能片区的划分，结合中心等级体系和居住人口分布，将中心城区开发强度通过建筑高度引导分为三类即高层控制区、多层控制区、低层控制区，并对各交通小区内平均开发强度进行划分（图5-31）。根据规划各交通小区内的高度分区和开发强度引导要求，将各个小区内的平均容积率作

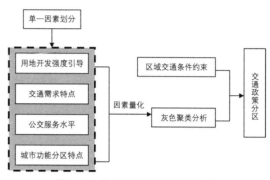

图 5-30　绿色交通政策分区划分方法

资料来源：李铭，环悦，赵小燕.城市交通政策分区划分方法探讨——以南通市为例[C]// 中国城市规划学会.城市规划和科学发展——2009 中国城市规划年会论文集.天津：天津科学技术出版社，2009.

为该指标的定量化数据。

（2）交通需求特点

根据各交通小区内不同类型的用地面积，并对于不同的类型用地赋予不同的权重系数，得出各交通小区内的交通需求状况特征量，计算公式为：

$$A_j = \sum_m a_m S_{jm} \qquad (5-8)$$

其中：

A_j 为交通小区 j 的交通需求因素的定量数据；a_m 为用地属性为 m 的用地权重；S_{jm} 为交通小区 j 内用地属性为 m 的土地面积。

（3）按照公共交通服务水平划分

根据南通市中心城区骨干公交布局，包括轨道交通和 BRT 走廊布局，对于不同交通方式赋予不同的覆盖影响范围，赋予不同的级别（表5-14，图5-32）。

（4）按照城市功能分区划分

主要按照生产和生活功能划分为两大类，以城市道路、河流、行政边界作为功能片区的界线，与公共服务中心体系相结合：按照市级中心—区级中心—片区级中心不同的服务人口划分生活片区（图5-33）。根据以上主要原则，中心城区共划分为 8 个生活片区和 8 个工业片区，将各个交通小区赋予不同的数值（表5-15）。

2. 交通政策分区划分及发展策略

将各交通小区内的四个因素分别进行定量化。通过灰色聚类分析❶，将交通小区划分为五类（表5-16）。

在灰色聚类分析的基础上，结合南通市旧区划定和城市部分区域的交通约束条件，将南通市中心城区范围划分为六类交通政策分区（图5-34），并对各交通分区制定差异化的交通发展策略和发展目标（表5-17、表5-18）。

公交服务水平赋值   表 5-14

交通小区交通服务水平	轨道交通沿线 500 米，且常规公交服务水平较高	轨道交通沿线 500 米其他小区	快速公交 300 米沿线，且常规公交服务水平较高	快速交通 300 米沿线其他地区	常规公交线路网密度达到 1.5 千米 / 平方千米以上	常规公交线路网密度低于 1.5 千米 / 平方千米
赋值	6	5	4	3	2	1

资料来源：李铭，环悦，赵小燕.城市交通政策分区划分方法探讨——以南通市为例 [C]// 中国城市规划学会.城市规划和科学发展——2009 中国城市规划年会论文集.天津：天津科学技术出版社，2009.

城市功能分区赋值   表 5-15

交通小区城市功能分区特点	工业区	以居住用地为主的小区	以居住用地为主，小区内规划布局城市片区中心	小区内规划布局城市区级中心	小区内规划布局市级中心
赋值	6	5	4	3	2

资料来源：李铭，环悦，赵小燕.城市交通政策分区划分方法探讨——以南通市为例 [C]// 中国城市规划学会.城市规划和科学发展——2009 中国城市规划年会论文集.天津：天津科学技术出版社，2009.

图 5-31 城市开发强度引导   图 5-32 城市公交服务水平   图 5-33 城市功能分区

资料来源：李铭，环悦，赵小燕.城市交通政策分区划分方法探讨——以南通市为例 [C]// 中国城市规划学会.城市规划和科学发展——2009 中国城市规划年会论文集.天津：天津科学技术出版社，2009.

---

❶ 灰色白化权函数聚类是以灰数的白化权函数生成为基础的一种多维灰色分类方法，它将聚类对象对于不同聚类指标所拥有的白化数，按若干灰类进行归纳，从而判断出聚类对象属于哪一个灰类，此处假设采用 m 个（本文选取 4 个指标）分级指标将若干个交通小区划分为 s 个级别，对象 i 关于指标 j 的样本观测值为 x_{ij}（$i=1, 2, \cdots, n$; $j=1, 2, \cdots, m$）。根据 x_{ij} 的值对相应的交通小区 i 进行评估和诊断，将其归为相应的级别 k（$k=1, 2, \cdots, s$）。

交通小区灰色聚类分析　　　　　　　　　　　　　　　　　　表 5-16

分类	交通小区编号
I	318、324、215、216
II	101、104、110、157、105、106、115、112、113、111、116、117、321、320、102、103、107、108、109、114、119、120、121、126、127、128、129、131、133、135、140、141、142、143、147、148、149、150、152、153、154、201、202、203、204、205、208、212、217、218、219、503
III	310、315、319、322、325、326、122、123、124、125、139、146、118、130、132、134、136、209、210、211、214、501、504
VI	301、302、303、304、305、306、307、308、309、311、312、313、314、316、138、144、145、151、206、207、220、221、222、401、402、403、404、405、406、407、408、409、410、502、505
V	317、327、155、156、137、223

资料来源：李铭，环悦，赵小燕.城市交通政策分区划分方法探讨——以南通市为例 [C]// 中国城市规划学会.城市规划和科学发展——2009 中国城市规划年会论文集.天津：天津科学技术出版社，2009.

交通政策分区划分和分区交通发展策略　　　　　　　　　　表 5-17

交通政策分区	区域范围	区域交通发展策略
A 区	主要包括南通市濠河以内区域及其周边范围	该区域范围内由于受到濠河、旧城区路网等交通约束条件，需要通过大力发展公共交通，限制供应停车设施来减少该区范围内的小汽车交通
B 区	主要是枢纽地区及其周边区域，包括南通火车站及其站前区域、南通开发区能达商务区及周边区域	该区域范围内需要通过建设高密度路网，提高停车设施供给，鼓励停车换乘，同时该范围内公共交通发展也最为完备
C 区	主要是公交优势区域，涵盖了南通市中心城区内的大部分居住、公共设施用地	该范围内有城市主要公共交通走廊经过，规划拥有城市大容量快速公共交通系统，因此该范围内应大力发展公共交通，适当抑制小汽车交通的出行，鼓励居民出行方式向公共交通转移
D 区	主要是中心城区内的居住用地	该范围由于距离城市主要客运走廊有一定距离，因此该范围需要提高路网密度，同时可以适当发展小汽车交通，同时加强公共接驳线的设置，同中心城区的主要枢纽做好衔接
E 区	主要是中心城区内的工业用地	该范围主要提供适度的停车和公共交通，同时规划路网密度可适当降低
F 区	规划范围内的其他区域，包括景区和非建设用地区域	该范围除了满足镇村必要的通达性要求外，少量配置交通设施，以限制非建设用地外的发展

资料来源：李铭，环悦，赵小燕.城市交通政策分区划分方法探讨——以南通市为例 [C]// 中国城市规划学会.城市规划和科学发展——2009 中国城市规划年会论文集.天津：天津科学技术出版社，2009.

分区交通政策及策略　　　　　　　　　　　　　　　　　　表 5-18

交通政策分区	道路网供给 / 道路网密度（千米 / 平方千米）	公交覆盖率要求 / 公交线路网密度（千米 / 平方千米）	停车设施供应目标 / 停车设施供应供给系数（停车供给 / 停车需求）
A 区	II/（5~8）	III/（3~5）	I/（0.8~0.9）
B 区	III/（10~12）	III/（4~5）	III/（1.1~1.3）
C 区	II/（5~8）	II/（3~5）	II/（0.9~1.1）
D 区	III/（8~12）	II/（2~3）	III/（1.1~1.3）
E 区	II/（5~8）	II/（1~3）	II/（0.9~1.1）
F 区	I/—	I/—	I/—

资料来源：李铭，环悦，赵小燕.城市交通政策分区划分方法探讨——以南通市为例 [C]// 中国城市规划学会.城市规划和科学发展——2009 中国城市规划年会论文集.天津：天津科学技术出版社，2009.

图 5-34　南通市城市交通政策分区划分

资料来源：李铭，环悦，赵小燕.城市交通政策分区划分方法探讨——以南通市为例 [C]// 中国城市规划学会.城市规划和科学发展——2009 中国城市规划年会论文集.天津：天津科学技术出版社，2009.

各地区在构建绿色交通体系时也可以借鉴南通市交通政策分区的方法，通过综合分析区域内影响交通因素，划分交通政策分区，并制定相应的低碳生态政策加以控制。

5.2　路网结构优化

规划功能明确、运转高效、层级清晰的道路网络系统是城乡总体规划的基本要求，同时也对实现城乡交通的低碳发展具有重要意义。道路网络的规划在与用地布局相协调的同时，还要重点考虑提高道路网的密度，只有尺度适宜的街区才能减少不必要的机动车交通需求；规划合理的交通流线，有序疏导城镇中心地段与外围的联系；可考虑划分交通性道路与生活性道路，兼顾机动交通的畅通及生活区安全宁静氛围；规划层级明确的道路等级，根据城乡规模明确每条道路的性质与等级，均衡疏散城区交通流量。

案例（5-13）

昆明呈贡低碳示范区规划：
低碳生态的城市路网规划

1. 建立高效多样性的路网结构（图 5-35）

呈贡新区核心区 2006 版规划方案仍然维持"稀路网，大街区"的规划模式，2010 年版规划方案在不改变主要通道和出入口的基础上，对路网结构进行了根本性的改变。

2010 年版规划方案的路网结构体现了新城市主义的理念，由主干道、连接路和地方街道构成路网体系，为重要场所之间提供最直接的联系通道，建议将南北向红线宽 80 米的彩云路直接改造为两条红线宽 20 米的二分路，中间则改为宽 40 米的带状绿化公园，还将大部分红线宽 60 米的主干道改造为宽 30 米的二分路，保留大部分原规划红线宽度 40 米的次干道，但红线宽度改为 20~30 米。

2011 年版规划方案路网结构根据核心区实施情况，调整了规划用地边界，取消了斜向的连接路，加入了一些自行车专用路。2013 年版规划方案路网结构保留 2011 年版的基本格局，为使规划能够实施，调整二分路起止位置，将自行车专用路与车行道路相结合，结合实际调整部分路网及线形。

2. 确定合理的路网密度

在传统规划模式下，路网一般由红线宽 60 米主干道、40 米次干道和 20 米支路构成。在"密路网，小街区"规划模式下，路网主要由红线宽 30 米二

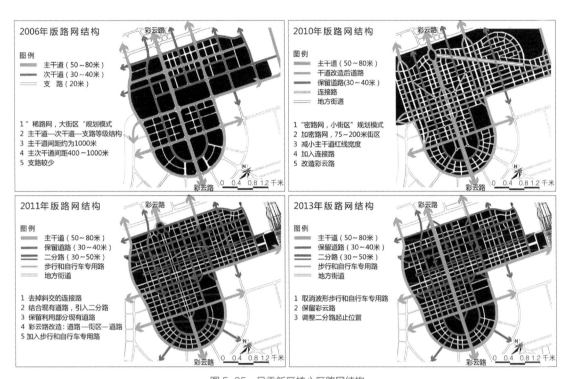

图 5-35　呈贡新区核心区路网结构

资料来源：申凤，李亮，翟辉."密路网，小街区"模式的路网规划与道路设计——以昆明呈贡新区核心区规划为例 [J].
城市规划，2016，40（5）：43-53.

分路和 20 米地方街道构成，由两条相互平行且反向的单行道组成的二分路代替传统规划模式的主次干道。街区数量划分越多，街区尺度越小，路网密度相应提高。将传统规划模式与"密路网，小街区"规划模式相结合，保留传统规划模式的主次干道，将主干道与相邻道路组成二分路，在主次干道之间加入几条地方街道（图 5-36）。

呈贡新区核心区 2006 年版规划方案是按照现行道路设计规范要求来规划主次干道骨架的，并且一些主干道已经实施。2013 年版规划方案是在 2006 年版传统规划模式 400~500 米主次干道间距的路网结构上加密形成的，根据实际情况在主次干道之间加入 2~3 条地方街道。路网密度由 2006 年版的 6.27 千米／平方千米提高到 2013 年版的 11.82 千米／平方千米，街区尺度为 75~198 米，但道路面积率由 27.4% 提高到 34.5%，仅增加了 7%。事实上是灵活使用上述两种规划模式相结合的路网密度（图 5-37、图 5-38）。

3. 强化公交网络和慢行系统（图 5-39）

构建完善的城市综合公共交通网络。呈贡核心区主要由"十"字形轨道交通连接其他城市地区，地面公交系统分公交专用道与常规公交两级构建，300 米公交站点覆盖率为 96.8%，远超过规范 50% 的要求。高强度的公共交通与高强度的土地开发相结合，容积率在 7 以上的街区集中在轨道交通沿线，形成两条交通购物走廊。另外，由于路网密度高、街区尺度小，大部分街区边长为 100 米左右，人们容易到达交叉口转向换乘，异向换乘距离不超过 100 米。

结合公共服务设施建立慢行系统（图 5-40）。呈贡新区核心区规划方案试图通过步行、自行车网

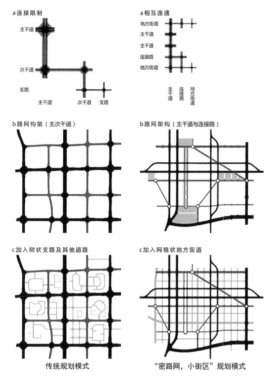

图 5-36 两种模式路网结构
资料来源：申凤，李亮，翟辉."密路网，小街区"模式的路
网规划与道路设计——以昆明呈贡新区核心区规划为例 [J].
城市规划，2016，40（5）：43-53.

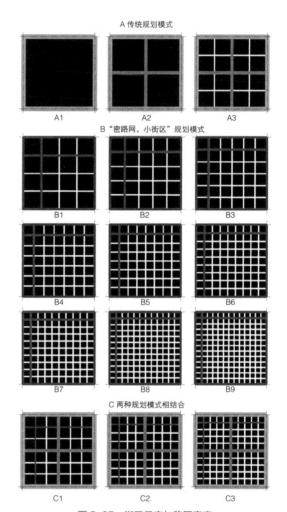

图 5-37 街区尺度与路网密度
资料来源：申凤，李亮，翟辉."密路网，小街区"模式的路
网规划与道路设计——以昆明呈贡新区核心区规划为例 [J].
城市规划，2016，40（5）：43-53.

络连接幼儿园、小学、中学、医院和公园绿地，不
超过 3 个街区就可到达一条城市自行车专用路。通
过步行、自行车专用路与学校连接，创造安全的上
学通道，以便学生可以独自步行或骑自行车上下学，
减少因家长接送而产生的交通量。

 案例（5-14）

武乡县道路交通系统规划优化：优化路网，
落实公交优先、慢行友好的低碳交通模式

从碳排放角度出发，现状武乡道路交通系统
存在的问题主要有：路网级配不合理；道路断面形

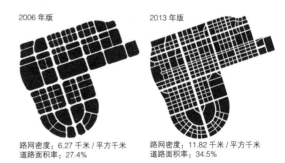

路网密度：6.27 千米 / 平方千米　　路网密度：11.82 千米 / 平方千米
道路面积率：27.4%　　　　　　　　道路面积率：34.5%

图 5-38 呈贡新区核心区路网规划
资料来源：申凤，李亮，翟辉."密路网，小街区"模式的路
网规划与道路设计——以昆明呈贡新区核心区规划为例 [J].
城市规划，2016，40（5）：43-53.

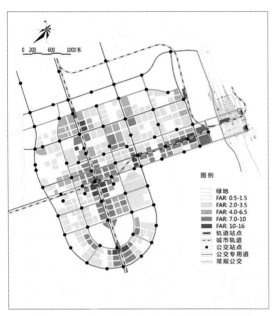

图 5-39　呈贡新区核心区公交网络与土地开发规划
资料来源：申凤，李亮，翟辉．"密路网，小街区"模式的路
网规划与道路设计——以昆明呈贡新区核心区规划为例 [J].
城市规划，2016，40（5）：43-53.

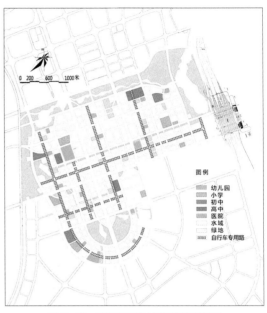

图 5-40　呈贡新区核心区慢行交通规划
资料来源：申凤，李亮，翟辉．"密路网，小街区"模式的路
网规划与道路设计——以昆明呈贡新区核心区规划为例 [J].
城市规划，2016，40（5）：43-53.

式单一，绿色出行的交通空间未能得到保障；县城道路技术标准尚待提高，交通通达性差；未做公共交通系统设置考虑，市民出行方式单一。

规划在低碳视角下进行了县城总规道路交通系统规划方案的完善，规划系统梳理了县城的道路系统，并分析、评价、调整、完善城市道路系统结构和布局，建成以城市主干路为主骨架，次干路、支路为补充，功能完善、快捷、方便，具有相当交通容量的城市道路体系（图 5-41），以满足武乡县人口增长、建设用地扩大、经济发展带来的对交通需求的增长。在本次规划中，采用方格网式道路与自由式道路相结合的布局。并根据《城市道路交通规划设计规范》GB 50220—1995，将县城道路分为干路、支路两个等级，行车速度为分别为干路 40 千米 / 时、支路 30 千米 / 时。次规划道路总长度约 71.62 千米，总体道路面积占地约 223.71 公顷，人均城市建设用地 13.73 平方千米，道路网密度为 5.22 千米 / 平方千米。

此次道路交通系统规划利于低碳发展的可取之处主要有以下几点：

1. 建立了高效有序的城市道路网络系统

武乡县城总体规划确定的道路系统功能明确、层级清晰、系统完善，能为武乡县城未来发展建立良好道路的物质空间基础；方案完善了中心城区的道路网络系统，科学组织了机动车交通流线，并能满足城市未来机动化交通发展及与城市用地布局相适应的网络体系；根本改变了支路建设匮乏的现状，适度提高了整体道路网密度与配置合理的等级结构，以达到平均中心城区交通流量，强化路网整体性的作用；需特别指出的是县城道路系统针对干道一级系统规划，做出了具体的关于交通性道路与生活性道路的划分，能够有效地避免机动车交通与生活性空间行为之间的相互干扰，既保证了机动车交通的

图 5-41　武乡县城总体规划道路系统规划图
资料来源：西安建筑科技大学. 武乡县城总体规划（2010—2030 年）[Z]. 2010.

高效畅通，又促进了县城非机动车出行方式的发展。

2. 提倡公交优先发展的原则，并提出了相应规划方案

武乡县城总体规划确立了未来以应优先发展路线公共交通的原则，积极发展以公共汽车为主、出租车为辅的高质量、覆盖面广的城市公共交通体系，整体规划城市公共交通，进行系统优化设计。武乡县城总体规划对公共交通系统发展的考虑减少县城居民对机动车交通出行的需求，提升了居民出行效率，进而减少了城市未来高碳锁定的交通发展方式（图 5-42）。

尽管县城道路交通系统的规划方案达到了总体规划的基本要求，但是对于武乡这一未来重点发展旅游产业的小城镇来说，仅仅满足基本规划要求的道路系统建立是不够的。在结合原有规划方案的

道路系统布局基础上，通过尝试按照绿色交通系统的相关要求，构建了武乡的慢行交通系统规划，具体规划方案如下：

1. 规划研究的重点区域

根据交通功能性质的不同，将武乡县城划分为三个重点研究的区域分区针对性地考虑慢行交通系统的建立，三个区域分别为：①居住区内部的慢行街区打造，以出行产生点为核心的居住区，打造和谐慢行街区；②公共空间慢行空间打造，以出行吸引点为核心的公共空间，如工作单位、学校、商业区等，打造富有亲和力的慢行空间；③公共交通换乘站以公共交通枢纽站为核心，形成友好的慢行通道。

2. 规划重点问题

此次规划的重点问题是慢行通廊的构建。通过步行廊道和非机动车通廊规划，将自然山水、公

园绿地同城市生活空间有机融为一体，强化山水武乡的城市意象，引导非机动车出行由交通性向休闲性出行转变。重点构筑新区的慢行廊道。

3. 慢行系统布局规划

（1）对原有规划方案道路断面进行慢行交通空间的改造

规划根据不同道路的交通要求，设计了多种形式的道路断面，普遍地预留了步行交通通行空间，并且局部道路专门重点考虑设计了自行车交通空间，这对鼓励县城居民出行方式的多样化，培育县城的慢行交通系统的建立都是值得提倡的方面。

以太行西街、兴武西路、兴武东路和红旗路道路非机动车道改造为例，红线宽度 40 米，非机动车道宽度设置 3.5 米，实行机动车与非机动车道路绿化隔离（图 5-43）。

规划将非机动车形式纳入道路整体设计中，主要从道路断面设置、居住区非机动车专用道、公共空间非机动车专用道和景观林带几个方面体现自行车道路网络的规划，提倡道路断面设置方式的多样性。具体自行车道网络系统的规划调整方案如图 5-44 所示。

（2）步行系统规划

通过道路断面的人行道分离、建筑后退、完善街道家具、加强步行空间绿化景观、建构滨河步道系统专用的步行街道、林间步行道路对步道设施进行完善，具体的步行系统规划调整方案如图 5-45 所示。

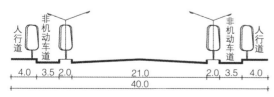
图 5-43　太行西街道路断面改造
资料来源：西安建筑科技大学 . 武乡县城总体规划（2010—2030 年）[Z]. 2010.

图 5-42　武乡县公交线路规划图
资料来源：西安建筑科技大学 . 武乡县城总体规划（2010—2030 年）[Z]. 2010.

图 5-44　武乡县自行车道路网络系统规划图
资料来源：西安建筑科技大学 . 武乡县城总体规划（2010—2030 年）[Z]. 2010.

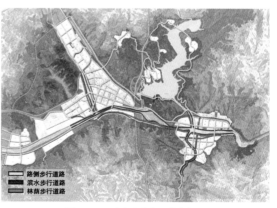
图 5-45　武乡县步行系统规划图
资料来源：西安建筑科技大学 . 武乡县城总体规划（2010—2030 年）[Z]. 2010.

5.3　公共停车场合理布置

公共停车场的供应量以及利用率会对道路车流量产生影响，公共停车场的增多有利于减少路内停车，从而提升道路通行能力。但同时，公共停车的增多是间接地鼓励公众使用小汽车出行，在一定程度上助长了私家车数量的增长。因此，在实现良好的公共交通系统建设后，应当逐步减少城市市区尤其是中心商业区周边的公共停车场，或实行"拥挤收费"的政策，增收较高的停车费用，用以鼓励公众选择公共交通等低碳的交通方式出行。但这种措施应以高品质的公共交通为前提，在无法实现这种服务前，还是应当根据机动车流量及交通供求适当布置公共停车场，满足居民出行停车要求。

 案例（5-15）

新疆伊宁市南岸新区规划：
构建符合地区特征的绿色交通系统

新疆地处我国西北部，主要为温带大陆性气候，往往夏热冬冷，干旱少雨，气温的昼夜和四季差异较大。伊宁市所处的伊犁河谷虽然是亚欧大陆干旱地区的"湿岛"，但仍为半干旱的气候，植被生长条件较我国东南方地区脆弱得多。伊宁市南岸新区是继伊犁州奶牛场行政区域建制整体交给伊宁市托管后，伊宁市提出城市跨越发展的战略空间。该地区位于伊宁市南部，与伊宁市老城区隔河（伊犁河）相望，滨河区空间面积约55平方千米，目前开发量较小。

1. 优化交通结构，实现交通碳排减量

规划区日照强烈、紫外线强，自行车和步行等交通出行比例低，同时现状暂未形成完善的公共交通系统。规划以绿色交通理念优化出行结构，构建机动车交通出行联系方便快捷、慢行交通安全舒适的交通网络。结合规划区用地呈条带状的特征，采取"主线大站快车＋支线接驳模式"组织合理的多层级公共交通体系，提高公交出行吸引力，打造绿色科学的交通出行结构体系，实现交通碳排减量。通过主动调整出行结构，规划区每年因交通出行产生的碳排放量相比原传统出行结构的碳排放将下降16.3%。

2. 以交通模型定量分析优化绿色交通网络

为构建两岸一体化的绿色交通网络，并为规划区土地使用提供可靠的交通支撑，通过建立道路系统的交通可达性分析模型，研究不同路网方案情况下各地块交通可达性的优劣势。同时以道路网交通容量模型为手段，对核心地区的路段饱和度进行定量分析，校核并优化路网组织，形成绿色交通与土地利用的良性互动。

3. 改善慢行系统，提升慢行出行环境

基于我国西部地区的气候特征，规划沿伊犁河景观带布置慢行专用道路，形成宜行宜游的特色慢行道路，同时通过林荫道、自行车林道、风雪廊和御寒道等设置，全面改善居民慢行交通出行环境，客观上改变居民不选择慢行方式出行的现状。

第6节　绿色基础设施体系构建

当前我国正处于城乡快速发展阶段，但早些年在进行基础设施规划时未将其作为一个系统去整体考虑，存在起点较低、标准较低、建设水平较低等问题，导致设施利用不够高效集约。此外，传统基础设施规划主要解决设施的规模、布局和管线走向问题，设施规模主要通过人口数量与相关人均指标预测，这种程式化的预测方法是导致设施规划以需定供的重要原因。同时，长久以来约定俗成的规划编制模式，也使基础设施规划内容不能体现地方特色，对于新出现的如直饮水系统、中水工程、垃圾分类处理、新能源利用等工程技术方法不能进行明确的内容定位，导致基础设施的新理念、新技术方法在总体规划中不能通过完整的内容体系表达，很难对下层次规划提出明确的指导，具体实施过程也难以得到落实。因此，低碳生态背景下，在总体规划编制过程中应适应社会发展与技术进步，拓展基础设施规划的内容与方法，将市政设施作为一个系统整体考虑，促进集约高效利用（图 5-46）。

6.1　绿色水基础设施体系构建

传统水基础设施规划中给水、污水、雨水、防洪工程、景观与湿地等专业规划均是分开进行各自的编制工作，缺乏系统的协调和指导，致使水基础设施与自然水循环系统的联系中断，无法保证水生态系统的安全。为保障生态格局的安全，必须对水基础设施各项要素进行统筹安排，使城市用水、排水、防洪排涝和区域水资源综合利用相协调，对河流、湿地等生境的完整性与城市景观和开敞空间统筹考虑，实现高质量、高保证率的供水和高质量的水生态环境，实现人与自然的和谐相处。

低碳生态城市水系统的构建需要建立水系统和综合水管理技术体系。生态城市水系统应该满足以下几个方面的特点：控制和节约饮用水需求量；减少产、排污水量；减少城市雨洪发生频率；有效利用污水中的有用物质；尽量减少对城市自然水系统水循环的破坏。控制和节约饮用水的需求量，可以通过节水、雨水和污水的利用来实现；减少产、排污水量可以通过减少用水量和污水回用来实现；减少城市雨洪可以通过雨水的就地收集利用等措施来实现；污水中有用物质如氮、磷的回收利用，可以采用分流处理的方式实现。因此，水资源管理在城镇低碳生态规划中是一个重要的内容，主要的理念是按照综合生态循环原理对供水、污水处理、再生水利用以及雨水洪水等进行管理，达到减低资源消耗、促进资源循环利用和降低排放的目的。

图 5-46　绿色市政设施体系构建规划重点

案例（5-16）

苍南县城绿色基础设施构建：
绿色水基础设施构建

苍南县在绿色基础设施理论研究的基础上，应用 GIS 等空间分析技术对苍南县城区绿地进行研究，发现苍南县绿地现状存在问题，并结合苍南县城区水系、道路、公园现状，提出了绿色基础设施规划目标，构建城区生态网络。通过研究专项城市绿色基础设施，制定了绿色水基础设施专项规划。

1. 研究区概况

苍南县隶属温州市，位于浙江省东南隅，是浙江省的南大门，处于我国沿海开放带的中心区域，其沿海海域属东海中部与南部交界区域。由于受气候与自然条件影响，苍南县城区常年遭受暴雨及其引发的城市洪涝灾害影响。

2. 绿色水基础设施规划

为了缓解暴雨所带来的城市洪涝，提出规划城区中部构建城市绿色水基础设施，其理论基础是低影响开发技术，是国际先进的控制暴雨径流和面源污染的新技术，规划构建方式分为三种，即雨水花园、透水性铺装和植被浅沟。

规划在横阳支江、萧江塘河两侧规划建设50~70 米宽的绿带，构建自然生态密林、自然溪滩驳岸，形成优美的生态滨水廊道。依托苍南县丰富的水系资源，规划各种景观功能相结合的滨水公园，营造出生态水乡的居住环境。此外，规划结合苍南县城的实际情况，规划设计道路绿地下沉化，采用植被浅沟策略，在城市中模拟自然排水径流方式，使雨水在植被浅沟径流的过程中被渗透、过滤、沉淀，暴雨水患被引导进入城市河流。另外，在城市部分低洼地段营造雨水花园，用来渗滤市政排水管

网无法排出的雨水，既涵养了地下水源，又起到了雨水净化作用。在城市道路工程中使用透水性铺装，有效减少径流量，减轻城市排水系统的负担。同时，降雨中的污染物渗过透水性铺装也可得以减少。

6.2   低碳能源应用系统建立

碳排放与能源消耗密切相关，而城乡又是能源消耗的主要载体，因此城乡低碳能源应用系统规划担负着减少碳排放、统筹能源消耗和节能环保要求、统筹城乡能源供应、统筹常规能源和新能源及可再生能源发展的重要任务，是低碳生态城乡规划的重要组成部分。传统的单一能源结构模式已不能适应今后全球经济低碳可持续发展的需求，进行能源领域技术革命的呼声日益强烈，低碳能源利用是调整能源结构的必由之路。

6.2.1   调整能源结构，提高能源利用率，推广使用清洁能源

城乡总体规划应该引导城乡生产部门热源向天然气、电力等清洁环保型能源转变。规划应推广使用低碳能源，实现能源的绿色化、清洁化。推广使用太阳能、地热能、风能、生物质能等绿色能源，减少对化石燃料的依赖。根据城乡实际情况，有条件地、逐步地调整能源结构，改进燃烧技术和设备，增大清洁性能源在能源结构中的比例，比如加大天然气的使用，鼓励更多市民有条件地使用太阳能和洁净煤，继续加大风能开发的力度，全方位地改善能源结构，从而使排放到大气中的污染物尽可能地减少，达到改善大气污染的根本目的。

6.2.2 加强城乡集中供热供暖

分散性的供热供暖相较于集中性的供热供暖，不仅能源利用率低，造成的污染也更大，本着节约能源和减轻大气污染的要求，我国北方地区需要有计划、有规划地进行城乡集中供热供暖、联片供热供暖，最大限度地利用能源和减少污染物排放，以达到低碳生态的目的。

第 7 节 开发指标控制

在中观层面，实现低碳生态的重点是解决各类低碳生态开发指标的规划控制，将低碳、减排等生态指标与传统指标体系有机融合，提出相应的强制性指标的控制标准及引导性指标的引导策略。在低碳生态背景下，进行低碳生态的开发指标控制的重点主要包括构建低碳控制指标体系与进行低碳指标分类控制（图 5-47）。

7.1 低碳控制指标体系构建及优化

低碳指标选取可以通过频度统计、对比遴选、综合评定法来构建低碳指标体系，可分为

以下三部分：

（1）频度统计，建立基准模型

结合我国有关低碳城市的指标体系的规范和国内低碳城市相关案例，通过频度统计的方法，确定出线频度最高的指标类型，建立指标体系的基准模型。

（2）对比遴选，建立修正模型

结合控规编制内容，分析同类型指标群中不同指标的优劣势。结合地域特征以及城镇发展现状对控制内容相同的多个指标进行合并，对指导意义不强的指标删除，确定低碳控规指标的修正模型。

（3）综合评定，确定最终指标模型

对于已建立的低碳控规指标体系进行综合评定，确定不同类型功能用地的主要控制低碳指标以及辅助指导性低碳指标。

低碳规划指标库的具体建立步骤如下：

（1）国家层面的低碳城市指标体系

1）《生态县、生态市、生态省建设指标（修订稿）》

国家环境保护总局于 2007 年发布《生态县、生态市、生态省建设指标（修订稿）》，该指标评定对象包括生态县、生态市和生态省。

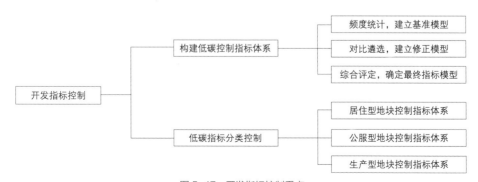

图 5-47 开发指标控制重点

该建设指标涉及经济发展、生态环境保护、社会进步三个方面，一共 19 项。指标分为约束性指标和参考性指标两类。

2)《国家生态园林城市标准（暂定）》（住房和城乡建设部）

《国家生态园林城市标准（暂定）》由住房和城乡建设部发布，包含一般性要求和基本指标要求。一般性要求包括编制城市绿地系统规划、保护生态敏感区、人文景观与自然景观融合、各项基础设施完善、有良好的城市生活环境、提倡政策和措施的公共参与等。基本指标包括三个方面：城市生态环境、城市生活环境和城市基础设施。

3)《绿色低碳重点小城镇建设评价指标（试行）》（2011）

绿色低碳重点小城镇建设评价指标分社会经济发展水平、规划建设管理水平、建设用地集约性、资源环境保护与节能减排、基础设施与园林绿化、公共服务水平、历史文化保护与特色建设 7 个类型，分解为 35 个项目、62 项指标。其中 6 项指标为一票否决项，是绿色重点小城镇的先决条件。

4)《中国低碳生态城市发展战略》

中国城市科学研究会主编的《中国低碳生态城市发展战略》中提到了低碳城市区域规划评价指标、低碳城市形态结构规划评价指标和低碳节能居住的评价指标。

（2）地方低碳城市实践的指标体系

1）天津中新生态城指标体系

天津中新生态城的指标体系包含生态环境健康、社会和谐进步、经济蓬勃高效、区域协调

发展四个部分，分控制性和引导性两类。其中生态环境健康的指标层包括自然环境良好和人工环境协调；社会和谐进步的指标层包括生活模式健康、基础设施完善和管理机制健全；经济蓬勃高效的指标层包括经济持续发展、科技创新活跃和就业综合平衡；区域协调发展的指标层包括自然生态协调、区域政策协调、社会文化协调和区域经济协调。区域协调发展的指标均为引导性指标，其他部分的指标均为控制性指标。

2）曹妃甸生态城指标体系

曹妃甸生态城指标体系包括城市功能系统、建筑与建筑业系统、交通和运输系统、能源系统、废物（城市生活垃圾）系统、水系统、景观和公共空间系统七个方面。

3）深圳前海低碳生态城规划指标体系

深圳前海低碳生态城规划指标体系包括土地集约、能源利用、资源利用、绿色交通、城市环境和综合六个方面的 25 项指标。

在此选取《绿色低碳重点小城镇评价指标（试行）》（2011）、《中国低碳生态城市发展战略》和深圳前海低碳生态城指标中关于低碳城市建设的三大指标体系，从控规指标控制的四大方面（土地利用、建筑建造、设施配套、行为活动控制），对以上三大低碳指标体系进行重新分类，建立多类型指标库（表 5-19）。

基于对比分析选取的参考指标体系，对无指导意义的低碳规划指标进行删除，对界定相同内容的指标进行合并。同时，结合地区特征以及低碳城市减少"碳源"和增加"碳汇"两大目标，从土地使用、环境容量、建筑建造、城市设计引导、交通体系、公共设施、市政设施、

控规低碳指标库　　　　　表 5-19

控制要素	控制要素分类	《绿色低碳重点小城镇评价指标》	《中国低碳生态城市发展战略》	深圳前海低碳生态城指标
土地使用	用地使用性质		自行车、行人友好的地块尺度	混合用地中居住建筑与公共建筑的比值
			公共枢纽 1.5 千米范围内的工作岗位数量	
			居住区周边 3 千米范围内的就业岗位与居住人口中的就业人口的比值	
			居住小区内封闭地块长度	
	环境容量控制	现状建成区人均建设用地面积	居住区的居住密度	综合容积率
		工业园区平均建筑密度		地下容积率
		工业园区平均道路面积比例		绿容率
		工业园区平均绿地率		
		集中政府机关办公楼人均建筑面积		
		院落式行政办公区平均建筑密度		
		建成区绿化覆盖率		
		建成区街头绿地占公共绿地比例		
		建成区人均公共绿地面积		
建筑建造	建筑建造控制	新建建筑执行国家节能或绿色建筑标准，既有建筑节能改造计划并实施		绿色建筑比例
		城镇主要建筑规模尺度适宜，色彩、形式协调		
	城市设计引导	城镇建设风貌与地域自然环境特色协调		
		城镇建设风貌体现地域文化特色		
设施配套	市政设施配套	公共服务设施（市政设施、公共服务设施、公共建筑）采用节能技术		
		饮用水水源地达标率		
		居民和公共设施供水保证率		
		新镇区建成区实施雨污分流，老镇区有雨污分流改造计划		
		雨水收集排放系统有效运行，镇区防洪功能完善		
	公共设施配套	建成区危房比例	社会商业设施与公交站点是否结合设置	
		建成区公共厕所设置合理	社区学校、医院是否在步行范围（500 米）内	

续表

控制要素	控制要素分类	《绿色低碳重点小城镇评价指标》	《中国低碳生态城市发展战略》	深圳前海低碳生态城指标
行为活动控制	交通活动控制	主干路红线宽度	公交专用道或优化道的比例	公交分担率
		建成区道路网密度适宜，且主次干路间距合理	学生步行或者骑自行车去学校的平均距离	公共交通站点覆盖率
		非机动车出行安全便利	居住区停车位配置率	全道路网密度
		道路设施完善，路面及照明设施完好，雨箅、井盖、盲道等设施建设维护完好	居住区内步行道与自行车道连通度	慢行系统覆盖率
	环境保护规定	节水器且普及使用比例		生活垃圾分类守纪律
		城镇污水再生利用率		乡土植物比例
		镇区污水管网覆盖率		环境噪声达标率
		污水处理率		空气质量达标率
		污水处理达标排放率		重要水体水质达标率
		镇区污水处理费征收情况		场地内生态敏感地净损失率
		镇区生活垃圾收集率		
		镇区生活垃圾无害化处理率		
		镇区推行生活垃圾分类收集的小区比例		

注：表格中灰色标注指标为控规低碳指标体系构建考虑剔除项，其余项保留或进行合并总结。

资料来源：吴元华. 武乡县城新区控规中的低碳思考 [D]. 西安：西安建筑科技大学，2013.

环境保护八个方面，总结提炼出 38 项控制指标，并分成强制性和引导性两类，最终确定低碳地块的指标体系（表 5-20、表 5-21）。

此低碳控制指标体系对各项指标的确定是基于各地区整体现状而定，由于各地区地域环境多样，城镇间发展水平差距较大，对于各地方具体指标体系的确定，应结合当地现状，在此表基础上进行调整。

7.2　低碳指标分类控制

在控规的编制过程中，控制的最小单元是地块。每个地块都具有唯一的用地性质属性。因此，低碳地块的指标应当根据不同的用地性质，进行进一步的分类，以便于图则中对于单个地块的控制。将低碳地块指标的控制分为：居住型、公服型、生产型。对每种类型的地块采取针对性的指标控制（表 5-22~表 5-24）。

将传统的控规指标体系与低碳控规指标体系结合，确定最终低碳控规的指标体系（表 5-25）。

与低碳控制指标体系相同，这里给出的指标分类控制是基于我国整体现状而定，各地方具体指标的确定，还应结合当地现状，在此基础上进行调整。

控规低碳指标体系 表 5-20

指标系统	序号	指标	指标类型
土地使用	1	自行车、行人友好的地块尺度	强制性
	2	混合用地中居住建筑与公共建筑的比值	强制性
环境容量	3	工业园区平均建筑密度	强制性
	4	工业园区平均道路面积比例	强制性
	5	工业园区平均绿地率	强制性
	6	集中政府机关办公楼人均建筑面积	强制性
	7	院落式行政办公区平均建筑密度	强制性
	8	建成区绿化覆盖率	强制性
	9	建成区街头绿地占公共绿地比例	强制性
	10	建成区人均公共绿地面积	强制性
	11	居住区的居住密度	强制性
	12	地下容积率	引导性
建筑建造	13	新建建筑执行国家节能或绿色建筑标准	强制性
	14	绿色建筑比例	强制性
城市设计引导	15	城镇建设风貌与地域自然环境特色协调	引导性
	16	城镇建设风貌体现地域文化特色	引导性
交通体系	17	主干道红线宽度	强制性
	18	建成区道路网密度适宜，且主次干路间距合理	强制性
	19	公交专用道或优先道的比例	强制性
	20	学生步行或者骑自行车去学校的平均距离	引导性
	21	公共交通站点覆盖率	强制性
	22	慢行系统覆盖率	强制性
公共设施	23	建成区公共厕所设置合理	强制性
	24	社区商业设施与公交站点是否结合设置	引导性
	25	社区学校、医院是否在步行范围（500 米）内	强制性
市政设施	26	饮用水水源地达标率	强制性
	27	居民和公共设施供水保证率	强制性
	28	新镇区建成区实施雨污分流，老镇区有雨污分流改造计划	强制性
	29	雨水收集排放系统有效运行	强制性
环境保护	30	城镇污水再生利用率	强制性
	31	镇区污水管网覆盖率	强制性
	32	污水处理率	强制性
	33	污水处理达标排放率	强制性

续表

指标系统	序号	指标	指标类型
环境保护	34	生活垃圾分类守纪律	强制性
	35	乡土植物比例	引导性
	36	环境噪声达标率	强制性
	37	空气质量达标率	强制性
	38	重要水体水质达标率	强制性

资料来源：吴元华 . 武乡县城新区控规中的低碳思考 [D]. 西安：西安建筑科技大学，2013.

地块控制指标体系 表 5-21

指标系统	序号	指标类型	指标数据	指标类型
土地使用	1	自行车、行人友好的地块尺度	200~600 米	强制性
	2	混合用地中居住建筑与公共建筑的比值	20%~60%（居住建筑）/40%~80%（公共建筑）	强制性
环境容量	3	工业园区平均建筑密度	0.5	强制性
	4	工业园区平均道路面积比例	≤ 25%	强制性
	5	工业园区平均绿地率	≤ 20%	强制性
	6	集中政府机关办公楼人均建筑面积	≤ 18%	强制性
	7	建成区绿化覆盖率	≥ 35%	强制性
	8	建成区街头绿地占公共绿地比例	≥ 50%	强制性
	9	建成区人均公共绿地面积	≥ 12（平方米 / 人）	强制性
	10	居住区的居住密度	≤ 420（人 / 公顷）	强制性
	11	地下容积率	≥ 0.8	引导性
城市设计引导	12	新建建筑执行国家节能或绿色建筑标准	两项都有	强制性
	13	绿色建筑比例	100%	强制性
	14	城镇建设风貌与地域自然环境特色协调		引导性
	15	城镇建设风貌体现地域文化特色		引导性

资料来源：吴元华 . 武乡县城新区控规中的低碳思考 [D]. 西安：西安建筑科技大学，2013.

居住型地块控制指标体系   表 5-22

序号	指标类型	指标数值	指标类型
1	自行车、行人友好的地块尺度	200~600 米	强制性
2	混合用地中居住建筑与公共建筑的比值	20%~60%（居住建筑）	强制性
3	建成区绿化覆盖率	≥ 35%	强制性
4	居住区的居住密度	≤ 420（人／公顷）	强制性
5	地下容积率	≥ 0.8	引导性
6	绿色建筑比例	100%	强制性
7	城镇建设风貌与地域自然环境特色协调	—	引导性
8	城镇建设风貌体现地域文化特色	—	引导性

公服型地块控制指标体系   表 5-23

序号	指标类型	指标数值	指标类型
1	自行车、行人友好的地块尺度	200~600 米	强制性
2	混合用地中居住建筑与公共建筑的比值	40%~80%（公共建筑）	强制性
3	建成区绿化覆盖率	≥ 35%	强制性
4	集中政府机关办公楼人均建筑面积	≤ 18	强制性
5	院落式行政办公区平均建筑密度	≥ 0.3	强制性
6	绿色建筑比例	100%	强制性
7	地下容积率	≥ 0.8	引导性
8	城镇建设风貌与地域自然环境特色协调	—	引导性
9	城镇建设风貌体现地域文化特色	—	引导性

生产型地块控制指标体系   表 5-24

序号	指标类型	指标数值	指标类型
1	建成区绿化覆盖率	≥ 35%	强制性
2	工业园区平均建筑密度	0.5	强制性
3	工业园区平均道路面积比例	≤ 25%	强制性
4	工业园区平均绿地率	≤ 20%	强制性

资料来源：吴元华.武乡县城新区控规中的低碳思考 [D].西安：西安建筑科技大学，2013.

低碳控制最终指标体系 表 5-25

控制要素	控制要素分类	指标控制	指标控制类型
土地使用	用地使用性质	用地性质	规定性
		用地面积	规定性
		用地边界	规定性
		用地兼容性	规定性
		地块尺度	强制性
		混合用地中居住建筑与公共建筑的比值	强制性
	环境容量控制	容积率	规定性
		建筑密度	规定性
		绿地率	规定性
		人口容量	指导性
		工业园区平均建筑密度	强制性
		工业园区平均道路面积比例	强制性
		工业园区平均绿地率	强制性
		集中政府机关办公楼人均建筑面积	强制性
		建成区绿化覆盖率	强制性
		建成区街头绿地占公共绿地比例	强制性
		建成区人均公共绿地面积	强制性
		居住区的居住密度	强制性
		地下容积率	强制性
建筑建造	建筑建造控制	建筑高度	规定性
		建筑后退	规定性
		建筑间距	规定性
		新建建筑执行国家节能或绿色建筑标准	强制性
		绿色建筑比例	强制性
	城市设计引导	建筑体量	指导性
		建筑色彩	指导性
		建筑形式	指导性
		其他环境要求	指导性
		建筑空间组合	指导性
		建筑小品设置	指导性
		城镇建设风貌与地域自然环境特色协调	引导性
		城镇建设风貌体现地域文化特色	引导性

续表

控制要素	控制要素分类	指标控制	指标控制类型
设施配套	市政设施配套	给水设施	规定性
		排水设施	规定性
		供电设施	规定性
		交通设施	规定性
		其他	指导性
	公共设施配套	教育设施	规定性
		医疗卫生设施	规定性
		行政办公设施	规定性
		文化体育设施	规定性
		附属设施	规定性
		其他	指导性
行为活动控制	交通活动控制	交通组织	规定性
		出入口方位及数量	规定性
		交通枢纽及设施交通	规定性
	环境保护规定	噪声震动等允许标准值	规定性
		水污染物允许排放量	规定性
		水污染物允许排放浓度	规定性
		废弃污染物允许排放量	规定性
		固体污染物允许排放量	规定性
		固体废物控制	指导性
		其他	指导性

资料来源：吴元华. 武乡县城新区控规中的低碳思考 [D]. 西安：西安建筑科技大学，2013.

 复习思考题

1. 结合案例分析在规划布局与用地管控层面有哪些低碳生态任务？

2. 你认为在规划布局与用地管控中满足低碳生态发展要求的难点是什么？

第 6 章

低碳
生态

规划设计
与
建设实施

规划设计与建设实施的低碳生态规划重点   表 6-1

规划内容	规划重点
空间秩序组织	通过用地功能混合及合理的建筑空间布局，促进形成低碳生态的空间规划布局
	通过开敞空间的合理组织，包括对风和日照两个要素的设计，塑造城市微风通道，从而改善微气候
	通过步行空间的优化及对建筑界面关系的控制，形成步行友好的空间环境
	通过道路断面、道路交叉口等交通设施的优化设计，实现交通设施的生态人性化
场地设计指引	基于低碳生态的基本原则，综合自然环境、地形地貌、资源利用、绿地景观等方面对建设用地展开场地设计指引
绿色建筑设计	通过建筑材料本土化及低碳建筑营建技术应用，引导走向建筑适宜性低碳发展

规划设计与建设实施环节主要指微观层面规划设计及各项建筑和工程实施管理等内容，是体现低碳生态、落实能源利用和实现节能减排措施的实践环节。通过空间秩序组织、场地设计指引和绿色建筑设计等方面具体落实低碳生态的要求。合理组织城乡空间、建筑布局，塑造舒适宜人的空间界面；有效利用自然环境，高效引导场地设计；加强绿色建筑设计，倡导建筑材料本土化及低碳建筑营建技术应用，引导走向建筑适宜性低碳发展的道路。结合我国东西部地区城乡发展的现实困境，我国城乡低碳生态的理想路径为探索一条具有地域适宜性的"低能耗、低污染、低排放"策略，即遵循低碳生态、顺应自然的原则，采用本土营造的策略，加强对城乡建设碳排放的控制（表 6-1）。

光等可再生资源）的空间布局形式，塑造微风通道与微气候。根据不同地区空间模式和建筑特征，对建筑退线距离、贴线率、道路宽度和街巷高宽比等进行合理控制与引导，营造良好的空间界面，丰富街道活力。同时，通过对交通设施生态人性化的设计塑造利于步行的环境（图 6-1）。

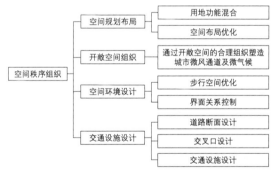

图 6-1　空间秩序组织的规划重点

第 1 节　空间秩序组织

合理组织空间秩序，有利于塑造微风通道及良好的空间界面。结合自然环境特征，通过对建筑朝向及形态、开敞空间等的合理组织，形成与气候条件相适宜（有效利用风、阳

1.1　低碳生态的空间规划布局

1.1.1　用地功能混合

改革开放以来，我国城镇化与工业化进程的快速推进，基础设施建设和城乡经济发展的用地需求日益上升，建设用地内所承载的各类生产生活建设活动增加，不同土地利用方式的

转变，均直接或间接影响碳排放变化。按照低碳生态的布局原则，各地区土地利用应呈现出高度混合的趋势，尽可能使居民可以在街区范围内完成日常活动，减少长距离的来往奔波。

混合土地使用意味着把三种或更多的可产生显著收益的土地利用性质（如办公、居住、零售），用水平或垂直规划的方法结合起来共同运营。一般来说，将具有相近功能的设施集中设置有助于设施本身的日常营运，同时紧凑密实的空间形态有助于人们活动的连续性，使人们在中心区能通过自行车或步行便捷地到达任何商业、居住、娱乐、教育等场所（图 6-2~图 6-5）。

地块混合功能开发项目由于类型多样，所包含主要功能各不相同，各种功能的开发建设特征以及相互之间关系也有很大差别。这是确定地块混合功能构成的基础。美国土地协会曾提出功能之间相互作用的一般性评价，见表 6-2。

在不同区位的混合功能开发项目中，各类功能所起的作用和市场开发潜力各不相同，规划设计首先需要对混合功能开发中可能存在的

混合功能开发项目中功能之间的
相互作用评价表　　　表 6-2

功能		与其他功能相互作用的程度
办公	居住	●●
	宾馆	●●●●●
	零售、娱乐＊	●●●●
	文化、市政、休闲	●●●
居住	办公	●●●
	宾馆＊＊	●●●
	零售、娱乐	●●●●
	文化、市政、休闲	●●●●
宾馆	办公	●●●●
	居住	●●●
	零售、娱乐	●●●●
	文化、市政、休闲	●●●●
零售、娱乐	办公	●●●●
	居住	●●●●
	宾馆	●●●●
	文化、市政、休闲	●●●●
文化、市政、休闲	办公	●●●●
	居住	●●●●
	宾馆	●●●●
	零售、娱乐	●●●

注：●作用非常弱、无作用；●●作用很弱；●●●作用适中；●●●●作用很强；●●●●●作用非常强；＊餐饮功能是对办公最有益的资源；＊＊对高端宾馆和住宿设施作用最大，对于中等价位宾馆作用较小。

资料来源：肖彦. 绿色尺度下的城市街区规划初探 [D]. 武汉：华中科技大学，2011.

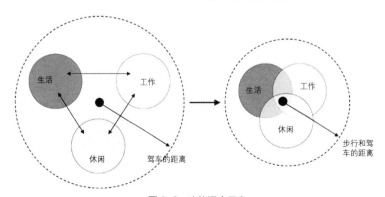

图 6-2　功能混合示意
资料来源：邬尚霖. 低碳导向下的广州地区城市设计策略研究 [D]. 广州：华南理工大学，2016.

图 6-3　混合功能用地地块模型
资料来源：Mark Hewlett，罗彤，等.
低碳生态城市规划方法 [M]. 2014.

各类主要功能的特征进行分析，主要分为以下四种类型：

（1）居住和工作的混合——在居住地段混合布置办公、商业、服务业、信息技术部门和企业，以及无干扰的工业企业等，尽量方便职员可以在工作地点附近居住，缩短日常工作和居住之间的来往距离，降低城市交通量。工作地点可以在地块中相对集中，布置在居住地块的外围或中心，也可以分散在居住地块之间或内部，有些工作地点还可以和住宅共同布置在同一建筑之中。

（2）居住和商业、服务、文化等公共设施的混合——为了方便和丰富居民的日常生活，在居住地段附近应当混合布置较为齐全的公共

服务设施。各类服务设施的数量、规模和位置，受居住人口规模的指标和服务半径约束。因此，需要通过规划的指标核算进行合理的规划安排，在不干扰居住环境的前提下，尽量同居住混合布局。各类公共服务设施可以集中布置在某个地块，服务周边的居住地段，也可以分散在各地块中同居住相混合。

（3）工业和商业、服务、办公的混合——在一些商业、服务、办公较为集中的地段，由于这些建筑对于日照、通风和隔声的要求没有居住建筑那么高，因此可以适当地同一些工业企业混合布局。这种混合功能开发方式，既大大缩短了一些企业职工就业和居住的距离，也不至于使这些工业对居住产生干扰；同时，通过商业、服务等功能同工业混合布局，使其形成互补关系，方便企业职工使用。

（4）公共空间的混合——公共空间，如街道、广场、公园，是人们休憩交流的户外活动场所。一方面，广场、公园这类公共空间应当同居住、商业、文化等功能混合布局，提高公共空间的使用效率，增添城市活力和安全性。另一方面，公共空间的功能本身也可以混合，表现在空间和时间双重维度上。在空间上，公共空间通过

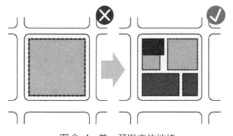

图 6-4　单一开发主体地块

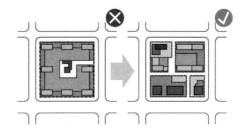

图 6-5　混合功能用地

资料来源：Mark Hewlett，罗彤，等.低碳生态城市规划方法 [M]. 2014.

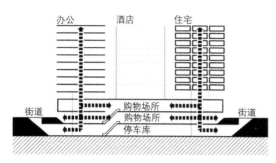

图 6-6　垂直方向功能混合示意

资料来源：邓寄豫，桂鹏，郑炘.土地混合利用与公共交通一体化对低碳城市空间的影响研究 [J].建筑与文化，2016（2）：161–163.

立体式开发，可以在垂直方向上满足不同功能（图 6-6）；在时间上，一些工作场所附近的公共空间，白天作为停车场使用，晚上可作为夜市、观演、娱乐的场所。因此，公共空间的混合功能开发，要兼顾同居住、商业、办公等其他功能的关系，还要充分考虑其自身的多种功能，从而提高公共空间的使用效率，服务于更多的人群。

 案例（6-1）

《昆山市总体规划（2009—2030）》：
以综合交通引导城市用地布局优化

近年来，昆山城乡空间拓展十分迅速，总体上以中心城区和多个镇区为核心向外拓展，城乡空间几乎蔓延成片，集约化利用程度不高。同时，产居分离现象十分明显，一方面增加了通勤交通的能源消耗和污染排放，另一方面居民也不得不耗费更多的通勤时间。

1. 交通引导用地布局优化，促进交通减量

规划贯彻落实了交通引导发展的理念，以轨道交通引导城镇空间集聚，以公共交通引导功能布局优化，以交通枢纽引导城市用地开发和服务业发展，以货运区位引导工业用地集聚。

规划通过制定各种政策措施，促进人口和产业有序向轨道交通沿线的城镇集聚，通过合理配置公共服务和市政基础设施，满足居民就近使用。对大运量公共交通沿线的用地布局进行了优化调整，逐步置换工业、仓储等用地，安排商业用地、混合用地、居住用地，增加公共交通沿线用地的开发强度，进而提高人口密度，使更多的人向公共交通走廊集聚，既培育公共交通客流，也减少了小汽车使用，促进交通减量。促进公共服务设施向交通枢纽周边地区集聚，形成多中心集约化利用的空间布局，将交通量大的设施安排在公交枢纽站点附近，促进服务业发展。同时，有序实施工业空间的转移和布局优化，沿高速公路出入口、快速路、高等级航道及铁路枢纽等货运优势区位地区布局工业、仓储用地，使货运交通快速进入城市对外交通通道，降低货运交通对城市交通和生态环境的影响。

2. 加强用地混合，合理提升土地开发强度

规划重视考虑产居平衡，通过用地功能的适度混合，缩短出行距离、减少跨区域交通量、降低交通能耗。

规划要求加强存量工业用地整合，对容积率偏低、绿化率偏高的现状工业企业，鼓励业主按规定加层或利用厂区内的绿化用地、空地加建，提高容积率。鼓励企业向空中发展，对建造多层厂房的，不同程度减免相关税费。对于一些不符合集约用地要求的企业，通过增资或缩地的形式提高用地集约性。

1.1.2　空间布局优化

地块内部各功能片区内的建筑空间组合同样需要进行低碳设计与引导。建筑之间的排布

方式在一定程度上影响街区的碳排放，通过合理的建筑群体空间组合布局，既可有效地利用城市风环境与光环境，也可减少冬季供热以达到节约能源的目的。因此，结合各地区自然环境特征，通过群体建筑空间设计，优化建筑空间组合，有助于实现低碳化发展目标。

1.1.2.1　建筑朝向

选择合理的建筑朝向是建筑布局中首先要考虑的问题，它对住宅的热舒适性及建筑节能意义重大，是实现建筑布局低碳化的基本途径。最佳建筑朝向是综合各种气象数据得到的，首先应使建筑冬季可以最大限度地利用太阳光，南向外墙可以取得最佳采暖条件，降低采暖能耗，同时还应避开冬季主导风向，减少围护结构散热产生的热损失。我国建筑的主要朝向宜采用南北朝向或接近南北朝向，争取尽量多的日照，主要房间避开冬季主导风向。合适的建筑物主体朝向会使建筑在冬季获得足够的日照，同时能在夏季降低降温能耗。在规划设计中，应尽量使建筑满足其最佳朝向，避免为了建筑概念、造型、组团方式的表达而使建筑位于不利朝向。

1.1.2.2　风环境

建筑群的布局形式往往会直接影响场地内风的流动，风是空气沿水平方向流动时产生的一种自然现象，一般从高压区流向低压区。连接高压区和低压区的建筑通道能有效地形成风环境，调节微气候。

将建筑顺风布局形成通风廊道，有利于建筑群降温和空气污染物排散，从而减少人工制冷能耗。夏季的自然通风要求建筑群体面对风向敞开，尽可能增大对风的导引。而冬季防风的设计要求正好相反，冬季要尽可能使较少气流进入群体空间。这就要求在规划建筑布局时，依靠群体形态设计尽可能阻挡冬季的盛行风，而使夏季的盛行风得到强化，为了达到这一目的，在建筑群平面布局上，应该采用错列、斜列式的布局形式，保证风道通畅，引导夏季主导风进入，创造良好的风环境。

1.1.2.3　日照间距

由于建筑布局不当，四周的建筑相互遮挡，使得某些朝向较好的建筑并不能获得良好的日照条件导致冬季采暖能耗的增加。因此，在建筑布局规划设计中，必须在建筑之间留出一定的距离，以保证日光不受遮挡，能直接照射到室内。日照间距的大小主要是根据现行住宅设计及相关建筑设计规范中对日照标准的要求等因素来确定的，它受到当地地理纬度、建筑朝向、建筑高度和长度及用地地形等因素的影响。在建筑选址与布局规划中，有以下几个方面措施可以达到节能、节约土地的目的。

（1）利用地形高差来规划建筑布局，以减小建筑间距；

（2）在多排多列建筑布置时，采用错位布局，利用山墙空隙争取日照；

（3）点式、条式组合布置，将点式建筑布置在向阳位置，条式建筑在其后，利用点式建筑空隙获得日照；

（4）不同高度建筑组合布置时，将低建筑布置在向阳位置，高建筑在其后。在平坦的场地上，任意朝向的条式建筑日照间距计算公式为：

$$D=(H-H_1)\cdot coth_s\cdot cosy$$
$$=H_0\cdot coth_s\cdot cosy \qquad (6-1)$$

式中：D 为两建筑物间平地日照间距（米）；H 为前排建筑高度（米）；H_1 为后排建筑底层窗台高度（米）；H_0 为前排建筑檐口至后排建筑底层窗台高度间高度差（米）；h_s 为太阳高度角（deg）；y 为建筑墙面法线与太阳方位的夹角（度）。其中，太阳高度角 h_s 和 y 是根据相应的日照标准及建筑朝向所确定的。

影响建筑布局的主要因素是日照和通风，因此建筑朝向的选择应全面考虑地理条件、气候条件、建筑用地等因素，同时应利于冬季日照和防风，夏季防晒和自然通风等。比如陕西关中地区主导风向夏季为西南风，冬季为东北风。综合该地区地理、气候条件，关中地区建筑最佳朝向为南偏东 10°，适宜朝向为正南或南偏西。这样夏季可避免过多的太阳辐射，利于通风；冬季可争取最大的太阳辐射，避免冷风入室。

案例（6-2）

《甘肃岷县乡村社区规划》：利用气候条件进行低碳建筑布局

岷县位于甘肃定西南部，其气候具有高寒阴湿，四季不分明的特点。在岷县村庄住宅建设规划中，对建筑朝向、风向、建筑功能分区、建筑间距及室外空间环境等进行研究分析后，最大限度利用气候条件而设计出低碳的建筑布局方式（图 6-7）。

气候条件利用：样本社区夏季主导风向为西北向，冬季为西南向，建筑适宜朝向为正南或南偏东，如此夏季利于通风，冬季避免冷风入室，也可争取较大的自然采光及日照面积，尽可能地利用被动式太阳能和自然通风。

功能分区布局：储藏室、楼梯间等对热舒适性要求较低的空间宜布置于西侧或北侧，有助于抵御夏季西晒和冬季寒风。

室外环境设计：小尺度的空间及室外的植被种植也可起到一定的保温、隔热效果，院外种植常

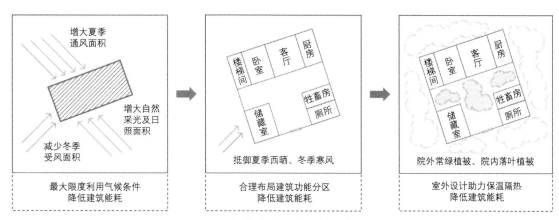

图 6-7　低碳建筑布局示意图
资料来源：刘慧敏.西北欠发达地区低碳乡村社区规划研究 [D]. 西安：西安建筑科技大学，2016.

绿植被、院内种植落叶植被可在夏季遮挡阳光、冬季抵御寒风。通过上述气候条件利用、功能分区布局、室外环境设计的建筑布局有助于减少村宅能耗，从而降低建筑建设碳排放量。

1.2   微风通道塑造与开敞空间组织

宜居生态环境下生活空间的改善关键在于城市热岛效应的缓解，减低热岛效应在于户外的风。在技术层面，当风进入某一公共空间，速度为 3~5 米/秒时最为合适，具体方法为保持一个微风通道，该通道可以尽量把夏天在南面的一些微风渗透到社区里面，使社区里面很多公共空间达到 3~5 米/秒的环境，这时可以把热岛效应从平常的提高 3 度减低到低于 1 度。由此可看出微风通道对于减低热岛效应的重要性，而微风通道实现的途径则是对开敞空间的合理设计。

实现开敞空间对微风通道及微气候的塑造主要在于对风和日照这两个要素的设计，同时风和日照也是通过规划、设计手段能够进行直接影响的要素。

1.2.1   风的设计

"风"主要是分析和控制风在城市开敞空间中的流动状况，即风向与风速。具体来讲，对应不同的设计目标（通风还是防风），应从以下两点进行分析。

（1）首先应合理确定城市街道的走向和广场的开口情况。主要是通过控制其与城市不同季节主导风向的夹角关系，来影响城市开敞空间中风的进入状况。应结合不同地域自然条件，同时满足夏季通风和冬季防风的要求，以形成气候相对宜人的空间环境。

（2）风的设计还要具体分析城市开敞空间周围建筑物的形态及组合特征，对于空间内气流分布的影响，利用各种技术手段进行直观、定量地研究两者之间的作用规律。这其中对于城市开敞空间中风分布状况的评价，不仅要考虑污染扩散问题，也要考虑行人高度风的安全性和舒适性问题，即实现在人大量使用的区域有合理的风速值，避免由于形态组合不当形成的"不利风"以及夏季通风的"盲区"。

1.2.2   日照的设计

城市开敞空间的日照状况会直接影响环境中的温度与湿度水平，进而影响室外人体的热舒适性。城市开敞空间中的日照状况主要受周围建筑、绿化的遮蔽情况所影响。在具体的设计过程中，①首先应结合城市的自然条件确定设计目标，即以夏季遮阳为主，或以冬季争取日照为主，或两者兼顾；②然后利用各种日照遮蔽分析方法，对城市开敞空间周围的建筑形态、方位、开口以及组合情况进行调整，以保证空间中特定位置符合设计目的的日照状况。

城市开敞空间的设计，除了要分析围合该空间的实体建筑形态及组合状况以外，还要综合考虑如地形地貌、绿化水体以及铺面材料等城市形态及环境设计要素对空间的影响，以达到改善微气候的目标。

1.3　步行友好的空间环境设计

1.3.1　步行空间优化

步行系统自身不仅仅担负着交通的基本功能，还具有交往、休闲的功能。应从人性的角度出发，创造出安全、舒适的交往场所，使步行系统充满活力。步行空间的优化将着重关注步行空间的景观空间设计、环境设施设计，并采取交通宁静化措施，以创造出人性化、舒适和丰富的适于步行的交往空间。

1.3.1.1　景观空间设计

道路景观是步行交通的重要组成部分，良好的道路景观设计可以吸引更多的居民选择慢行交通出行方式。步行交通的景观空间设计应该注重以人为本，适应人的活动方式，为人的各种需要提供舒适的环境。但现今，诸多城市道路出现人行道上的设施不足或者位置放置不当等问题，给行人带来不便，甚至引起了不必要的麻烦，例如不恰当的路边座椅设计可能干扰行人的行走路线。步行交通景观设施的设计应满足多样统一、经济实用、美观协调、注重细节等原则。

1.3.1.2　环境设施设计

步行环境设施是指用于服务步行者的街头设施，主要有文化艺术性步行环境设施及服务性步行环境设施。其中，前者包括广告、雕塑、街道小品、绿化、艺术铺地；后者包括步行标识、公交车站、路灯、信息亭、电话亭、邮箱、休息设施、垃圾箱以及公共厕所。它们是步行空间的重要组成部分，应根据居民的实际需求进行人性化地规划与设计。

文化艺术性的环境设施用于渲染氛围和表达文化，可通过塑造不同造型，给人不同的感受；通过运用色彩创造不同的环境氛围；通过运用历史文化抽象的符号、特色树木、当地材料结合设计的环境设施雕塑、铺地、绿化，可以塑造城市自身特色并反映城市的文化历史。

服务性步行环境设施应针对不同功能街道以及满足人的基本需求，并结合相关规范及资料，提出交通性街道和生活性街道的设施设置建议。

1.3.1.3　交通宁静化

交通宁静化是伴随着步行交通发展而来的，其目的在于给予行人优先权。交通宁静化实施的基本原则：优先保障步行者的通行和安全，控制机动车的速度，由此降低机动交通对人和环境的影响。根据不同交通状况，主要措施有机动车限速 20 或 5 千米 / 时、规定住宅区域为交通稳静区、设置减速丘等（图 6-8、图 6-9）。

图 6-8　市中心步行区的限速标志

图 6-9　住宅区的交通稳静区标识

资料来源：黄明瑜 . 低碳视角下的步行交通规划策略研究 [D].
西安：长安大学，2012.

案例（6-3）

《无锡生态城示范区控制性详细规划》：
构建网络化慢行体系

提升慢行空间品质，实现慢行友好；建设立体换乘枢纽，促进无缝换乘，实现交通减量。

1. 构建网络化慢行体系，提升慢行空间品质，实现慢行友好

规划将慢行系统布局与人的行为分析相结合，强化慢行廊道与出行产生点和吸引点的衔接，以慢行廊道串联广场、公共交通换乘点及公共服务设施，并与外围慢行系统有效衔接。以慢行廊道、慢行连接道、滨水休闲道、街坊内部游憩道组成网络化慢行体系，提升慢行空间品质和慢行易达性，实现慢行友好。

2. 建设立体换乘枢纽，促进无缝换乘，实现交通减量

以"节约用地，促进地下空间开发"为出发点，结合用地和公共交通线网布局，集中布置立体换乘枢纽，集约布置地铁站点、架空独轨站点、公交首末站、自行车租赁点、电动汽车充电站、机动车停车场等设施，形成适应不同出行需求的零距离、零成本的"双零换乘"环境，提高出行效率，促进交通减量和节能减排。❶

1.3.2 界面关系控制

根据我国较为粗犷的空间建设模式和本土化的建筑特征，提出适宜性空间设计指引，如减少建筑退线距离，提高建筑贴线率；合理控制街道长度，建筑高度与街道宽度比例要利于步行环境的营造。街区界面鼓励绿色空间和步行空间的开发，避免街区灰色地带的形成，在改善街区环境的同时丰富街区活动，为街区带来活力。

临街建筑贴线率是非常重要的保障街道空间多样性的指标（图6-10）。连续而丰富的建筑街墙及主要景观面有助于创造丰富的城市街道生活，空间界面的多样性还有赖于其开放性，其重要指标就是街道开口密度。街道开口密度指街区出入口数量与临街长度的比值，开口密度越高表明街区的开放性就越高，街区空间就越有活力。

街区的临街面供给并非可以无限制地增长，在街区再分的过程中，其尺度需要在一个合理的范围，才能促进城市经济的均衡持续发展。西方城市经验以60~180米的临街面和1：1.3~1：1.5的地块临街宽度和进深比例，最能发挥基础设施的效率和最容易"裁剪"以配合不同的项目需要。

90% 达标率　　70% 达标率　　50% 达标率

图6-10　几种不同形式的临街建筑贴线率示意图
资料来源：黄梅.基于建筑材料本土化的甘南低碳生态小城镇规划研究[D].西安：西安建筑科技大学，2014.

❶ 张泉，等.低碳生态与城乡规划[M].北京：中国建筑工业出版社，2011.

案例（6-4）

《武威市雷台社区规划》：
适宜界面关系控制以发挥街区活力

武威市位于甘肃省中部，雷台社区的"低碳街区"用地位于武威市的中心城区，是城市中轴线北部重要的公园景区，与武威火车站及高速公路出入口有便捷的交通联系。基地内部包含现状雷台公园，规划用地范围 30.56 公顷，现状街区尺度规模较小（图 6-11～图 6-13）。

规划雷台低碳社区中各个低碳组团的街道开口密度较高、开放性强、街道空间多样，有效地提升了低碳社区内的街道活力。在街道不同的出入口空间处设置景观小品与标识系统（图 6-14），丰富街道环境的同时满足社区居民的使用需求。

60～180 米的沿街界面和 1：1.2～1：1.5 的建筑街道高宽比，最能发挥街区功能与活力，因此，可以

得知街区的沿街界面不宜过长，其尺度范围应取值合理。结合雷台低碳社区的实际建设需求，确定具有地域特征的低碳组团内部，其传统街区的"适宜性"建筑街道高宽比应设置为 1：0.9～1：1.5，因不同低碳组团功能不同，沿街界面建议控制在居住型低碳组团 120 米左右、公共型低碳组团 80 米左右（图 6-15）。

图 6-14　街道出入口关系示意图
资料来源：赵亚星 . 西北城市低碳社区适宜性规划策略研究 [D]. 西安：西安建筑科技大学，2016.

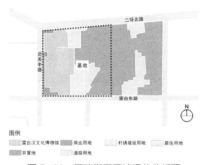

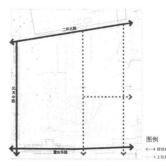

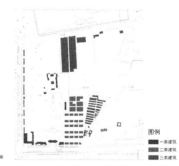

图 6-11　低碳街区用地现状分析图　　图 6-12　低碳街区道路交通分析图　　图 6-13　低碳街区现状建筑质量评价图
资料来源：赵亚星 . 西北城市低碳社区适宜性规划策略研究 [D]. 西安：西安建筑科技大学，2016.

图 6-15　低碳组团中的界面关系示意图
资料来源：赵亚星 . 西北城市低碳社区适宜性规划策略研究 [D]. 西安：西安建筑科技大学，2016.

图 6-16　基于建筑材料本土化的木耳镇城镇界面关系控制
资料来源：黄梅.基于建筑材料本土化的甘南低碳生态小城镇规划研究 [D]. 西安：西安建筑科技大学，2014.

案例（6-5）

甘南低碳生态小城镇规划设计：
基于建筑材料本土化的界面关系控制

　　甘南藏族自治州地域特色浓郁，地方营造传统历史悠久，在木耳镇规划设计中，采用传统的小街区形式，空间布局自由，路线丰富。建筑的后退红线减小，一般小于 5 米，结合步行空间与环境景观融合进行设计；建筑贴线率增大，基本达 80% 以上，营造了较好的步行空间环境。错落有致的建筑组合，形成收放自然、层次感丰富的街巷空间，为街区增

添不少活力。基于本土化建造模式的传统街巷平面肌理和立面元素的特色塑造，通过若干开敞界面进行视线关系上的联系，使其在形成鳞次栉比的建筑关系的同时保证空间界面关系的丰富多变与整体性。

　　同时，通过地方传统建筑材料的提取、特色生活方式的分析、民族历史的解读、足下文化的理解以及乡土景观的剖析，对镇区环境设计进行引导，通过细化地面铺装，与建（构）筑物及周边环境等相协调，提高居民生活舒适度（图 6-16）。

1.4　生态人性化的交通设施设计

　　交通设施生态化主要是指在交通基础设施规划建设的过程中以生态学为基础，以人与自然的和谐为目标，以现代技术和生态技术为手段，最高效、最少量地使用资源和能源，最大可能地减少对环境的冲击，以营造和谐、健康、舒适的人居环境状态。在交通基础设施生态化设计中，主要涉及以下几个方面：道路断面优化设计、交叉口优化设计以及交通设施优化设计。

1.4.1　道路断面优化设计

　　道路作为最主要的交通基础设施之一，需要着重提高其生态化水平。其一，在规划设计中要通过合理的道路断面设计，提高绿地在道路断面中所占的比例，从而减少交通运输中的尾气和噪声污染，通过道路断面中的绿地来调节道路上的微气候。其二，通过多元化技术提高交通基础设施的生态化水平。同时在道路的建设中，尽量采用低噪声和透水性好的材料，减少雨水直接排入排水系统，提高城市地面的整体蓄水和渗水能力。

1.4.1.1 道路断面形式优化

我国很多地区采取宽马路大街区的设计形式，道路间距较大，道路断面很宽，导致某些区域出现路网密度不够，道路面积却偏高的现象。此外，宽大的道路缺乏宜人的步行尺度，以小汽车为主要服务对象，交通流量集中，与低碳交通的发展方向背道而驰。在同等的道路面积和交通承载量条件下，可以减少单条道路的截面宽度，增加道路密度，使交通流分布均匀。

二分路网则是一种有效地增加路网密度的道路类型，它将双向行驶的单条道路分开，形成两条单行道，中间夹着一个城市街区（图6-17）。这一断面形式比传统的主干道更加高效，能够在不设置宽大街道的同时承担大运量交通。同时道路宽度的缩减有利于塑造宜人的空间尺度，缩短人行横道长度，为慢行交通提供舒适安全的环境。

另外，在街道断面设计时，增加街道绿化，一方面可以通过植物冠层增加绿化阴影，减少街道地面的直接太阳辐射得热；另一方面可以通过植物蒸发作用改变环境的热湿平衡，达到调节微气候的目的。在断面设计时，可以将街道绿化与

人行道和非机动车道结合布置，不仅可以改善慢行系统的使用环境，更可以塑造优美的街道景观，提高人们使用非机动车出行的意愿。

1.4.1.2 路面材料选择

传统的城市道路路面主要采用沥青混凝土和水泥混凝土。这种密实性硬化地面隔断地表与路面的联系，缺乏透水性和透气性。降雨季节路面易积水，雨水无法渗入地下，径流流失进入雨水管道，增加城市排洪压力，地面剩余雨水又很快蒸发。因此，密实性硬质地面很难参与城市地表温度湿度的交换调节过程，遭遇夏季日晒和高温天气时，调节能力差，地面温度更易升高，从而降低人体舒适度。相反，可渗透性地面能够减少排洪压力，补给地下水，参与水体循环，通过蒸发作用冷却地表温度。因此，改进地面铺地材质对于改善区域热环境和降低城市热岛强度具有较强的现实意义。结合海绵城市理念，应科学、合理地选择道路的路面材料，可通过采用混凝土砌块、天然卵石、砾石、普通砖等设计人工透水性地面，利用街道两侧设施建设雨水花园，增加草地面积，提高街道透水性，降低热积累（表6-3）。

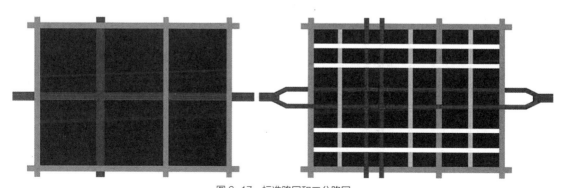

图6-17 标准路网和二分路网
资料来源：邬尚霖. 低碳导向下的广州地区城市设计策略研究 [D]. 广州：华南理工大学，2016.

在过往的新农村建设中，为加强乡村道路基础设施的建设，对很多村庄道路进行了硬化处理，虽一定程度上解决了村庄道路雨后泥泞、路况不佳的问题，但其做法脱离了乡村自然意趣，仿照城市"快速排除""末端集中"式的排水方式，大大降低了雨水的收集利用率，而这部分浪费的水资源则会反面加重乡村用水的碳排放。特别是在西部地区，夏季雨水集中则洪涝问题严峻，其他季节雨水匮乏则干旱时有发生，因此对乡村社区雨水的收集与利用有着不可忽视的作用。

在低碳乡村规划的道路设计中可引用"海绵道路"的概念，即可以像海绵一样将地面积水迅速吸收的路面。一方面运用自然的方法进行乡村道路设计，更多地利用本土材料使得乡村建设回归自然；另一方面能让乡村大地更自由地呼吸，雨季可以蓄积雨水，旱季可以蒸发雨水。这种海绵道路透水性能较强，也可降低二氧化碳的排放，在路面材料的选择上尽量选取本土材料，提高本土资源利用率的同时，降低乡村道路的建设成本（图6-18、图6-19、表6-4）。

1.4.1.3 植物配置

道路绿化的主体是行道树，而树种选择作为道路绿化设计中的重要环节，对道路绿化的成功与否及效果有着重要的影响，因此对其需

传统道路与海绵道路对比   表 6-3

项目	传统道路	海绵道路
路面材料	密实混凝土或沥青	大孔隙透水混凝土、沥青
路面结构	不透水结构	多种透水结构
绿化带	高于路面，不利于渗透、调蓄	低于路面，渗透、净化作用强
边沟	混凝土边沟，雨水流速快	生态植草沟
雨水口	位于路面	位于路面与绿化之间
路缘石	立缘石或平石	豁口、打孔或间隔式

资料来源：邓淼方.基于海绵城市理念的城市道路设计方式研讨[J].价值工程，2016，35（30）：139-141.

图 6-18 道路改造示意图

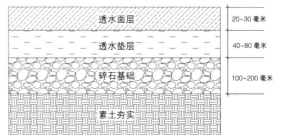

图 6-19 海绵道路材料示意图

资料来源：刘慧敏.西北欠发达地区低碳乡村社区规划研究[D].西安：西安建筑科技大学，2016.

	透水性铺面	柏油路
抗压强度	145~510（kgf/平方厘米）	280（kgf/平方厘米）
保水度	83%以上	几乎没有
透水率	每小时12000毫米	几乎没有
积水问题	几乎没有	严重
降低噪声	有效降低	效果不彰
夏天温度	最多可降17℃	最高温可达50℃以上
改善都市热岛	降低3℃	几乎没有
节约用电	节约30亿度用电	几乎没有
二氧化碳排放	避免180万吨二氧化碳排放	几乎没有

透水性铺面与柏油路的性能对照表　　　　　　　表6-4

资料来源：刘慧敏.西北欠发达地区低碳乡村社区规划研究[D].西安：西安建筑科技大学，2016.

要特别重视。

在选择绿化树木时，树冠层需要一定的叶密度，同时树木保持足够的种植密度，才能为街道提供足够的阴影率，为街道热环境带来实质性改善。多数情况下树木对改善室外热环境有积极作用，通过绿化布置能使热岛强度降低至1.5℃以内。

具体道路绿化植物配置可采用以下方式：

（1）采用复合式种植模式

街道的绿化植物配置应按乔、灌、草、藤的合理比例进行，以乔木为主，形成复合式种植，增加整体碳汇量。同时在进行树种选择时，在兼顾市民活动、景观和微气候效应的条件下，尽量多地种植本地生、适应性强、养护管理需求低的野花野草。

（2）采用多元化立体绿化的方式

在可行的街道节点试行屋面绿化、外墙垂直绿化，发挥绿地的最大生态效益。将具备攀缘能力的树种，如地锦、五叶地锦、扶芳藤等，栽植于立交桥、墙面、楼面、廊架等处，增加绿化面积，丰富竖向景观效果，改善生态环境。

 案例（6-6）

《武威市雷台社区规划》：
低碳街区道路交通系统规划策略

雷台社区规划中，为实现低碳街区内部的低碳设计理念，其道路主要考虑以步行为主，并充分满足低碳街区内各低碳组团之间的通达性需求。

1.车行交通

地块内部南北向的乾元文化街为片区车行道路，设置有双向四车道，满足内部车行交通的功能，通过铺地、断面设计保障步行交通的安全、可达，实现人车混行的目的。与此同时，乾元文化街全线禁停，并于高峰小时段限行车辆，保证地块内交通的畅通。

2.步行交通

地块内以完善的步行系统联系各"低碳组团"，其中，乾元文化街承担着贯穿南北的主要步行交通功能；DT-1、DT-2、DT-4、DT-5四个"低碳组团"之间以四通八达的步行交通相互联系，DT-4东侧主要以飞马街、辰龙街两条十字街组织交通；DT-1片区主要以下沉复道联系南北交通；DT-6组团强调开放的步行系统，由横纵向的步行系统串联交通；DT-3 则以联系各栋"低碳建筑"的步行交通为主，内向性较强。

3. 道路断面设计

主要选取乾元文化街断面、下沉复道断面、飞马街断面、古玩巷断面、酒吧巷断面、茶语巷断面、书画巷断面、天马道断面、风情巷断面、元安道断面、澄岚道断面进行分析（图 6-20、图 6-21）。各道路断面均采用青砖、卵石、水洗石、草地砖等可渗透性材料，有效提高路面透水性。同时道路两侧采用本土绿化树种按照乔、灌、草进行合理搭配，增加碳汇量，改善热环境。

1.4.2　交叉口优化设计

传统道路规划以保障机动车出行为首要考虑，道路较宽，与之配合的交叉口也主张采用较大转角半径。这样的交叉口设计是以保证机动车快速通过交叉口或右转弯的角度出发，给行人和自行车带来较大安全隐患，且行人过街距离长，过街时间仓促。

当城市道路建设模式由宽马路大街区转变为密路网小街区时，交叉口的转角半径也需要减小，以优先满足行人和自行车的过街安全和便捷性。采用较小的转弯半径，其目的主要在于两个方面：①迫使机动车转弯时降低车速，以减少安全事故发生；②减小行人过街距离，提高其便利性和安全性。

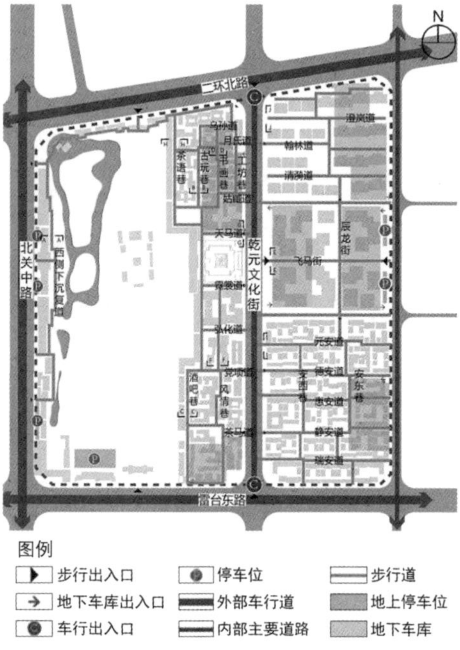

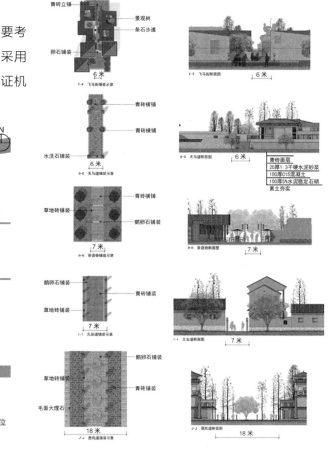

图 6-20　低碳街区空间结构图

图 6-21　部分道路断面示意图

资料来源：赵亚星 . 西北城市低碳社区适宜性规划策略研究 [D]. 西安：西安建筑科技大学，2016.

《城市道路交叉口规划规范》GB 50647—2011 中对交叉口转角最小半径进行了规定（表6-5）。当右转弯行车速度越小时，所需转弯半径也越小。当右转弯车速为 15 千米 / 时，无非机动车道的最小转弯半径为 10 米，有非机动车道的最小转弯半径为 5 米。这一标准比国际上普遍推荐的转弯半径要大。

在国际上普遍推荐采用较小的转弯半径，小转弯半径对于行人和自行车更加友好。《美国城市街道设计手册》规定，常规城市道路交叉口转弯半径是 3~4.5 米，只会在极特殊情况下才会采用大于 4.5 米的转弯半径（图6-22）。美国波特兰市的《行人设计导则》中认为，当道路路侧有停车带或自行车道的情况下，机动车右转的有效半径足够大，实际路缘石的半径最小可以为 1.5 米（图6-23）。

而面对已建成的大型交叉口，可以进行缩窄设计，以降低车辆通过速度，减小行人过街距离（图6-24、图6-25）。缩窄设计，主要是指在道路路侧设置机动车停车带或非机动车道的前提下，在保证机动车道的情况下在交叉口扩大步行道面积，减少行人的过街距离，以更友好的姿态增强步行和自行车的出行意愿。

交叉口转角路缘石转弯最小半径 表 6–5

右转弯计算行车速度（千米 / 时）		30	25	20	15
路缘石转弯半径（米）	无非机动车道	25	20	15	10
	有非机动车道	20	15	10	5

资料来源：邬尚霖. 低碳导向下的广州地区城市设计策略研究 [D]. 广州：华南理工大学，2016.

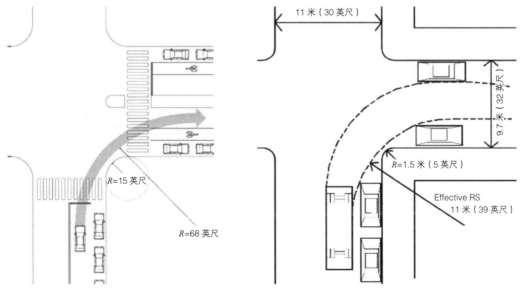

图 6-22 美国城市街道设计手册中转弯半径　　　　　图 6-23 波特兰街道设计导则中转弯半径

资料来源：邬尚霖. 低碳导向下的广州地区城市设计策略研究 [D]. 广州：华南理工大学，2016.

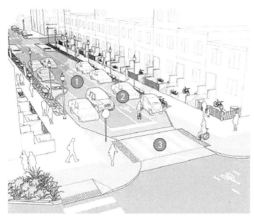
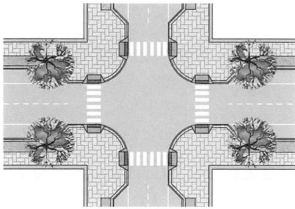

图 6-24 《美国城市街道设计手册》中交叉口缩窄　　　　图 6-25 《阿布扎比街道设计导则》中交叉口缩窄

资料来源：邬尚霖. 低碳导向下的广州地区城市设计策略研究 [D]. 广州：华南理工大学，2016.

 案例（6-7）

昆明呈贡低碳示范区规划：

低碳生态的城市道路设计（图 6-26～图 6-28）

1. 红线切角

2013 年版规划方案中为了实现"小街区"意图并方便设计，没有采取国家道路设计规范和《昆明市城乡规划管理技术规定》的要求，而是将主干道和二分路交叉口红线切角按 10 米控制，地方街

道交叉口红线切角按 5 米控制，均能满足规范中对安全视距的实际要求（图 6-29）。

2. 转弯半径

呈贡新区核心区通过进行道路修建性详细规划完善了交叉口设计细节，在有公交车行驶的交叉口，转弯半径设置为 8 米；对一般小汽车行驶的交叉口，转弯半径设置为 5 米；仅有自行车行驶的交叉口转弯半径为 3 米，实际转弯半径均能满足相应汽车的转弯需求。

传统规划模式的路网密度较低，为了给转弯

图 6-26 交叉口缩窄案例改造前　　　　　　　图 6-27 交叉口缩窄案例改造后

资料来源：邬尚霖. 低碳导向下的广州地区城市设计策略研究 [D]. 广州：华南理工大学，2016.

车辆足够的空间，城市交叉口处的道路红线通常做展宽处理，加大了行人过街的距离。"密路网，小街区"规划模式交叉口密度高，可选择性强，对于设有路内停车的道路提倡将交叉口路缘石向路内扩展，以减小行人过街距离，使行人容易被驾驶员看到，保护和鼓励步行交通（图 6-30）。

图 6-28　交叉口设计（左：昆明；右：波特兰）

资料来源：申凤，李亮，翟辉 ."密路网，小街区"模式的路网规划与道路设计——以昆明呈贡新区核心区规划为例 [J].
城市规划，2016，40（5）：43-53.

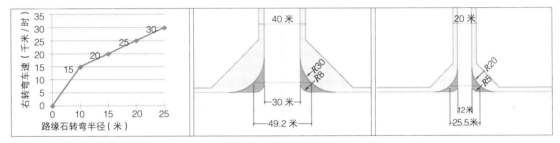

图 6-29　路缘石转弯半径与转弯车速、行人过街距离

资料来源：申凤，李亮，翟辉 ."密路网，小街区"模式的路网规划与道路设计——以昆明呈贡新区核心区规划为例 [J].
城市规划，2016，40（5）：43-53.

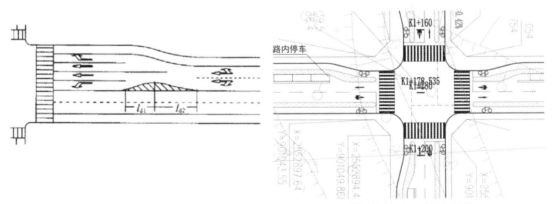

交叉口道路红线展宽　　　　　　　呈贡新区核心区交叉口路缘石设计

图 6-30　交叉口路缘石设计

资料来源：申凤，李亮，翟辉 ."密路网，小街区"模式的路网规划与道路设计——以昆明呈贡新区核心区规划为例 [J].
城市规划，2016，40（5）：43-53.

1.4.3　交通设施优化设计

1.4.3.1　生态停车场

结合海绵城市理念及不同地区地域特征，规划生态性、可持续性的生态停车场，在满足停车场基本功能的同时，具备生态功能和景观功能的高绿化、高承载、高透水性的现代化停车场。其设计要素主要包括地面铺装及植物绿化。

（1）地面铺装

铺装是停车场中占地面积最大的设计要素。为减少停车区的地表径流，停车场尽可能地采用透水砖、半渗透水泥等材料进行硬化铺装，增加低碳街区内部场地的土壤含水量。

（2）植物绿化

停车空间的植物规划以不妨碍车辆行驶为法则，对于泊位旁、两排泊位之间以及泊位末尾的土地进行绿化。在植物建设方面，遵守适地适树的法则，合理运用并移栽空间现有植被实现造景，尽可能运用当地的乡土植被，不仅可以充分体现地域特征，而且可以有效地削减建设成本和后期治理维持成本，同时还能提升停车场生态化景观的可持续性。

1.4.3.2　公交站点

在公交站点设计时，除遵循一些普遍性的设计原则之外还需遵循一些特有的设计原则，其目的在于创造公交导向型、利于步行者的公交站点地区，提高公共交通的吸引力。

（1）与公交站点周边设施的一体化协调设计

公共交通导向的思想要求将城市公共交通站点作为公交站点地区及其周边更广大地区的中心地来开发，因为周围地区可以为公共交通站点、商业中心、公共服务中心提供大量客源。因此，公交站点地区的建设提倡各种建筑功能的混合与各种社会活动的混合。

上述规划思想对城市公共交通站点的设计提出要求，与周边设施进行一体化协调设计。具体来说，就是要充分考虑站点与周边环境的结合与协调，重视与既有或拟建建筑、设施的衔接设计，在保证满足客流换乘疏导的同时，为周边及站点本身用地纵向空间的充分利用与开发作好预留，为提供购物、娱乐、交通等全方位服务提供基础。

（2）面对步行者、自行车使用者的设计

公共交通导向的规划思想要求大多数日常出行活动采用步行、自行车或公交方式。因此，城市公共交通站点设计应是面向步行者、自行车使用者，而不是面向小汽车使用者。要求在公交站点周边地区，各种土地利用都可以通过方便的人行道、自行车道联系在一起。因此，城市公共交通站点设计应细致地创造良好的步行环境。

（3）合理的停车设施规划设计

在设计中应合理地确定停车设施的规模，不能过多地吸引小汽车，又要能满足换乘和进行其他城市活动的需求；停车设施的布局必须与步行者的活动特点相适应，不能牺牲行人的便利性。

 案例（6-8）

昆明呈贡低碳示范区规划：
低碳生态的静态交通组织

1. 分区域设置停车标准

呈贡新区核心区内共规划有6个TOD片区，每个TOD片区站点周边300~500米范围内的停车位配置标准均有减少。300 米范围内商务、商业酒店等功能建筑的停车位配置可减少为《昆明市城乡规划管理技术规定》中要求值的 0.5 倍，即 1 个车位 /200 平方米地上建筑面积，500 米范围内按该规定的 0.75 倍设置（图 6-31）。

2. 协调街区之间地下停车的开发利用

"密路网，小街区"规划模式的街区尺度较小，会降低街区地下空间利用率和地下停车布局的经济性。可通过两种方式改善该问题：一是利用街区间道路地下空间，街区之间道路地下空间连同街区地下空间统一规划使用，适用于对停车需求量大的商业街区，要求连通的街区开发相同层数的地下空间，如呈贡新区核心区滇池明珠广场项目；二是相邻街区地下空间用通道连通，所连通的街区可开发不同层数的地下空间，布局较灵活，如呈贡新区核心区失地农民安置住房龙四地块项目。两种方式中地下车库的出入口均应设于街区内部，不应直接从城市街道进入地下车库，减小对城市交通的影响，提高街墙的连续性（图 6-32、图 6-33）。

图例
■ 轨道 300 米范围停车控制区
■ 轨道 300~500 米范围停车控制区
▨ 一般停车控制区

图 6-31 呈贡新区停车泊位分区规划
资料来源：申凤，李亮，翟辉 . "密路网，小街区"模式的路网规划与道路设计——以昆明呈贡新区核心区规划为例 [J]. 城市规划，2016，40（5）：43-53.

3. 鼓励设置路内停车

呈贡新区核心区规划结合红线宽度 20 米的地方街道设置单侧路内停车，设有路内停车的地方街道共 37 千米，占该区域路网总长度 97.06 千米的 38.1%（图 6-34）。

图 6-32 利用城市道路地下空间停车
资料来源：申凤，李亮，翟辉 . "密路网，小街区"模式的路网规划与道路设计——以昆明呈贡新区核心区规划为例 [J]. 城市规划，2016，40（5）：43-53.

图例　■ 车库坡道　　▨ 一层地下室　　▨ 二层地下室　　■ 三层地下室
　　　━ 一层地下室通道　▨ 二层地下室通道　▶ 车库出入口　　-- 市政道路边

0　50　100 150 200 米

图6-33　利用地下通道连接两个相邻的地下车库
资料来源：申凤，李亮，翟辉．"密路网，小街区"模式的路网规划与道路设计——以昆明呈贡新区核心区规划为例[J].
城市规划，2016，40（5）：43-53.

4. 建议停车位共享

呈贡新区核心区较小尺度的街区容易实现土地的混合利用，在5分钟步行可达的400米范围内，将商业商务楼、学校和公园绿地等人们日常出行的目的地邻近住宅布局，可从根源上减少机动车交通出行。因不同功能的建筑对停车位使用的时间并不完全一致，可实现停车位共享，如办公楼与住宅的停车位使用时间通常是互补的，可通过停车位共享减少它们所需要的停车位总数量。

呈贡新区核心区2013年版规划并没有完全僵硬地执行现行的技术规范，而是结合"低碳、宜人"的普世价值观，使其规划变得更为科学合理。目前已有三个实际项目正在实施，"密路网，小街区"规划模式及其技术要点的合理性，还需在后续的实施管理中继续探索和研究。

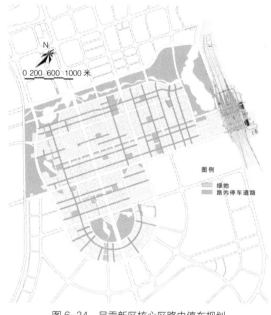

0　200　600　1000 米

图例
▨ 绿地
▨ 路内停车道路

图6-34　呈贡新区核心区路内停车规划
资料来源：申凤，李亮，翟辉．"密路网，小街区"模式的路网规划与道路设计——以昆明呈贡新区核心区规划为例[J].
城市规划，2016，40（5）：43-53.

第 2 节　场地设计指引

低碳的场地设计应该尽量满足地区环境特征（场地乃至地域的地理、气候）与使用者的需求，土方就地平衡，最大化节约人力、财力，最大化减少对周边环境的影响，总体上体现出一种健康、和谐、尊重自然的存在状态。基于低碳生态的基本原则，综合地区自然环境、地形地貌、景观环境等方面对建设用地展开竖向设计研究（图 6-35）。

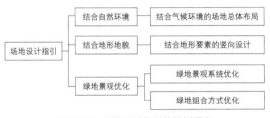

图 6-35　场地设计指引的规划重点

2.1　结合自然环境

由于自然环境的差异性使得场地设计指引策略截然不同，因此在进行场地总体布局时，要根据场地的气候特征，最大限度地利用自然采光、自然通风、被动式集热制冷，减少因采光、通风、供暖、空调所导致的碳排放。如我国北方冬季寒冷，而南方夏季炎热，因此北方冬季采暖和南方夏季通风是重点。

我国北方全年日照时间长，可以利用其良好的太阳能资源，采用成本较低的太阳能采暖系统；建筑群体聚居空间可适当封闭，在平面上尽量集中布置，以抵挡冬季寒风；同时在场地的迎风面适当设置一些缓冲空间或设施（如储藏室、挡风墙、景观树等），在冬天补充采暖。

在建筑朝向方面可根据不同方向的不同日照选用不同的朝向，同时充分利用场地地形来合理组织场地内空气流动，使建筑布局及建筑单体设计都拥有最有利的自然通风条件，增加北方冬季的日照和采光时间，增加南方夏季的自然通风，从而降低大量的空调能耗。

2.2　结合地形地貌

低碳生态建设场地设计中要注重对土地的高效利用，即节地，不仅仅是指节省用地——提高场地中建筑密度，更意味着合理使用土地。我国地形多种多样，包含山地、高原、丘陵、盆地和平原五大类型。场地设计中节地的最好途径就是尽量不占或者少占耕地，充分利用山地、丘陵等地形，因地制宜，因形就势，可多利用零散地、坡地建房。高效土地利用对于城乡地区，不仅是对土地资源的节约和保护，也对碳排放量的降低大有裨益，乡村地区内部的存量土地整理尤为重要。在充分尊重村民意见的基础上，对于乡村社区内部建设用地的整治，可有两种途径（图 6-36），一是将闲置用地置换为新建宅基地，对新建农宅的选址应尽量利用村内未利用建设用地，避免村庄的扩张式发展，提高土地使用效率；二是将闲置用地置换为菜园或绿地，包括暂时荒置的土地和经整治复垦的废弃宅基地等，赋予闲置用地以绿化碳汇功能。

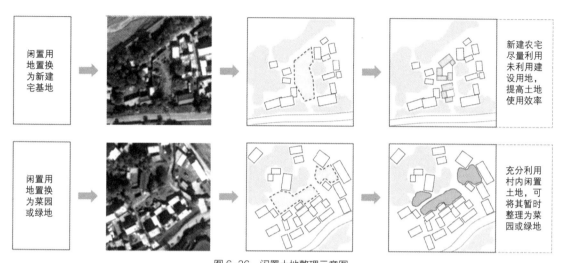

| 闲置用地置换为新建宅基地 | | | 新建农宅尽量利用未利用建设用地，提高土地使用效率 |
| 闲置用地置换为菜园或绿地 | | | 充分利用村内闲置土地，可将其暂时整理为菜园或绿地 |

图 6-36　闲置土地整理示意图

资料来源：刘慧敏.西北欠发达地区低碳乡村社区规划研究 [D]. 西安：西安建筑科技大学，2016.

 案例（6-9）

《木耳镇旅游服务区修建性详细规划》：充分利用地形地貌的场地竖向设计与建筑布局

木耳镇镇区内竖向坡度差别较大，在进行场地竖向设计时，根据地形特点，进行归类、分区，针对不同的功能片区，遵循因地制宜、土方量最小以及填挖方相均衡的原则，进行相应的设计。土方量计算时，力图实现填方量和挖方量的就地平衡。镇区基地地形为大峪河所贯穿，中间较为平整，东西两侧局部有地形起伏，呈现"中间低，两边高"

的特征。在土方量的设计中，结合大峪河的核心位置，将河东西两侧的基地向大峪河逐渐降低，使雨水能够顺利排入河内。东北部宾馆位于山坡之上，开挖土方量较大，其西侧商业街与河流基地较为接近，从安全角度上，应抬高 2 米，如此，宾馆与商业街土方量相平衡。其最终达到的土方量平衡表见表 6-6，挖方量大于填方量，可用作建筑材料。

其中，木耳镇的山地酒店，充分利用了现状被荒废的山体，设计中保持山体原有的山形山势，将建筑层层退台、依山势布局，巧妙地与山体融合（图 6-37）。每层建筑相互交错形成较好的水平线条关系，人工建设消隐于自然山水之间，与山体背景形成较好的呼应关系。不仅节约了土地，而且很好地融于自然环境。

木耳镇土方量平衡表　　表 6-6

工程名称	土方量（立方米）		备注
	填方量（+）	挖方量（-）	
场地平整	184333.98	193691.76	
松土量		9684.59	松土系数按 5% 计算
合计	184333.98	203376.35	
挖方多余填方	19042.37		可用作建筑材料

资料来源：黄梅.基于建筑材料本土化的甘南低碳生态小城镇规划研究 [D]. 西安：西安建筑科技大学，2014.

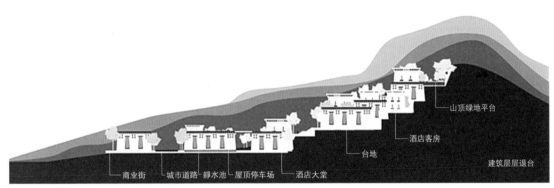

图 6-37　木耳镇充分利用自然山体建设的酒店剖面示意图
资料来源：黄梅 . 基于建筑材料本土化的甘南低碳生态小城镇规划研究 [D]. 西安：西安建筑科技大学，2014.

案例（6-10）

《甘肃省临洮县三益村公共空间营建》：
结合地形地势的公共空间营建

　　甘肃省临洮县三益村地处黄土高原、甘南高原、陇南山地的交汇地带，属黄土高原丘陵沟壑区，自然环境恶劣，资源短缺，农民受到来自资源和环境的双重压力。村庄土地支离破碎、沟壑纵横、土地中的肥力低，气候干旱少雨，经济效益低下，是国家级的贫困村。

　　规划项目基地位于三益村村委会西面，紧邻168 乡道，是一块占地面积约 2000 平方米的带形不规则地块，属于湿陷性黄土台塬地貌。现状场地破碎，内部地形复杂，由于易发山洪，场地被排洪沟穿过。场地交通人车混行，存在一定安全隐患，周边已形成的公共服务之间的流线组织不顺畅（图 6-38）。

　　规划注重积极引导村民参与建设以及修复村庄的自然生态伦理，倡导低碳可持续的建设方式，注重对于乡土材料以及废弃材料的利用，尽可能进行建设成本的控制。

　　基地地形地势较为复杂，规划尊重场地现状，尽量减少场地建设时的土方量，尽可能保留和利用

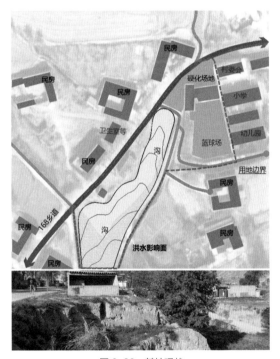

图 6-38　基地现状
资料来源：段德罡，杨茹 . 三益村公共空间修复中的乡村传统文化重拾路径研究 [J].
西部人居环境学刊，2018，33（1）：7-12.

已有的建设基础（如保留修建的篮球场）。为拓宽场地面积，拆除了地块内的危旧建筑、卫生厕所和两栋土房子（图 6-39）。而拦水道牙的修建以及顺势而为的管线铺设解决了场地排洪沟横穿的问

题，将洪水疏导至排水井并引流到自然形成的排洪沟（图6-40）。结合场地地形地势以及村民的活动需求，规划植入了休闲慢步道、梯田四季花园、集会场地以及运动健身等功能，并对场地进行道路交通梳理，重塑了场地与周边建成环境的有机秩序（图6-41、图6-42）。

2.3 绿地景观优化

场地中景观环境的设计和布局会影响场地内的小气候。首先，绿地景观系统规划是构建低碳街区生态系统的主要实现途径，低碳街区内部应建构完善的绿化景观体系，并将内部绿化景观

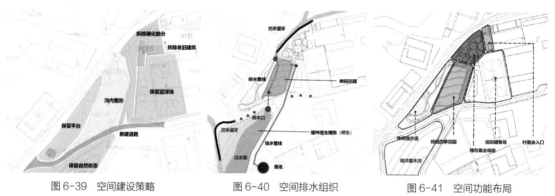

图 6-39 空间建设策略   图 6-40 空间排水组织   图 6-41 空间功能布局

资料来源：段德罡，杨茹.三益村公共空间修复中的乡村传统文化重拾路径研究 [J].
西部人居环境学刊，2018，33（1）：7-12.

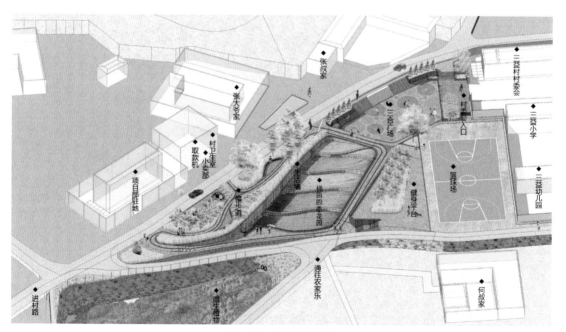

图6-42 公共空间效果图

资料来源：段德罡，杨茹.三益村公共空间修复中的乡村传统文化重拾路径研究 [J].
西部人居环境学刊，2018，33（1）：7-12.

与周边建成环境相联系，形成内外结合的生态基质、廊道、斑块，最终得出"绿心、绿廊、绿网"多层次、多覆盖面的低碳街区绿地系统。

其次，地面的植被或硬质水泥地面都会对建筑的供暖和空调能耗产生影响，正确的景观设计可以大大减少能耗、节约用水，降低强风、烈日等因素带来的不利影响。因此，北方地区的景观环境设计应该采用防风措施避免冬季寒风，例如种植落叶景观植物使得冬季阳光可以到达南向窗户。南方地区的景观环境设计应充分考虑夏季景观的防晒效果，例如种植常绿阔叶林可有效遮阴，达到降温的效果。

同时，不同的植物品种和种植结构在固碳释氧、涵养水源、净化空气、调节气温、消声滞尘等生态效益方面存在明显差异。通过优化绿地组合方式和植物品种，能够有针对性地提高绿地的生态效益。

2.3.1　绿地景观系统优化

2.3.1.1　低碳街区碳汇资源的加强

在街区内部的绿地系统一般是指街区内部被植被覆盖的土地和水体所形成的绿色空间。影响街区内部绿地碳汇的主要因素有：绿量、林分结构、郁闭度和叶面积指数。在加强低碳街区的碳汇能力时，应从更大更宏观的尺度上，将低碳街区内部的绿地作为一个整体成体系考虑，在此尺度上影响低碳街区绿地的主要因素有：连续性、均衡布局和结构形态。

2.3.1.2　低碳街区内外部的生态绿地控制

低碳街区内的公园绿地、低碳街区之间的街头绿地共同构成完整的绿地系统，而在整体的绿地规划中还应考虑增加绿地率，具体可通过屋顶覆土层绿化、屋面绿化等方式实现；在乔木、灌木等选择上尽可能选取叶片较大、绿化覆盖率较大的本地树种，同时也要保证种植种类的多样性。

2.3.1.3　低碳街区之间的生态绿地控制

这部分生态绿地在服务于低碳街区的同时，也是作为城市整体环境的生态本底，承担着城市自然碳汇的职能，并满足居民休闲游憩需求。为加强绿地的自然碳汇能力，构建完善的碳汇网络体系并满足不同的绿地使用需求，应结合绿网系统中的点线面设计要素构筑绿网体系，实现良好的绿色氛围，同时承载不同的游憩活动功能。

2.3.2　绿地组合方式优化

因为不同类型绿地的生态效益存在差异，在绿地组合配置时就不能只关注景观效果，而应同时注重绿地生态效益的发挥。由于乔木林具有较大的生物量，与灌木林相比具有较强的固碳能力；植物群落的降温增湿效果与郁闭度、叶面积指数和高度存在一定的关系，郁闭度高、结构复杂的乔木林地要显著高于结构简单的灌木林地和草地；多层结构的乔灌草植物群落比结构简单的植物群落降噪效果好；常绿阔叶乔木由于叶面积大而滞尘能力强，单一草坪滞尘能力最差，而乔（落叶阔叶树）、灌、草结合的"凹槽形"紧密林带最利于粉尘的沉降与阻滞。绿地的固碳、降温增温、降噪和滞尘等能力的综合比较，乔木林地的综合生态效益要高于灌木林地，草地的综合生态效益最低；结构复杂的乔灌草配置的绿地的综合效益高于结构单一的绿地。因此，城市绿地应适当增加高大乔木，采用乔、灌、草相结合的复层绿地结构，充分发挥绿地的综合生态效益。

同时规划应综合考虑植物效能、生长条件及区域自然环境提出绿化植物的品种配置要求或建议。侧枝发达、枝叶茂密、叶面柔软、枝下高较低的常绿植物最有利于消减噪声，比如乔木中的杨树，藤本中的爬山虎。吸收二氧化硫能力较强的植物有女贞、垂柳；吸收氮氧化物能力较强的植物有侧柏、刺槐。在植物种类的选择上，还应考虑选用当地适宜的植物。考虑到四季景观的需求，同时满足低碳社区内增加自然"碳汇"的需要，选用树冠面积大、叶片宽大的常绿树与落叶树，乔木、灌木、藤本、花卉相结合，配置以不同树形、花期的树种（适宜于西北城市的绿化树种：常绿乔木如红皮云杉、侧柏、西安桧等；落叶乔木如银杏、毛白杨、旱柳等；落叶灌木如珍珠梅、贴梗海棠、小叶女贞等；常绿灌木如铺地柏、大叶黄杨、胶东卫矛等；落叶藤木如紫藤、地锦、金银花等）。

 案例（6-11）

《武威市雷台社区规划》：
利于碳汇增强的低碳街区生态环境系统规划

在武威市雷台低碳社区规划设计中，规划地块内的绿地系统从点、线、面三个层次进行规划，相互联系形成丰富的绿地系统（图6-43、图6-44）。

绿化核心：以DT-1组团内的雷台汉文化博物馆为绿化核心，提供舒适的休憩空间。

绿化廊道：以乾元文化街为主要绿化廊道，营造宜人的步行空间；另以分隔各低碳组团之间的行道树为次要绿化廊道，保证功能区的相对独立。

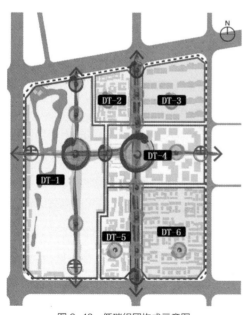

图6-43 低碳组团构成示意图

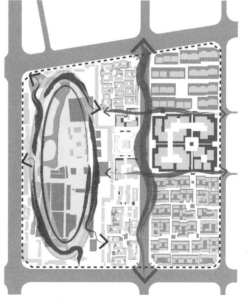

图6-44 低碳街区绿地系统图

资料来源：赵亚星.西北城市低碳社区适宜性规划策略研究[D].西安：西安建筑科技大学，2016.

雷台低碳社区部分相关植物配置表 表 6-7

序号	类型	中文名	科属	生长习性	观赏特性	园林用途
1	常绿针叶树	雪松	松科雪松属	阳性，不耐烟尘和水湿，抗有害气体不强	干枝直，老枝铺散，小枝稍下垂，幼年树冠圆锥形	孤植树，片植，防风固土林
2	落叶阔叶乔木	国槐	豆科槐属	阳性，耐寒，抗性强，耐修剪	树枝茂密，树冠宽广	庭荫树，行道树
3	落叶阔叶小乔木及灌木	绣线菊	蔷薇科绣线菊属	阳性，稍耐阴	花粉红，6~7 月	庭植，花篱
4	常绿阔叶乔木	女贞	木犀科女贞属	阳性，稍耐阴，耐修剪，抗性和吸引有害气体能力较强，滞尘能力很强	花白，5~6 月，微镶	行道树，绿篱，可推广作防污染防尘隔声绿化树种
5	常绿小乔木及灌木	小叶黄杨	黄杨科黄杨属	喜光，亦较耐阴，适生于肥沃、疏松、湿润之地，酸性土、中性土均能适应。萌生性强，耐修剪	叶对生，革质，全缘，椭圆或倒卵形，表面亮绿色，背面黄绿色	盆栽和庭园美化
6	藤本	爬山虎	葡萄科葡萄属	耐阴，耐寒，适应性强，落叶	秋叶红、橙色	攀缘墙面、山石、树干等
7	宿根花卉	蜀葵	锦葵科蜀葵属	阳性，耐寒，抗二氧化硫、三氧化硫、氟化氢	花大红、深紫、浅紫、粉白、墨紫等	房前、屋后、宅边均可用，最宜作花镜背景
8	球根花卉	大丽花	菊科大丽花属	阳性，不耐寒，忌炎热，需水，怕涝	花大，花色丰富，花形变化多姿，花期极长，6~10 月	花坛，盆栽，切花
9	草本	苜蓿草	豆科车轴草属	喜阳，喜湿，生命力强	叶片呈心形状	草坪

资料来源：赵亚星.西北城市低碳社区适宜性规划策略研究[D].西安：西安建筑科技大学，2016.

绿化面域：主要由各个低碳组团的附属绿地、DT-1 组团内的公园附属绿地及水系构成，使整个地块绿意盎然、活力兴盛（表 6-7）。

植物种类选择上共包括 24 种推荐植物类型，其中以国槐为乾元文化街行道树树种，以钻天杨、龙爪柳、侧柏为特色树种点缀其间。与此同时，考虑到四季景观需求及各分片区的文化气氛差异，分六个片区配置相关植物。DT-4 低碳组团主要选用雪松、绣线菊、小叶黄杨、女贞；DT-1 片区主要选用青海云杉、红叶李、沙冬青、爬山虎；DT-2、DT-5 低碳组团主要选用樟子松、香花槐、黄刺玫、葡萄；DT-3、DT-6 组团主要选用垂榆、紫薇、垂丝海棠、蜀葵。此外，规划选用苜蓿草、金光菊、大丽花、美人蕉为草本花卉选择。

第 3 节　绿色建筑设计

建筑作为主要碳源之一，对其能耗的控制在规划设计中极其重要；绿色建筑作为实现建筑低碳化的重要途径，对城市街区低碳化的发展具有至关重要的作用。规划建设中，通过引入绿色建筑和相关的节能减排技术可以有效减少碳排放量。我国绿色建筑技术应根据地区特征采用"本土化"建设思路。因此，在规划设计中应加强对绿色建筑设计的引导，主要通过建筑材料的低碳化和低碳建筑营建技术来引导其走向建筑适宜性低碳发展的道路（图 6-45）。

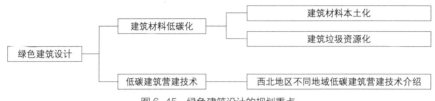

图 6-45　绿色建筑设计的规划重点

3.1　建筑材料低碳化

3.1.1　建筑材料本土化

"建筑材料本土化"是指在建筑材料选择中以适宜性乡土材料应用为核心，加强对当地绿色建材的推广应用，倡导本土建筑的建造技术和传统的城镇布局模式。通过充分发掘低能耗、易降解、可循环利用的本地可取的自然材料资源，如沙、土、石、木、秸秆等来替代常规工业建筑材料（图 6-46），并运用现代新型建筑技术对本土建筑进行改良，发挥乡土材料优异的建筑热工性能以达到降低碳排放的目的，并在严格控制本地现代建材生产的同时降低对区域外建材的依赖，以减少建材生产及运输过程中的碳排放。

本土建筑在保护生态环境方面的许多经验值得继承和发扬，在人们普遍关注生态危机、能源危机、环境污染的今天，从人居环境可持续发展及生态文明建设视角，本土建筑材料是具有较好发展前景的绿色建材，也是降低建筑能耗、实现节能减排的最有效途径。尤其是经过现代技术改良后的本土建筑对低碳生态建筑的营建具有重要作用，体现诸多优越特性。

3.1.1.1　优越性之一：高科学、低技术、低投入

建筑材料本土化，充分体现了"高科学、低技术、低投入"的低碳生态研究理念。首先，借鉴地域生态建筑与现代生土材料科学领域的研究成果（图 6-47），基于科学的数据统计与研究方法，对本土建筑的性能与成效进行了分析。其次，"本土建筑"脱胎于原始的地域性建筑，属于"低技术生态建筑"，立足于传统，不用或很少采用工业化大生产带来的现代建造技术和材料来达到生态化的目的，其技术特征表现为充分的本土化、本地化，从根本上说，就是当地"土方法"衍生而来的，建造技术简单、实用，易于理解、便于操作。最后，本土建筑便于就地取材，节省材料和运输费用，造价低。推广本土建筑建造技术，可突破当地经济发展滞后、

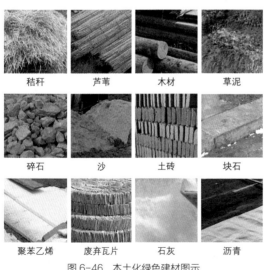

秸秆　　芦苇　　木材　　草泥

碎石　　沙　　土砖　　块石

聚苯乙烯　　废弃瓦片　　石灰　　沥青

图 6-46　本土化绿色建材图示
资料来源：黄梅. 基于建筑材料本土化的甘南低碳生态小城镇规划研究 [D]. 西安：西安建筑科技大学，2014.

建设管理水平及人员技术素质低下的困境，以最少的资金投入达到低碳生态效益最大化。

3.1.1.2 优越性之二：物理性能良好，低碳环保

本土建筑不仅造价低，而且在生态平衡、自然景观、合理取材、构筑工艺、节约能源等方面有着其他民居不可比拟的优势。如生土材料良好的保温与隔热性能、持久性、可塑性等生态特性，提供了"冬暖夏凉"的舒适环境，真正做到节能减排，且房屋倒塌或拆除后的建筑垃圾可作为肥料回归土地，尤其在能源危机、全球变暖、倡导低碳零排放的今天，这种优势是其他任何材料无法取代的。运用新型技术（如现代生土技术）对传统的生土建筑进行改性后，

生土墙体材料的力学性能和耐久性能得到改良，增强传统建筑的优越性，其优异的热工性能，可以改善建筑室内居住环境，使室内温度始终保持舒适宜人的状态（图6-48）。同时使得区域环境内建材的生产能耗得到了控制，达到了区域整体的低碳化发展，而不是目前只是将一个区域的"碳足迹"转移到另一个区域的做法。

3.1.1.3 优越性之三：传承地域特色，具有美学价值

本土建筑除了其生态特征以外，同时也体现了"一种微缩的民族主义文化倾向"。本土化建材的使用，在实现低碳生态城镇发展目标的同时，使我国古老的建筑智慧得以传承和弘扬，满足新型城镇化提出的"特别需要将传统技术方法和聪

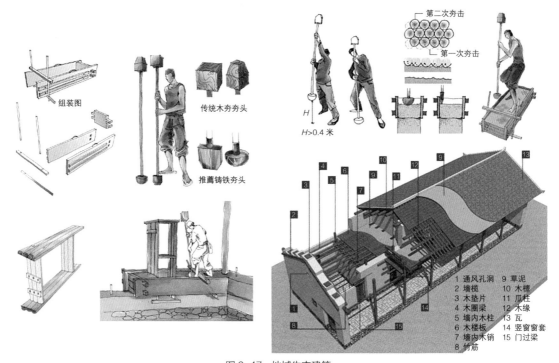

图 6-47　地域生态建筑

资料来源：万丽，吴恩融，穆钧，等．住房和城乡建设部重点项目——马鞍桥村灾后重建示范 [J]．
动感（生态城市与绿色建筑），2011（2）：58-62．

明才智融入规划、建设与管理中"的要求，利于传统文化的传承和地域特色的打造。另外，乡土建筑材料的美学价值是相当可观的，每种材料都有它独一无二的气质。在大卫·伊斯顿（David Easton）"简洁优雅的建筑作品"中、卡罗尔·克鲁斯（Carole Crews）"感性而富于质感的装饰墙"上及西蒙·威雷（Simon Velez）"会呼吸的竹屋"里都能深刻地感受到（表6-8）。

西北地区本土绿色建材使用建议表 表6-8

材料类型	备注
生土、砂、石	蓄热性能好，可为主要材料，需根据当地储备量决定
动物皮、毛、粪及秸秆、草、树枝等纤维	绝热性能好，加强使用
废弃垃圾、建筑废物	提倡回收利用
木材	尽量少用

资料来源：黄梅.基于建筑材料本土化的甘南低碳生态小城镇规划研究 [D]. 西安：西安建筑科技大学，2014.

案例（6-12）

《甘南小城镇规划设计》：建筑材料本土化

甘南藏族自治州（以下简称甘南地区或甘南）位于甘肃省西南部，甘南城镇建设正处于加速期，虽然目前大部分地区由于受经济条件的限制仍采用的是就地取材、能耗较低的传统建筑建造模式，但从当地政府、民众的意识和意愿来说，现代化建设的趋势明显。伴随着城镇化进程的加速发展，现代建材的生产及异地运输产生的碳排放量增大，未来建筑能耗的比重将会上升。

甘南土壤和物种丰富，当地土、石、砂、秸秆等可取的本土建材资源储备较多（图6-49）。但在城镇建设中，要立足于城镇现代化发展的需求、居民现代化生活的意愿及甘南的"区情"，必须正确处理保护、发展与现实之间的关系。一方面，在控

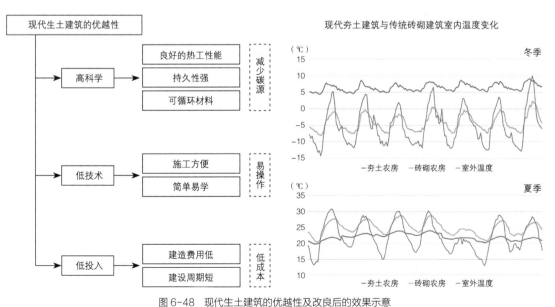

图6-48 现代生土建筑的优越性及改良后的效果示意
资料来源：黄梅.基于建筑材料本土化的甘南低碳生态小城镇规划研究 [D]. 西安：西安建筑科技大学，2014.

制现代建材生产、推动本土建材使用的同时，利用现代建筑技术（如生土建筑技术），对住居内部环境进行改良，满足城镇现代化发展的需要；另一方面，在本土建材的提取中，考虑甘南地区生态涵养的重要性和生态环境脆弱的特征，尽量开发生态效益较高的绿色建材，避免开发过程中或开发后造成其他方面的污染或高碳行为，如木建筑轻盈、灵活的性能受到广泛的青睐，但过度使用不利于环保节能，因此，要控制其使用的量，可将其与厚重的夯土、石墙建筑结合使用，减轻建筑承重。设计中提倡以甘南储备量较多的生土作为主要的本土建筑材料。

案例（6-13）

《甘肃岷县乡村社区规划》：
新型夯土建筑的应用（利用本土材料）

岷县传统建筑多为土木结构，以木构架为结构体系，夯土作为填充材料，整体上有着较好的保温隔热等物理性能，且可就地取材，对当地的自然环境而言更具亲和力。然而传统夯土材料力学性能、耐久性能较差，以致在"5·10 特大山洪泥石流灾害"和"7·22 地震"两次大规模自然灾害后，传统土木结构建筑受损严重，灾后重建将新建建筑统一为青瓦白墙坡屋顶的砖混结构，虽提高了建筑抗震性能，但不可避免地破坏了当地的传统建筑风貌。

在岷县村庄住宅建筑规划中，选用本土材料进行新型夯土建筑的应用。样本社区传统民居多以夯土和土坯为建筑材料，墙身呈土黄色，这为新型夯土建筑的推广与应用提供了有利的条件（图 6-50）。其优点包括以下三点：首先，新型夯土农宅以原土、细砂和砾石混合物等为建筑材料，皆取自于本地，且将来拆除后大部分材料可进行再利用或回归

图 6-49　甘南可使用的本地乡土绿色建材图示
资料来源：黄梅．基于建筑材料本土化的甘南低碳生态小城镇规划研究 [D]．西安：西安建筑科技大学，2014.

图 6-50　新型夯土农宅示范房
资料来源：刘慧敏．西北欠发达地区低碳乡村社区规划研究 [D]．西安：西安建筑科技大学，2016.

自然，减少了建筑材料购置成本和建筑垃圾处理成本；其次，新型夯土农宅的基本造价约为 910 元 / 平方米，远低于当地砖混结构房屋 1350~1500 元 / 平方米的造价，极大地节省了村民的建房成本，也因是本地生土建材，对村民的后期建筑维修而言提供了便利条件；最后，与同等节能设计标准的砖混结构房屋相比，新型夯土农宅全部材料的蕴含能耗和碳排放分别是前者的 25% 和 20%，具有较高的节

能效率，而与传统夯土农宅相比，也很大程度上提升了材料力学和耐久性能。对本土建筑材料的选用，可减少原材料的加工运输、建材成品的运输过程中产生的碳排放量；由于较好的热舒适度与耐久性，在运行阶段，有较好的热环境系统，采暖、制冷、耗气等需求比较小，本土建筑材料对于减少建筑全生命周期中的碳排放量意义重大。通过对本土传统建筑夯土技艺的传承、夯土技术的改进与推广，可实现样本社区户均建设村宅碳排量减少104吨。

3.1.2 建筑垃圾资源化

建筑垃圾是指新建、改建、扩建、维修和拆除各类建筑物、构筑物等过程中产生的弃土、弃料及其他废弃物，且大多为固体废弃物，包括建筑废土、废砖、混凝土、砂浆和钢材、木材、玻璃、塑料以及各种包装材料。某些建筑垃圾经过一定的回收技术处理加工后可再利用，但在我国，绝大部分的建筑垃圾在未经任何处理的情况下直接被运输至郊外或乡村等地，采用露天堆放或是填埋处理，利用率非常低，处理方式落后。如何实现将这些建筑废弃物进行一定技术处理，"变废为宝"应用到新的绿色建筑环境设计中，实现资源优化再生，对于发展绿色、生态、环保的建筑环境具有现实意义（图6-51）。

建筑垃圾的成分中，除了金属材料外，绝大部分为混凝土、砖瓦、木料、玻璃、塑料制品等，其中大多可以直接利用或者转化利用，如木料、砖块、铁丝、钢筋等。钢筋、铁丝、电线及五金配件经过拆分、归类、集中冶炼，可以重新制成金属材料。混凝土、砖瓦等经过破碎、

筛选可作为原料，用于制作砌块、砖及墙板（表6-9）。因此，建筑垃圾是一种再生利用率很高的资源。

3.1.2.1 用作回填材料

建筑垃圾回填在一般的建筑垃圾处理中较为常见，通常占到垃圾处理总量的一半。相比较而言，回填是较为低级的建筑垃圾处理办法，处理量大，技术成熟，且费用低，一般用于低注渗水道路填埋和地基铺设。在利用建筑废弃物进行回填的时候应注意到：对建筑垃圾进行异物剔除后的分类和分拣，均质性和密实度较好的建筑垃圾可以用于持力层；控制好建筑垃圾的粒径，尽量把建筑垃圾粒径破碎至小于150毫米；调整好建筑垃圾的级配，分层铺平压实；在压注复合水泥浆时控制好压力和压注深度，最大限度地减少对水质、土壤及环境的破坏。

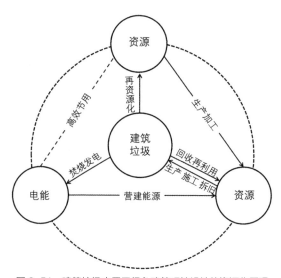

图6-51　建筑垃圾应用于绿色建筑环境设计的资源化原理
资料来源：陈华钢，董垂锋，高云庭．建筑垃圾在绿色建筑环境设计中的应用[J]．门窗，2016（11）：32-33．

建筑垃圾组成及其再应用于绿色建筑环境设计中的具体方法　　表 6-9

垃圾种类	垃圾组成比例（%）			再生利用方法
	砖混结构	框架结构	框架 - 剪力墙结构	
碎（砌）砖	30~50	15~30	10~20	砌块、墙体材料、路基垫层
砂浆	8~15	10~20	10~20	砌块、填料
混凝土	8~15	15~30	15~35	再生混凝土骨料、路基料、碎石桩、行道砖、砌块
桩头	—	8~15	8~20	再次使用
包装材料	2~5	5~20	10~20	燃烧发电、填埋
屋面材料	2~5	2~5	2~5	—
钢材	1~5	2~8	2~8	再次使用、回炉
木材	1~5	1~5	1~5	复合板材、燃烧发电
玻璃	—	—	—	高温熔化、路基垫层
塑料	—	1~2	1~2	粉碎、热分解、填埋
沥青	1~2	—	—	再生沥青混凝土
开挖泥土	—	—	—	堆土造景、回填、绿化
其他	10~20	10~20	10~20	填埋

资料来源：陈华钢，董垂锋，高云庭.建筑垃圾在绿色建筑环境设计中的应用 [J].门窗，2016（11）：32-33.

3.1.2.2　加工制成骨料

建筑中的一些废料在进行挑选、分拣和再加工处理后，可制成不同规格的骨料。粉碎性的竹木材料可制作人造木材，制成各种不同规格的密度板，也可用于制作家具、室内装修材料、隔声板等，从而减少了森林开采砍伐。废渣土、废混凝土和各类废砖石粉碎后可用于建筑的水泥砂浆原料，还可以加工成广场砖、花格砖、铺道砖和砌块砖。例如，0~5 毫米、5~8 毫米、8~12 毫米的砖瓦和混凝土再生骨料可用于制作各式各样的环保砌块砖；10~20 毫米、20~30 毫米、30~50 毫米的砖瓦和混凝土再生骨料可用作道路水稳层和垫层；0~25 毫米的混凝土再生细骨料可用作抹墙灰浆的主要原料，可替代河沙；10~20 毫米、20~30 毫米、30~50 毫米的混凝土再生骨料可用于水泥厂循环再生。这些再生骨料根据设计需要合理应用于新的建筑环境设计中，可以大量节约黏土、灰石、石膏和矿粉等多种材料的开采利用。

3.1.2.3　重新作为建筑材料

最大限度地对建筑垃圾进行合理利用，实现"三化"——"减量化、资源化、无害化"。根据建筑垃圾的可利用性进行分析，进而融合设计应用到新的建筑环境中。可将废旧建筑垃圾原级资源化，直接应用到建筑表皮的设计中，或者进行次级资源化，将建筑垃圾加工制成生态水泥。水泥是建筑材料中应用最广泛和最为基础的材料之一。生态水泥几乎不使用天然资源，大量地使用废旧建筑材料、尾矿和垃圾等。石灰石作为水泥的重要原料，在我国每年水泥产量不变的情况下，目前我国储存的石灰石只够使用 40 年左右。用废旧建筑材料作为水泥的代替材料的方法是合理的生态再利用再循环的科学方法。日本在建筑垃圾处理技术上就做得较为成功，通过焚烧垃圾处理方式，制成一种新型的环保水泥，可广泛应用于混凝土建筑和地基处理等。

花园不仅可以用于观赏性花卉的种植，还可用于经济作物种植。广场不仅成为一个娱乐休闲的空间，还是一个可以用于生产的场地。而废弃材料的创新用法，让村民意识到乡土的、节俭的设计也可以是美的、实用的，从而潜移默化地转变村民的思想意识，让村民逐步认同自己的传统文化。

 案例（6-14）

《甘肃省洮阳县三益村公共空间营建》：
公共空间营建的建筑垃圾资源化

场地建设过程摒弃了城市化的空间营造手法，避免采用大量城市建材，而选择了当地乡土材料如毛石、红砖等与环境契合的材料，尊重了村庄质朴的文化景观环境。

规划通过建筑废料资源化、建筑材料本土化、弃置器皿记忆化、土地利用多样化进行场地低碳化设计（图6-52）。施工过程为了做到低碳，尽可能减少建设成本，实现节俭这一目标，设计团队在村庄每天用手推车大量收集废弃的混凝土块、瓦片、石头、井圈等，用于场地中护坡建设以及广场图案填充，同时为了增强空间的时代记忆感，设计者将废弃的水缸、茶壶等嵌入护坡。最后，设计在有效控制建设成本的同时，形成了独特的乡土景观，唤起人们对于过往的记忆。此外，场地内的阶梯四季

 案例（6-15）

陕西省杨陵区乡村振兴规划建设：
王上村门前统建中的建筑垃圾资源化利用

王上村原有的院前栏杆为欧式罗马柱，风格样式与目前我国农村发展趋势不合，与我国农村文化内涵不符，且与建筑的立面不统一（图6-53）。

在农户门前统建的改造过程中，设计团队决定对院前的欧式罗马柱栏杆进行拆除。基于建筑废料资源化、建筑材料乡土化、建造方式简易化的设计理念，将拆除的罗马柱与其他完整性较差的建筑废料（如碎砖块等）进行混合，利用由铁丝网围合、箍筋加固的笼箱对其就地利用储存，使其成为一个个单元体，通过不同方式组合，将单元体围护出院前活动空间（图6-54、图6-55）。

图6-52　废弃材料砌筑效果展示
资料来源：段德罡，杨茹.三益村公共空间修复中的乡村传统文化重拾路径研究 [J].
西部人居环境学刊，2018，33（1）：7-12.

图 6-53 王上村农宅院前现状
资料来源：西安建筑科技大学北斗城乡工作室.

拆除原有影响风貌的罗马柱栏杆　　　　　　形成不同组合方式

建筑废料　　　　易得廉价乡土建材　　　定制石笼

图 6-54 建筑废料资源化利用方式
资料来源：西安建筑科技大学北斗城乡工作室.

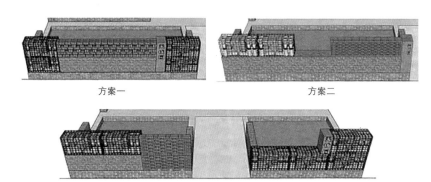

方案一　　　　　　　　　方案二

方案三

图 6-55 笼箱单元围合方案
资料来源：西安建筑科技大学北斗城乡工作室.

在实际施工中，由施工师傅将罗马柱仔细拆除下来，随后装入定制的石笼箱中，再以废弃红砖、废弃混凝土砌块、废弃瓦片以及卵石等废弃材料分层填满剩余的空隙，每一层间隙还可以铺设带草籽的泥土（图6-56）。

这样的方式不仅就地利用了拆除下来的废弃建材，节省了运输与处理垃圾的成本，实现了建筑废料的资源化利用，还通过多种材料的组合获得丰富的立面效果，可谓一举两得（图6-57）。

图6-56　门前统建施工过程
资料来源：西安建筑科技大学北斗城乡工作室.

图6-57　门前统建建设效果
资料来源：西安建筑科技大学北斗城乡工作室.

案例（6-16）

陕西省杨陵区乡村振兴规划建设：崔西沟村废旧混凝土景观步道修建中的资源化利用

　　村内道路更新时拆除了部分老旧街道，这一过程中产生了较多的破碎混凝土。基于建筑废料资源化、建筑材料乡土化、建造方式简易化的设计理念，将这些废旧混凝土块的资源化利用与村内景观步道设计相结合。把破碎后的混凝土块作为铺砌材料，按照设计的景观路径进行摆放，形成有乡土特色的村内小路（图6-58、图6-59）。

3.2　低碳建筑营建技术

　　传统的建筑营造模式之所以被抛弃，除了人们观念意识上的问题外，最大的原因还在于其结构上的不安全性和无法满足现代化生活的需求。那么，在当今时代，要推广本土建筑，就必须首先解决传统建筑存在的天然缺陷，对传统建筑进行当代改良与优化，这也是当代规划师、建筑设计师的责任。从国外生土建筑的建造经验来看，利用改性生土材料能合理地解决传统生土建筑的缺陷，可以建造出高级、美观、功能与形式灵活多样的建筑，在保留其特有生态优势的基础上完全可以满足现代生活的需求。目前国内也做了很多研究，利用现代建筑科学技术，通过建筑材料改性、建筑构造优化、建筑的抗震设防等措施能够消除困扰传统建筑存在和发展的困境（图6-60）。

　　需要注意的是，在控制现代建材生产、倡导本土营造与推动本土建材使用的同时，要结合时代特征，立足地域现代化发展的需求，利用现代建筑技术，对传统乡土建筑进行当代改良与优化，满足居民现代化生活的需要。长期以来，西安建筑科技大学立足西部，从低技术角度对贫困地区乡镇进行了大量的低碳生态建设方面的研究，在地域生态建筑领域颇具建树。其中最具代表性的有刘加平、穆钧、周铁钢、王军等在地域乡土建筑技术、乡村建筑节能、现代生土（夯土）建筑技术、建筑热工性能技术等方面的研究，提倡以地域乡土材料应用为核心，发掘当地传统建筑技术，在本土建筑营造的基础上进行现代技术的改良，增强传

图6-58　破碎后的混凝土路面
资料来源：西安建筑科技大学北斗城乡工作室．

图6-59　废旧混凝土步道建设效果
资料来源：西安建筑科技大学北斗城乡工作室．

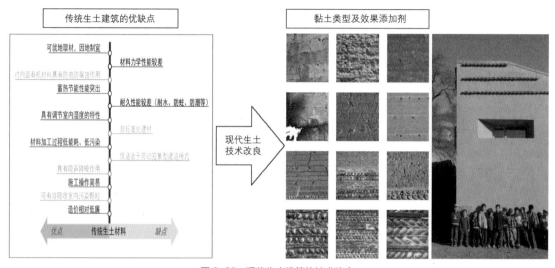

图 6-60 现代生土建筑的技术改良
资料来源：黄梅.基于建筑材料本土化的甘南低碳生态小城镇规划研究 [D]. 西安：西安建筑科技大学，2014.

统建筑的优越性。如运用现代生土建筑技术对传统生土建筑进行改良，具有良好的热工性能，使建筑室内温度始终保持舒适宜人的状态，且建造成本低、易操作、效率高：村民自建可能小于 200 元 / 平方米（参考：当地混凝土和燃煤砖房的建筑成本平均为 800~1000 元 / 平方米）；施工队 7~10 人，使用气动锤与压缩机一台，构造土墙为 5 立方米 / 天，建造 3~4 室的建筑（约 18 平方米 / 室）大约需 1 个月时间。

以下举例介绍六种不同地域低碳建筑，其均在本土建筑营造的基础上进行现代技术的改良，在达到建筑低碳化目标的基础上，很好地满足了现代生活的需求。

3.2.1 黄土高原低能耗窑居建筑

传统窑居建筑具有"冬暖夏凉"等节能特性，但其"空间单调、阴暗潮湿"等缺陷无法满足乡村社会现代生活方式的需求，而现代砖混结构建筑则会导致建筑能耗增加和地域建筑文化失传。以传统窑居建筑构筑方式为基础，集成运用复式空间、蓄能构造、被动太阳集热、地下埋管、自然采光与通风等适宜性节能技术，创作出了低能耗绿色窑居建筑模式，其既保持了黄土高原传统窑居文化与风貌，又富有现代建筑气息，具备节能、节材、节地等绿色建筑特征（图 6-61）。同时完成了新型绿色窑居建筑示范工程的设计、建设和评价。迄今已经推广新型窑 5000 余孔、10 万多平方米，其建筑节能率达到了 81%，已在延安市推广 10 余万平方米。

3.2.2 云南低能耗生土民居建筑

现状既有传统生土建筑达数十亿平方米，传统营建方式导致生土建筑质量参差不齐、室内环境潮湿阴冷以及空间功能简单混乱。实验研究了生土材料及改性后的热工与力学性能，完成了生土围护结构抗震性能试验，建立了生土围护结构节能与抗震设计计算方法。以云南彝族生土民居模式为基础，综合运用生土构造、被动太阳能采暖、自然通风降温、生物质能利用和家庭污水处理等技术，创作出了低能耗绿色生土民居建筑模式，具备节能低碳、节材防水、抗震安全、成本低廉、建造简单等生态建筑特征，其中建筑节能率达到了 85%，通过对示范建筑的客观测试和主观评价，已在云南省建成 45.5万余平方米（图 6-62）。

3.2.3 东北地区被动式节能民居建筑

我国东北地区因冬季寒冷漫长，气温较低，因此，东北农村住宅应以冬季保温为主。因冬季受北风作用，在传统民居北侧通过增建附属房间，以达到隔凉保温的作用。南侧阳光充足，平面南侧利用玻璃或利用透光性较强和保温性能较好的材料，来建立采光和防寒保暖的前室。此外通过火炕、门窗、墙体、屋顶改造减少冷空气对民居内部的侵袭并起到防寒保暖的作用。

图 6-61 黄土高原低能耗窑居建筑

资料来源：刘加平，何泉，杨柳，等 . 黄土高原新型窑居建筑 [J]. 建筑与文化，2007（6）：39-41.

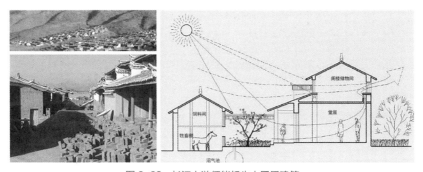

图 6-62 长江上游低能耗生土民居建筑

资料来源：https://wenku.baidu.com/view/21568cf2ba0d4a7302763aba.html.

相比于传统民居设计，东北地区被动式节能民居建筑立足于当代的科学技术手法和建造体系，从建筑的角度出发，就地取材，所用材料与地域特色的传统技术进行结合，不仅给居住者提供了舒适的生活环境，同时对自然环境的保护与资源的节约利用具有重要意义。

3.2.4　四川地震灾区低能耗生态民居建筑

乡村灾后重建既要解决建筑抗震问题，还需提高川西地区乡村居住环境质量、节能环保和传承地域建筑文化与风貌。实测研究了川西地震灾区传统民居室内外热环境的时空分布规律和夏季闷热、冬季潮湿寒冷气候特征，优化建立了同时满足该地区冬季保温和夏季防热需求的空间模式和构造体系，研究创作出多种具备抗震安全、节能节地、适应气候、成本低廉的川西生态民居建筑方案，其抗震性能可达到 8 度设防标准，建筑节能率达 91%。新型生态民居模式得到灾民和政府的广泛接受，已在地震重灾区——彭州市

大坪村建成 80 余户，面积约 2 万平方米，被誉为"灾后重建首个节能低碳乡村"（图 6-63）。

3.2.5　青藏高原太阳能建筑

青藏高原气候属于典型的高原大陆性气候，太阳能资源丰富。从资源气候条件实际情况出发，综合利用"集热蓄热墙 + 直接受益窗"组合和附加阳光间式被动太阳能技术，及主动太阳能采暖设施，形成主被动组合式太阳能采暖系统，并对集热部件进行优化分析，实现太阳能昼夜间"移峰填谷"作用（图 6-64）。示范工程总占地面积 144 亩，总建筑面积 7800 平方米。工程应用节能率达 86% 以上，基本达到冬季采暖不消耗常规能源的水平。

3.2.6　福建生态低技术的土楼建筑

闽西南的客家土楼建筑根据当地的地形、地貌、气候等特点，融入地域特色，其营造过程中所运用的低技术的生态理念，对当代建筑

图 6-63　四川地震灾区低能耗生态民居建筑
资料来源：刘加平，成辉.彭州市通济镇大坪村灾后重建——低碳乡村生态聚落创作研究 [J]. 建设科技，2010（9）.

图 6-64　青藏高原太阳能建筑
资料来源：https：//wenku.baidu.com/view/21568cf2ba0d 4a7302763 aba.html.

设计仍有重要的指导意义。普通生土坚固性差，不利于直接夯筑，而客家土楼利用周边材料进行掺和调配，靠海的土楼在生土中加入海蛎壳或生蚝壳以增强牢固性，靠山的土楼生土中混合了瓦砾或碎沙石。为了避免潮湿对墙体的损害，土楼在基础部分采用石头垒砌，在墙脚砌成后，便开始支起模板进行夯筑。为避免在巨大的墙身自重作用下引起压缩变形，施工者有意识地将墙体倒向背光一侧，使土墙夯筑到顶后墙体会自动调整为垂直。

案例（6-17）

《王上村公共厕所规划设计》：
被动式建筑节能技术

项目位于中国陕西省杨陵区五泉镇王上村二组旁，基地拟规划建设隋文化湿地公园。公园北面为王上村委会，未来随着公园的建成，它的功能会随之变化，发展成为农产品展览空间等；公园西面为隋文化体验中心，拟将废弃小学改造建成；公园南面设计为公园停车场；公园通过隋文化体验中心、村委会、厕所、景观亭等将广场核心空间围合出来（图6-65）。同时根据甲方要求，公厕需按照三星级旅游厕所标准进行设计，虽然如此，这个公厕毕竟是农村厕所，设计需要符合农村地域特征。

1.建筑材料选取

考虑王上村的现状条件、施工团队及造价因素，建筑采用框架结构。由于建筑位于广场内，周围为大片的猕猴桃种植地，土质为黄土，考虑到风沙侵蚀和附着作用，外墙材料选用类似黄土的土黄色现代真石漆材料。场地位于王上村二组附近，其中很多为青砖砌筑的门前花墙，综合造价、空间、形式等因素，在公厕周围设置青砖砌筑的低矮花墙。由于传统屋面的瓦片蓄热系数大且容易沾染灰尘，故屋面采用现代青色琉璃瓦，其拥有较好的自洁性和防热效果。

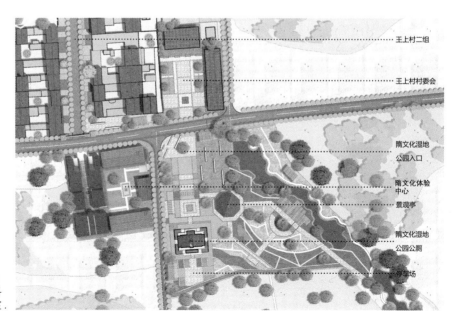

图6-65　总平面布局
资料来源：西安建筑科技大学北斗城乡工作室

2. 被动式建筑节能技术

由于建筑位于广场中心附近，周围无大片植被遮挡，若采取机械通风将会消耗大量能源，同时会占用较多的建筑面积，故被动式建筑节能技术成为设计的核心：

（1）建筑布局

①建筑布局采取南北向设计，减少东西向日照；②建筑设置尽可能多的灰空间，可为公园提供避雨遮阳的场所；③建筑四周设置树池种植植被，减少部分阳光直射的同时也可为建筑与广场增加过渡空间（图6-66、图6-67）。

（2）外围护结构

设计将厕所分为三个体量，分别为两个厕所单元和一个盥洗空间，通过盥洗空间连接两个厕所单元。通过剖面设计，厕所单元部分采用中走廊式布局，两侧为蹲位或小便池（图6-68）。

1）光照节能

坡屋面平天窗采光：阳光通过透明塑料瓦片，平天窗，再经过半透明荧光塑料板照入室内，半透明的荧光板看起来就像是一盏灯，既增加了室内的照度，同时也避免了平天窗的眩光影响，另外，经过半透明荧光塑料板的漫反射效果，将阳光反射到屋面木板上，再漫射到室内，光线更加柔和（图6-69～图6-71）。

高侧窗采光：高侧窗设置于两个厕所单元的东西向，阳光射入窗内首先经过钢筋混凝土屋面板上的保护层反射到坡屋面上的白灰抹面上，经过两者之间的多次反射进入室内，达到利用柔化东西向光照的目的（图6-72）。

平屋面平天窗采光：阳光通过平天窗射向半透明荧光塑料板，半透明的荧光板过滤掉强光之后就像一盏灯，既增加了室内的照度，同时也避免了平天窗的眩光影响，另外，经过半透明荧光塑料板

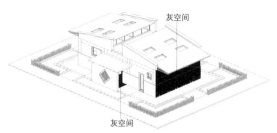

图6-66　灰空间——避雨遮阳场所
资料来源：西安建筑科技大学北斗城乡工作室.

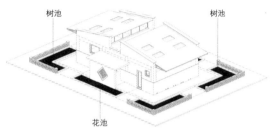

图6-67　树池与花池
资料来源：西安建筑科技大学北斗城乡工作室.

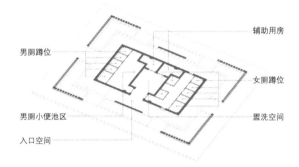

图6-68　公厕平面布置
资料来源：西安建筑科技大学北斗城乡工作室.

的漫反射效果，将阳光反射到钢筋混凝土屋面上，再漫射到室内，光线更加柔和（图6-73、图6-74）。

2）通风隔热

高侧窗+厕位洞口通风隔热：通过阳光直射坡屋面，加热室内上部空气，受到热压影响，空气从高侧窗流出，厕位洞口受到气压变化吸入室外空气，形成室内外通风，同时由于洞口设置在厕位两侧，可以将每个厕位的异味有效排出，同时也不会直接吹向使用厕所的人群，保证使用的舒适性（图6-75）。

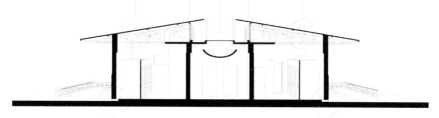

图 6-69　外围护结构剖面设计
资料来源：西安建筑科技大学北斗城乡工作室．

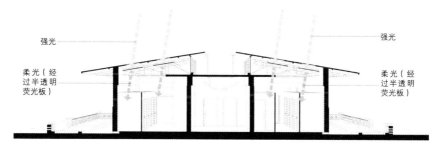

图 6-70　半透明荧光板柔化顶光
资料来源：西安建筑科技大学北斗城乡工作室．

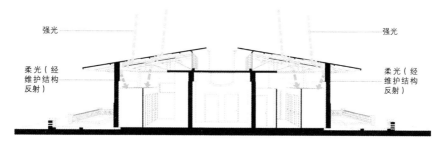

图 6-71　屋面板反射柔化顶光
资料来源：西安建筑科技大学北斗城乡工作室．

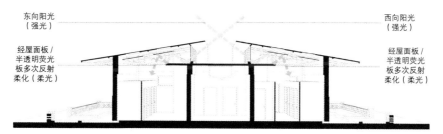

图 6-72　屋面板/半透明荧光板反射柔化东西向阳光
资料来源：西安建筑科技大学北斗城乡工作室．

平屋面平天窗通风隔热：通过阳光直射平屋面，加热室内上部空气，受到热压影响，空气从平天窗流出，此空间为盥洗空间，同时作为临时休息空间，和室外直接相连，同样达到通风隔热的效果，保证舒适性（图6-76）。

3）保温节能

建筑通风和建筑保暖一般都无法兼顾，只能通过特殊的手法进行设计。由于公厕是一种非长时间使用的公共建筑，相对于建筑通风，建筑保暖的要求并没有那么高。我们在尽量降低造价的前提下，进行了双层墙体保温节能设计。

双层墙体保温节能：外墙为普通多孔砖，其蓄热系数为7.92瓦/（平方米·开），内墙为灰砂砖，其蓄热系数为12.72瓦/（平方米·开），内墙材料的蓄热能力强于外墙，白天阳光照射使得两者都进行蓄热，由于双层墙体拥有空气间层隔热，夜间内墙能够最大限度地向室内辐射热量。

3. 建筑生态技术

（1）生物能利用方式

根据粪便污水处理方式，我们可以将其分为两

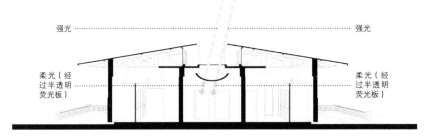

图6-73　半透明荧光板柔化顶光
资料来源：西安建筑科技大学北斗城乡工作室.

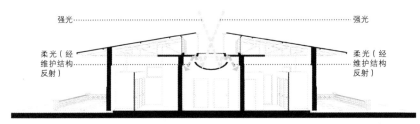

图6-74　屋面板反射柔化顶光
资料来源：西安建筑科技大学北斗城乡工作室.

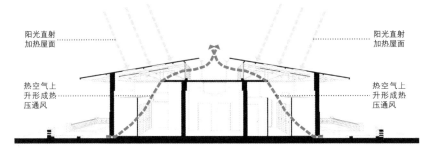

图6-75　高侧窗+厕位洞口通风隔热
资料来源：西安建筑科技大学北斗城乡工作室.

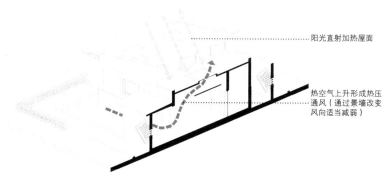

阳光直射加热屋面

热空气上升形成热压通风（通过景墙改变风向适当减弱）

图 6-76　平屋面平天窗通风隔热
资料来源：西安建筑科技大学北斗城乡工作室.

类：集中式和分散式。集中式：村庄离城市较近，能够纳入城市污水管网进入污水处理厂处理后排放。分散式：大部分农村，粪便分别收集处理作为农业废料、沼气燃料。农村的公共厕所一般可采取独立的固定式三格化粪池式或净化沼气式公共厕所。

三格化粪池式公共厕所由地上的厕屋和地下的粪池两部分组成。三格化粪池由三个相互连通的密封粪池组成，根据三个池的主要功能，依次可命名为截留沉淀与发酵池、再次发酵池和贮粪池。粪便由进粪管进入第一池，依次顺流至第三池后，基本不含寄生虫卵和病原微生物，达到粪便无害化要求，可以供农田直接施肥用。

净化沼气式公共厕所：随着中国沼气科学技术的发展和农村家用沼气的推广，根据当地使用要求和气温、地质等条件，家用沼气池有固定拱盖的水压式池、大揭盖水压式池、吊管式水压式池、曲流布料水压式池、顶返水水压式池、分离浮罩式池、半塑式池、全塑式池和罐式池。将其与厕所结合起来，具有良好的经济效益与生态效益。

由于王上村猕猴桃产业为其农业主导产业，对肥料需求量大，同时项目基地旁就为猕猴桃种植地，故将其配套设计使用三格式化粪池，利用无害化后的粪便供猕猴桃农田直接施肥使用。

（2）雨水收集利用

为了达到卫生标准同时考虑当地施工技术条件，王上村公厕采用水冲式厕所。如何在缺水的关中地区将雨水收集利用成为公厕建设的一个重要问题。建筑雨水收集再利用的原理为：屋面雨水—初期弃流—贮水池—清水池—输送到使用端（厕所冲洗）。屋面雨水通过屋面排水至雨水截污管道（导流槽汇集雨水到雨水收集管网，初期雨水污染很高，需进行一定的弃流），再通过雨水弃流过滤装置，到达雨水自动过滤器（过滤后进入贮水池），雨水蓄水模块进行消毒处理，最后返还给建筑使用。屋面雨水相对干净，杂质、泥沙及其他污染物少，可通过弃流和简单过滤后，直接排入蓄水系统，进行处理后使用。

 复习思考题

1. 规划设计与建设实施层面的低碳生态做法有哪些？其重点是什么？

2. 举例说明一处绿色建筑，试分析其低碳生态理念的运用与不足？

第 7 章

低碳
生态

低碳生态
城乡
发展趋势

第 1 节 城乡发展趋势

走低碳生态之路是我国城乡发展的必然趋势。我国正处于城镇化快速发展的高潮期，城乡社会资源和能源利用结构正发生着深刻转变，大规模、高速度、影响广泛的城镇化和工业化导致能源消耗量急剧增加，不同地区地域差异较大，要实现低碳生态目标无疑充满了挑战。中国经济、技术水平呈现出东高西低的梯次分布，东中部地区经济发展水平、低碳生态技术和节能意识相对较好，西部地区在相对较低的能源技术与管理水平的现实之下，其低碳生态目标完成情况较其他地区明显滞后。因此在未来，中国低碳生态城乡发展将依托于区域特征，逐渐从区域发展、用地管控、建设实施三个层面出发，不断加强低碳生态建设，努力推动全国城乡的健康可持续发展。

在区域发展层面，将逐步确立以保护生态本底原真性为基本原则的发展模式。我国资源供给不足、生态环境承载力有限的特征决定了我国低碳生态城乡发展必须以生态环境保护为重点，城乡空间布局、产业选择、发展规模控制等规划要点都必须建立在生态本底保护和生态环境承载能力预测的基础上。近年来，从国家到地方相继制定了一系列相关政策与措施，强调生态环境对城乡可持续高质量发展的重要作用，如在西北五省区环保部门共同签署的《建议成立西北生态文明建设联盟倡议书》中提出了呼吁西北五省携手共建西部生态屏障和绿色家园的倡议；全国各省市已经编制了区域发展规划、生态环境保护规划、土地资源保护规划等规划，并在规划中重点强调对河湖沙地的治理、对生态红线的严格把控等规划内容。

在用地管控层面，将加快构建以区域特质为依据的低碳生态城乡建设指标体系。传统的城乡建设多注重于社会经济发展，采用粗放型的发展模式，忽视对生态环境的管控，致使各省市地方的用地管控有悖于当下低碳生态城乡发展的总目标。近年来，各地区已经逐渐在开始探索建立与当地生态环境、经济发展相匹配的低碳生态城乡建设指标体系，将低碳、减排等生态指标与传统的建设指标体系相结合，力图构建出既能满足低碳生态要求又能保证地方发展的城乡建设指标体系。

在建设实施层面，将大力推广建筑营造技术与建筑材料的低碳化应用。随着新型城镇化建设的快速推进，建筑能源消耗在能源消耗总量中所占比重逐年上升，建材生产和建筑建造、使用过程中消耗的能源以及碳排放已经给各地区的经济社会发展和低碳生态城乡建设带来巨大压力。加之我国地域辽阔，不同地区气候、降水等自然条件各不相同，资源条件和技术条件相差较大，如何利用适应于当地的低碳化的建筑营造技术和低碳化的建筑材料来减少城乡建设活动造成的碳排放，成为低碳生态城乡建设的重要突破点。近年来，各省市也相继出台各类政策，努力推动低碳建筑营造技术以及低碳建筑材料在当地建设活动中的广泛应用。

第 2 节　低碳生态城乡适应性发展路径

我国在推进低碳生态城乡建设过程中，由于各地区自然地理条件不同，资源环境承载能力、社会经济水平不同，区域与城市发展定位有异，因而不同区域的低碳生态发展路径也应有所不同。

中东部地区经济社会水平较高，人口比较密集，国土开发密度较高，资源和能源产业比重高，社会经济活动和资源承载力矛盾突出，低碳生态建设已经成为该地区城乡建设的重要考量因素。在经济社会发展水平和观念思想意识的支持下，中东部地区低碳城乡的发展路径可采用新技术、新工艺，大力推动现代化低碳生态建设。

西部地区地域辽阔、生态环境脆弱，是我国生产力较为落后的地区。尤其在广大乡镇地区，其经济发展水平落后，乡镇建设管理水平及当地居民的技术素质水平低下、低碳生态意识薄弱。因此，由于受社会经济、建设管理水平及技术素质水平的限制，西部地区低碳生态城乡的发展路径必须易于理解、便于操作，并且符合当地人员技术素质水平。

社会经济发展滞后、人力资源素质水平较低的西北地区，地域特征决定其应该选择地域适宜性的"高科学、低技术、低投入"的低碳生态城乡发展路径，这也是确保低碳生态规划设计成果转化为建设现实的关键。

高科学：借鉴相关领域已有研究成果与方法，划定生态红线，保障生态空间总量，优化生态空间布局；运用生态、经济规律等科学方法经营和管理产业，进行产业模式的选择与结构优化；通过科学规划集约利用城乡用地，节约土地资源等。同时基于科学数据统计与方法，运用 GIS、RS、CFD 等数字化现代技术手段，以及碳氧平衡模拟评估等科学技术，对城乡风环境、热环境、碳排放等进行模拟分析，对城乡低碳生态内容进行科学的规划设计和校验，确保系列低碳措施综合效益的最大化。

低技术：通过挖掘传统乡镇因地制宜、因势布局、因材施建的传统低碳生态城乡建设智慧，运用并整合"基于人力资源特征的产业选择、基于自然特征环境的选址布局、基于自然条件的空间布局、基于乡土智慧的地方材料运用、基于气候特征的建筑技艺应用"等低技术措施，耦合自然环境、社会经济、文化传统、营建模式等西北特质，针对城乡产业发展、空间发展、用地规模、形态布局、街区尺度、开发强度、路网密度、建筑密度和退线控制等提出规划设计内容，构建匹配西北城乡特征的低碳路径。并基于科学性评价及其对城乡发展与建设的影响评估，构建有效促进乡镇低碳的低技术模式。

低投入：遵循低碳生态、顺应自然的原则，采用本土营造的策略，通过降低建设成本、减少资源消耗，促进城乡可持续发展。通过结合自然环境、地形地貌、资源利用等方面进行场所营建，最大限度地保证土方平衡、进行本土植物的保留等，尽量减少场地建设时的工程开挖量，节约实施成本；通过建筑材料本土化与建筑废料资源化，便于就地取材，同时有利于建筑废料的再次利用，减少异地工业建材依赖，节省材料和运输成本，以最少的资金投入达到低碳生态效益最大化；通过应用低碳建筑营建新技术，对传统建筑材料进行改良与优化，有效实现建筑的被动式节能，降低建筑采暖、降温等高技术费用，同时有效加强对城乡建设碳排放的控制。

 复习思考题

1. 我国低碳生态目标完成情况呈现出怎样的地域特征？分析其原因？

2. 经济欠发达地区确保低碳生态规划设计成果转化为建设现实的有效路径有哪些？

参考文献

第 1 章　绪论

[1]　夏堃堡 . 发展低碳经济 实现城市可持续发展 [J]. 环境保护，2008（3）: 33-35.

[2]　何涛舟，施丹锋 . 低碳城市及其"领航模型"的建构 [J]. 上海城市管理，2010（1）: 55-57.

[3]　付允，汪云林，李丁 . 低碳城市的发展路径研究 [J]. 科学对社会的影响，2008（2）: 5-10.

[4]　王发曾 . 洛阳市双重空间尺度的生态城市建设 [J]. 人文地理，2008（3）: 49-53.

[5]　仇保兴 . 加快实施生态城市建设战略 [J]. 中华建设，2009（10）: 35.

[6]　达良俊，田志慧，陈晓双 . 生态城市发展与建设模式 [J]. 现代城市研究，2009，24（7）: 11-17.

[7]　李宇，董锁成，王菲，等 . 基于循环经济理念的生态城市发展研究 [J]. 城市发展研究，2012，19（11）: 22-24.

[8]　姚江春，许锋，肖红娟 . 我国生态城市建设方向与新型规划技术研究 [J]. 城市发展研究，2012，19（8）: 9-15.

[9]　李后强，韩毅 . 坚持低碳生态型，遵循海星一串珠模式——对成都建设"世界现代田园城市"的思考 [R/OL].（2010-01-30）[2011-01-15].http: //www.cdss.gov.cn/ZJZL/RCZJ/1hq/201001/1682.html.

[10]　张泉，叶兴平，陈国伟 . 低碳城市规划——一个新的视野 [J]. 城市规划，2010（2）: 13-18.

[11]　沈清基，安超，刘昌寿 . 低碳生态城市理论与实践 [M]. 北京: 中国城市出版社，2012.

[12]　仇保兴 . 我国低碳生态城市发展的总体思路 [J]. 建设科技，2009（15）: 12-17.

[13]　王江欣 . 低碳生态城市发展规划初探 [J]. 中国人口·资源与环境，2009（19）: 7-10.

[14]　顾朝林，谭纵波，韩春强，等 . 气候变化与低碳城市规划 [M]. 南京: 东南大学出版社，2009: 21-30.

[15]　叶祖达 . 低碳生态空间: 跨维度规划的再思考 [M]. 大连: 大连理工大学出版社，2011.

[16]　潘海啸 . 面向低碳的城市空间结构——城市交通与土地使用的新模式 [J]. 城市发展研究，2010（1）: 40-45.

[17]　任超，吴恩融，等 . 城市环境气候图的发展及其应用现状 [J]. 应用气象学报，2012，23（5）: 593-603.

[18]　宣蔚，郑忻 . 基于控规层面的城市低碳空间规划研究 [J]. 城市发展研究，2013，20（10）: 1-7.

[19]　叶祖达 . 碳审计在总体规划中的角色 [J]. 城市发展研究，2009（11）: 58-62.

[20]　陈飞，诸大建 . 低碳城市研究的内涵、模型与目标策略确定 [J]. 城市规划学刊，2009（4）: 1-7.

[21]　颜文涛 . 低碳生态城规划指标及实施途径 [J]. 城市规划学刊，2011（3）: 39-48.

[22]　赵群，周伟，刘加平 . 中国传统民居中的生态建筑经验刍议 [J]. 新建筑，2005（4）: 7-9.

[23]　梁锐，张群，刘加平 . 西北乡村民居适宜性生态建筑技术实践研究 [J]. 西安科技大学学报，2010，30（3）: 345-350.

[24]　周铁钢，彭道强，穆钧 . 现代夯土墙体施工技术研究与实践 [J]. 施工技术，2012，41（1）: 39-42.

[25]　仇保兴 . 生态城改造分级关键技术 [J]. 城市规划学刊，2010（3）: 1-13.

[26]　汪芳 . 小城镇建设生态技术适宜性的探讨 [J]. 城市规划，2004（2）: 60-62.

[27]　王惠英 . 浅谈西部地区绿色低碳建筑的现状及前景 [J]. 城市开发，2010（4）: 72-73.

[28]　李王鸣，倪彬 . 海岛型乡村人居环境低碳规划要素研究——以浙江省象山县石浦镇东门岛为例 [J]. 西部人居环境学刊，2016，31（3）：75-81.

[29]　仇保兴 . 我国城市发展模式转型趋势——低碳生态城市 [J]. 城市发展研究，2009，16（8）：1-6.

[30]　李迅，刘琰 . 中国低碳生态城市发展的现状、问题与对策 [J]. 城市规划学刊，2011（4）：23-28.

[31]　张泉，等 . 低碳生态与城乡规划 [M]. 北京：中国建筑工业出版社，2011.

[32]　肖文 . 哥本哈根 50 项措施建低碳城市 [N]. 建筑时报，2009-07-06（7）.

[33]　中国城市规划科学研究会 . 中国低碳城市发展战略 [M]. 北京：中国城市出版社，2009.

[34]　刘晓波，谭英，Ulf Ranhagen. 打造"深绿型"生态城市——唐山曹妃甸国际生态城概念性总体规划 [J]. 建筑学报，2009（5）：1-6.

[35]　申凤，李亮，翟辉 ."密路网，小街区"模式的路网规划与道路设计——以昆明呈贡新区核心区规划为例 [J]. 城市规划，2016，40（5）：43-53.

[36]　李亮 ."密路网，小街区"规划模式的土地利用与城市设计研究——以昆明呈贡新区核心区规划为例 [C]// 中国城市科学研究会，天津市滨海新区人民政府 . 2014（第九届）城市发展与规划大会论文集—S12 气候变化影响下的城市转型发展趋势与实践 . 北京：中国城市科学研究会，2014：9.

[37]　申凤，翟辉 ."密路网，小街区"规划模式的土地利用与城市设计研究——以美国波特兰市为例 [J]. 价值工程，2014，33（18）：108-111.

[38]　申凤 ."密路网，小街区"规划模式在昆明呈贡新区核心区的适用性研究 [D]. 昆明：昆明理工大学，2014.

第 2 章　中国低碳生态城乡建设现状

[1]　世界银行 .2009 世界发展报告：重塑世界经济地理 [M]. 胡光宇，译 . 北京：清华大学出版社，2009：191.

[2]　王军 . 西北民居 [M]. 北京：中国建筑工业出版社，2009.

[3]　薛梅 . 严寒地区农村住宅建筑生态更新 [D]. 呼和浩特：内蒙古工业大学，2011.

[4]　陈群元，喻定权 . 丹麦建设低碳小城镇的经验及对我国的启示 [J]. 城市，2010（4）：24-27.

[5]　华虹，王晓鸣，彭文俊 . 村庄低碳建设与碳排放评价 [J]. 土木工程与管理学报，2012（1）：20-24.

[6]　张涛，吴佳洁，等 . 建筑材料全寿命期 CO_2 排放量计算方法 [J]. 工程管理学报，2012，26（1）：23-26.

[7]　李迅，刘琰 . 低碳、生态、绿色——中国城市转型发展的战略选择 [J]. 城市规划学刊，2011（2）：1-7.

[8]　袁媛，高珊 . 国外绿色建筑评价体系研究与启示 [J]. 华中建筑，2013（7）：5-8.

[9]　中国城市科学研究会 . 中国低碳生态城市发展报告 2017[M]. 北京：中国建筑工业出版社，2017.

[10]　李迅，刘琰 . 中国低碳生态城市发展的现状、问题与对策 [J]. 城市规划学刊，2011（4）：23-28.

[11]　黄梅 . 基于建筑材料本土化的甘南低碳生态小城镇规划研究 [D]. 西安：西安建筑科技大学，2014.

[12]　崔江涛 . 我国建筑节能政策绩效评价研究 [D]. 南京：南京航空航天大学，2008.

[13]　段德罡，乔壮壮，阎希，等 . 基于人力资源的特色小（城）镇产业规划策略探讨 [J]. 规划师，2018，34（11）：126-131.

[14]　李金雪，石峰，崔树强 . 我国建筑垃圾产生量的时空特征分析 [J]. 科学与管理，2015，35（5）：50-56.

[15]　安玉源 . 传统聚落的演变·聚落传统的传承 [D]. 北京：清华大学，2004.

[16]　洪蔚脍 . 西部地区文化资源产业化研究 [D]. 杭州：浙江财经学院，2012.

[17]　孙益印 . 黑龙江省林海雪原文化景观旅游规划设计研究 [D]. 哈尔滨：东北林业大学，2015.

[18]　黄耀明 . 论闽台文化特质与认同对两岸关系的影响 [J]. 闽台文化交流，2012（3）：19-24.

[19]　黎明辉，陈伟坚 . 岭南传统文化之特质试析 [J]. 黄河之声，2018（23）：136-137.

[20]　王芳，周兴 . 人口结构、城镇化与碳排放——基于跨国面板数据的实证研究 [J]. 中国人口科学，2012（2）：47-56，111.

[21]　张漫 . 城镇化发展对碳排放的影响研究 [D]. 长沙：湖南师范大学，2019.

[22]　米谷.金融发展对碳排放的影响效应研究[D].大连:大连理工大学,2017.

[23]　陆源.东部地区低碳经济发展水平评价及对策研究[D].合肥:安徽大学,2015.

第3章　低碳生态城乡规划设计路径与方法

[1]　燕守广,林乃峰,沈渭寿.江苏省生态红线区域划分与保护[J].生态与农村环境学报,2014,30(3):294-299.

[2]　李晓曼,康文星.广州市城市森林生态系统碳汇功能研究[J].中南林业科技大学学报,2008,28(1):8-13.

[3]　张明丽,秦俊,胡永红.上海市植物群落降温增湿效果的研究[J].北京林业大学学报,2008,30(2):39-43.

[4]　张庆费,郑思俊,夏檑,等.上海城市绿地植物群落降噪功能及其影响因子[J].应用生态学报,2007,18(10):2295-2300.

[5]　陈芳,周志翔,郭尔祥,等.城市工业区园林绿地滞尘效应的研究——以武汉钢铁公司厂区绿地为例[J].生态学杂志,2006,25(1):34-38.

[6]　孙化蓉.城市防护绿地的布局与结构[D].南京:南京林业大学,2006.

[7]　周伟林,朱铃.中国低碳产业的现状及其竞争优势[M]//中国低碳生态城市发展报告(2010).北京:中国建筑工业出版社,2010.

[8]　蒋贤孝.循环经济视角下的产业结构调整途径[J].化工管理,2009(2):4-7.

[9]　潘海啸,汤諹,吴锦瑜,等.中国"低碳城市"的空间规划策略[J].城市规划学刊,2008(06):57-64.

[10]　Chris Bradshaw.Green Transportation Hierarchy: A Guide for Personal and Public Decisionmaking[R/OL].

[11]　陆化普.城市绿色交通的实现途径[J].城市交通,2009,7(11):23-27.

[12]　白雁,魏庆朝.创建绿色的城市交通发展体系[J].综合运输,2005,(5):23-27.

[13]　章蓓蓓,黄有亮,程斌贝.市政基础设施低碳化及其发展路径[J].建筑经济,2010(9):97-100.

[14]　李晓岚.寒冷地区绿色场地设计研究[D].郑州:郑州大学,2013.

[15]　李雪梅.城市土地整理的理论与实践[J].河北农业科学,2010,14(6):133-136.

[16]　中国城市科学研究院.中国低碳生态城市发展报告[M].北京:中国建筑工业出版社,2017.

[17]　张泉,等.低碳生态与城乡规划[M].北京:中国建筑工业出版社,2011.

[18]　邵罗江,毛琨.垃圾焚烧发电技术的应用与发展[J].能源与环境,2007(5):44-46.

第4章　区域发展与城乡规划

[1]　贾良清,欧阳志云,赵同谦,等.安徽省生态功能区划研究[J].生态学报,2005(2):254-260.

[2]　吕俊娥,杨宇鸿.秦岭北麓(西安段)生态红线划定研究[J].能源环境保护,2017,31(4):55-59,54.

[3]　彭建,赵会娟,刘焱序,等.区域生态安全格局构建研究进展与展望[J].地理研究,2017,36(3):407-419.

[4]　李宗尧,杨桂山,董雅文.经济快速发展地区生态安全格局的构建——以安徽沿江地区为例[J].自然资源学报,2007(1):106-113.

[5]　吴健生,张理卿,彭建,等.深圳市景观生态安全格局源地综合识别[J].生态学报,2013,33(13):4125-4133.

[6]　杨天荣,匡文慧,刘卫东,等.基于生态安全格局的关中城市群生态空间结构优化布局[J].地理研究,2017,36(3):441-452.

[7]　龚新蜀,李龙.西北五省产业结构与碳排放量的关联分析[J].工业技术经济,2014,33(4):154-160.

[8]　宋周莺,唐志鹏,刘卫东.基于低碳目标的西部地区产业发展格局研究[J].人文地理,2013,28(6):112-117.

[9]　张泉,等.低碳生态与城乡规划[M].北京:中国建筑工业出版社,2011.

[10] 杨公朴，等.产业经济学 [M].上海：复旦大学出版社，2005：433-438.

[11] 曾志伟，陈立立，易纯，等.低碳城市发展下的区域空间结构研究.

[12] 潘海啸，汤諹，吴锦瑜，等.中国"低碳城市"的空间规划策略 [J].城市规划学刊，2008（6）：57-64.

[13] 胡智清.从"温州模式"到多中心城市群发展模式——以浙中城市群为例 [J].城市规划，2010，34（S1）：31-34，43.

[14] 曾志伟，陈立立，易纯，等.低碳城市发展下的区域空间结构研究——以长株潭"3+5"城市群为例 [J].国土与自然资源研究，2011（5）：13-15.

[15] 张广裕.西部重点生态区环境保护与生态屏障建设实现路径 [J].甘肃社会科学，2016（1）：89-93.

[16] 李晓丽.城镇体系规划中的生态规划方法研究——以昌吉州为例 [C]// 中国城市规划学会，贵阳市人民政府.新常态：传承与变革 2015 中国城市规划年会论文集（07 城市生态规划）.北京：中国建筑工业出版社，2015：14.

[17] 张沛，杨欢，孙海军.生态功能区划视角下的西北地区城乡空间规划方法研究——以海东重点地带为例 [J].现代城市研究，2013，28（7）：30-36.

[18] 伊力亚尔·莫合塔尔，应兆麟，韩传峰.中国西部区域基础设施综合效益评价指标体系构建 [J].现代商贸工业，2016，37（24）：15-19.

[19] 李建平.区域基础设施共建共享策略探讨 [J].江苏城市规划，2005（4）：33-36.

[20] 蔡云楠，温钊鹏，雷明洋."海绵城市"视角下绿色基础设施体系构建与规划策略 [J].规划师，2016，32（12）：12-18.

第5章 规划布局与用地管控

[1] 张泉，等.低碳生态与城乡规划 [M].北京：中国建筑工业出版社，2011.

[2] 郑善文，何永，欧阳志云.我国城市总体规划生态考量的不足及对策探讨 [J].规划管理，2017，5（33）：41-45.

[3] 戴堃.低碳理念在城市总体规划中的作为初探 [D].西安：西安建筑科技大学，2011.

[4] 李欣格.甘肃省清水县生态廊道规划设计研究 [D].西安：西安建筑科技大学，2018.

[5] 张璐，雍振华.固原市绿地生态网络构建研究 [J].苏州科技大学学报（工程技术版），2017，30（2）：75-80.

[6] 王维，江源，张林波，等.基于生态承载力的成都产业空间布局研究 [J].环境科学研究，2010，23（3）：333-339.

[7] 丁敏生.生态导向下的城市总体布局研究——以合肥市为例 [D].苏州：苏州科技学院，2007.

[8] 周诗文，石铁矛，李绥.基于碳足迹分析的沈北新区低碳产业空间布局研究 [J].沈阳建筑大学学报（社会科学版），2017，19（5）：466-470.

[9] 叶祖达，龙惟定.低碳生态城市规划编制——总体规划与控制性详细规划 [M].北京：中国建筑工业出版社，2016.

[10] 黄梅，段德罡，黄晶，等.甘南低碳生态小城镇规划的适宜性技术与方法 [J].规划师，2016，（7）：81-86.

[11] 甘蓉蓉，陈娜姿.人口预测的方法比较——以生态足迹法、灰色模型法及回归分析法为例 [J].西北人口，2010，31（1）：57-60.

[12] 王浩，江伊婷.基于资源环境承载力的小城镇人口规模预测研究 [J].小城镇建设，2009（3）：53-56.

[13] 沈思思，陈健，耿楠森，等.快速城镇化地区的城市开发边界划定方法探索——以榆林市为例 [J].城市发展研究，2015，22（6）：103-111.

[14] 薛立尧，张沛，黄清明，等.城市风道规划建设创新对策研究——以西安城市风道景区为例 [J].城市发展研究，2016，23（11）：17-24.

[15] 张常新，罗雅丽.基于低碳生态理念的城市土地利用模式优化途径 [J].生产力研究，2012（7）：135-136，159.

[16] 肖彦.绿色尺度下的城市街区规划初探——以武汉市典型街区为例 [D].武汉：华中科技大学，2011.

[17] 闵雷，熊贝妮.宜居型社区规划策略研究——以武汉低碳生态社区规划为例 [J].规划师，2012，28（6）：18-23.

[18] 吴元华.武乡县城新区控规中的低碳思考 [D].西安：西安建筑科技大学，2013.

[19] 申凤."密路网，小街区"规划模式在昆明呈贡新区核心区的适用性研究 [D].昆明：昆明理工大学，2014.

[20] 周庆 . 基于 TOD 模式的绿色城市组团设计策略研究 [J]. 城市发展研究，2013，（3）：30.

[21] 刘澜，周青峰 . 高可达性：城市超越土地资源极限的核心交通策略——以深圳发展绿色交通、提升城市生活质量为例 [J]. 上海城市管理，2015，24（4）：49-54.

[22] 李铭，陈宗军 . 城市交通政策分区划分探讨——以常熟市为例 [J]. 江苏城市规划，2009（10）：8-11.

[23] 李铭，环悦，赵小燕 . 城市交通政策分区划分方法探讨——以南通市为例 [C]. 城市规划和科学发展——2009 中国城市规划年会论文集，2009.

[24] 戴堃 . 低碳理念在城市总体规划中的作为初探 [D]. 西安：西安建筑科技大学，2011.

[25] 吕东旭 . 基于低碳理念的新城规划策略研究 [D]. 武汉：华中科技大学，2012.

[26] 易露霞，尤彧聪 . 低碳市政基础设施建设探究 [J]. 广东职业技术教育与研究，2016（6）：95-102.

[27] 王涛 . 乌鲁木齐市生态城市建设研究 [D]. 乌鲁木齐：新疆大学，2010.

第 6 章　规划设计与建设实施

[1] 张泉 . 低碳生态与城乡规划 [M]. 北京：中国建筑工业出版社，2011.

[2] 段德罡，黄梅，穆钧 . 本土营造——西北地区低碳生态乡镇的低技术策略 [J]. 建筑与文化，2013（9）：83-86.

[3] 黄梅，段德罡，黄晶，等 . 甘南低碳生态小城镇规划的适宜性技术与方法 [J]. 规划师，2016，32（7）：81-86.

[4] 邬尚霖 . 低碳导向下的广州地区城市设计策略研究 [D]. 广州：华南理工大学，2016.

[5] 肖彦 . 绿色尺度下的城市街区规划初探 [D]. 武汉：华中科技大学，2011.

[6] Mark Hewlett，罗彤，等 . 低碳生态城市规划方法 [M]. 2014.

[7] 邓寄豫，桂鹏，郑圻 . 土地混合利用与公共交通一体化对低碳城市空间的影响研究 [J]. 建筑与文化，2016（2）：161-163.

[8] 赵亚星 . 西北城市低碳社区适宜性规划策略研究 [D]. 西安：西安建筑科技大学，2016.

[9] 祁巍锋，王德利，宋吉涛 . 低碳城市的空间规划策略研究 [M]. 杭州：浙江大学出版社，2015.

[10] 余俊骅 . 西北平原地区的生态建筑设计与适宜技术探讨 [A]// 西安市环保局，西安市农业局，西安热能动力学会，西安交通大学，西安建筑科技大学，陕西可再生能源学会（筹）. 第二届中国西部绿色低碳节能减排及可再生能源技术研讨会论文集 . 2010：6.

[11] 刘慧敏 . 西北欠发达地区低碳乡村社区规划研究 [D]. 西安：西安建筑科技大学，2016.

[12] 柏春 . 城市开敞空间的气候设计 [J]. 山西建筑，2006（1）：14-15.

[13] 黄明瑜 . 低碳视角下的步行交通规划策略研究 [D]. 西安：长安大学，2012.

[14] 黄梅 . 基于建筑材料本土化的甘南低碳生态小城镇规划研究 [D]. 西安：西安建筑科技大学，2014.

[15] 沈青基，安超，刘昌寿 . 低碳生态城市理论与实践 [M]. 北京：中国城市出版社，2012.

[16] 李莹 . 城市低碳街道设计方法探究 [J]. 动感（生态城市与绿色建筑），2012（4）：104-106.

[17] 谭芳，林墨飞 . 基于"海绵城市"理念的生态停车场设计研究 [J]. 美术大观，2017（3）：144-145.

[18] 贾庸 . 基于低碳理念的新区公共交通规划研究 [D]. 西安：长安大学，2012.

[19] 段德罡，杨茹 . 三益村公共空间修复中的乡村传统文化重拾路径研究 [J]. 西部人居环境学刊，2018，33（1）：7-12.

[20] 赵玉兰，沈学芳，赵玉山，等 . 西北地区城市绿化的景观配置和树种选择 [J]. 现代园艺，2012（18）：172-173.

[21] 陈华钢，董垂锋，高云庭 . 建筑垃圾在绿色建筑环境设计中的应用 [J]. 门窗，2016（11）：32-33.

[22] 万丽，吴恩融，穆钧，等 . 住房和城乡建设部重点项目——马鞍桥村灾后重建示范 [J]. 动感（生态城市与绿色建筑），2011（2）：58-62.

[23] 刘加平，何泉，杨柳，等 . 黄土高原新型窑居建筑 [J]. 建筑与文化，2007（6）：39-41.

[24] 刘加平，成辉 . 彭州市通济镇大坪村灾后重建——低碳乡村生态聚落创作研究 [J]. 建设科技，2010（9）：38-43.

[25] 何泉，何文芳，杨柳，等 . 极端气候条件下的新型生土民居建筑探索 [J]. 建筑学报，2016（11）：94-98.

后　记

在应对全球气候变化的背景下，低碳生态理念成为发展共识，低碳生态城乡规划也成为应对全球气候变化和环境恶化问题的重要手段之一。面对生态环境、气候条件、经济发展水平、人力资源素质水平的差异，更需从不同层面提出针对性的规划控制与引导措施，完善基于地域特色的低碳生态城乡规划设计理论与方法，确保低碳生态路径在城乡建设、管理中得以有效实施。

《低碳生态城乡规划设计》是中国低碳生态城市大学联盟成果之一，得到了中国城市规划学会的大力支持。同时，本教材是编者在近几年低碳生态与城乡规划相关研究的基础上，结合中国地域特质尤其是西部地区进行总结、研究形成的成果，借鉴了国内外专家、学者的相关研究成果和观点，并得到了国家自然科学基金面上项目"基于低技术模式的西北地区低碳乡镇规划设计方法"（编号：51778519）、国家自然科学基金青年项目"西北小城镇既有街区绿色水基础设施规划设计方法及应用研究"（编号：51608417）、陕西省重点研发计划项目"陕西省特色小镇发展路径研究"（编号：2018ZDXM-SF-098）的资助，在此表示感谢！

本教材将作者的相关学术研究成果融入了其中，在编写过程中，王侠、王瑾、黄晶老师对书稿提出了宝贵的意见，硕士研究生赵海清、林伟、尤智玉、赵潇、郑自程、杨润芝、徐原野、夏梦丹、徐洋冰、叶靖、季文瑞、魏星怡等同学在资料查阅、稿件整理与图纸绘制上投入了大量的时间，在此一并表示感谢！

审图号：GS（2021）3123 号

图书在版编目（CIP）数据

低碳生态城乡规划设计 / 中国城市规划学会主编；
段德罡，黄梅著 .—北京：中国建筑工业出版社，
2020.9

高等学校城乡规划专业"十四五"系列教材

ISBN 978-7-112-25520-7

Ⅰ . ①低… Ⅱ . ①中… ②段… ③黄… Ⅲ . ①城乡规
划—生态规划—设计—中国—高等学校—教材 Ⅳ .
① X321.2

中国版本图书馆 CIP 数据核字（2020）第 191278 号

本教材注重低碳生态与城乡规划的关系，系统阐述了低碳生态要素融入不同地区城
乡规划设计工作中的路径和方法，包括绪论、中国低碳生态城乡建设现状、低碳生态城
乡规划设计路径与方法、区域发展与城乡规划、规划布局与用地管控、规划设计与建设
实施、低碳生态城乡发展趋势 7 章。本书可作为高等学校城乡规划专业教材，也可供相
关研究人员及实践工作者使用。

为更好地支持本课程的教学，我们向使用本书的教师免费提供教学课件，有需要者
请与出版社联系，邮箱：jgcabpbeijing@163.com。

责任编辑：杨　虹　尤凯曦
书籍设计：付金红　李永晶
责任校对：焦　乐

高等学校城乡规划专业"十四五"系列教材
低碳生态城乡规划设计
中国城市规划学会　主编
段德罡　黄　梅　著

*

中国建筑工业出版社出版、发行（北京海淀三里河路 9 号）

各地新华书店、建筑书店经销
北京雅盈中佳图文设计公司制版
天津图文方嘉印刷有限公司印刷

*

开本：787 毫米 ×1092 毫米　1/16　印张：$16\frac{1}{4}$　字数：321 千字
2022 年 1 月第一版　2022 年 1 月第一次印刷
定价：68.00 元（赠教师课件）
ISBN 978-7-112-25520-7
　　（36504）